Kosmos-Handbücher
für die praktische
naturwissenschaftliche
Arbeit

Vom Verfasser freundlichst
überreicht an
Hofrat Prof. Dr. Walter Fiedler

Wien den 15/6 1983

Helmut Pinter

Helmut Pinter

Handbuch der Papageienkunde

Die Arten, Haltung in Käfig
und Voliere, Pflege und Zucht
Mit 108 Farbfotos

Kosmos
Gesellschaft der Naturfreunde
Franckh'sche Verlagshandlung
Stuttgart

Mit 108 Farbfotos verschiedener Arten von H. Bielfeld (14), Th. Brosset (23), W. de Grahl (32), A. Grambow (1), Hemerka/de Grahl (3), H. Jesse (4), B. Kahl (1), Kennig/de Grahl (1), H. Pinter (15), H. Reinhard (12) und H. Schrempp (2), 18 Zeichnungen von M. Golte-Bechtle (12), S. Haag (3) und H. Zeiner (3) nach Vorlagen von Renate Pinter, 3 Farbfotos anatomischer Präparate und 1 Schwarzweißfoto von H. Pinter.

Umschlag von Edgar Dambacher unter Verwendung einer Aufnahme von Dr. Hans Jesse.
Das Bild zeigt zwei Pfirsichköpfchen (*Agapornis fischeri*).

CIP-Kurztitelaufnahme der Deutschen Bibliothek

Pinter, Helmut:
Handbuch der Papageienkunde : d. Arten, Haltung in Käfig u. Voliere, Pflege u. Zucht / Helmut Pinter. [Mit 18 Zeichn. von M. Golte-Bechtle . . . 108 Farbfotos von H. Bielfeld . . .]. – Stuttgart : Franckh, 1979.
(Kosmos-Handbücher für die praktische naturwissenschaftliche Arbeit)
ISBN 3-440-04752-0

Franckh'sche Verlagshandlung, W. Keller & Co., Stuttgart/1979

Printed in Italy/Imprimé en Italie
LH 14 Ste/ISBN 3-440-04752-0
Satz: Konrad Triltsch, Graphischer Betrieb, 8700 Würzburg
Herstellung: Editoria di G. A. Benvenuto & C., Trento (Italien)

Handbuch der Papageienkunde

Charakteristik und geographische Verbreitung

Die Papageien sind eine äußerst einheitliche Vogelgruppe, obwohl sie sich in Größe, Körperform und Färbung oft recht stark voneinander unterscheiden. Selbst Laien werden einen Papageien kaum mit irgendeinem anderen Vogel verwechseln. Zwar kann die Größe der Papageien zwischen 9 cm – beim winzigen Pygmäenpapagei Neuguineas – bis zu gut 1 m bei den Arapapageien Südamerikas schwanken, ihre Körperform kann schlank sein wie bei manchen australischen Sittichen oder gedrungen wie beim afrikanischen Mohrenkopf, sie können leuchtend bunt gefärbt sein wie die Edelpapageien oder unscheinbar braun-grün wie die Eulenpapageien, ihre gemeinsamen Kennzeichen verraten doch sofort den Papagei.

Typisch für alle Papageien sind der verhältnismäßig kurze Hals und der im Verhältnis zum Körper große Kopf mit dem charakteristischen Krummschnabel, der ihnen beim Klettern als „drittes Bein" dient. Die Schnabelwurzel ist bei den Papageien von einer Wachshaut umgeben, in der sich die Nasenlöcher befinden. Bei manchen Arten ist diese Wachshaut nackt, bei anderen Arten ist sie mit feinen Federn bedeckt. Die im Verhältnis zur Größe des Kopfes kleinen Augen sind bei einigen der größeren Arten von einer kahlen, federlosen Zone umgeben. Im Federkleid, das im Vergleich zum Gefieder anderer Vögel oft recht locker wirkt, befinden sich zahlreiche Puderdunen. Typisch ist weiterhin der Kletterfuß mit den kräftigen Zehen, von denen zwei nach vorne und zwei nach hinten gerichtet sind. Ein so gebauter Fuß, wie ihn in ähnlicher Form auch Kuckucke und Spechte haben, ist ein ausgezeichnetes Kletterorgan. Vielen Papageien dient er beim Fressen als „Hand". All diese Eigenheiten unterscheiden Papageien deutlich von anderen Vögeln.

Ein weiterer Unterschied zeigt sich in der Art und Weise, wie sich Papageien bewegen. Sie klettern ausgezeichnet und benutzen dabei ihren Schnabel als zusätzliches Greiforgan. Papageien hüpfen aber nicht von Ast zu Ast, sondern bewegen sich kletternd fort. Selbst auf dem Boden „schreiten" sie, was bei größeren Arten sehr drollig aussieht. Etliche Arten springen auch auf dem Boden geschickt und schnell. Unter den Papageien gibt es einerseits ausdauernde und gute Flieger, einige Arten fliegen sogar sehr schnell, es gibt andererseits aber auch sehr schlechte Flieger und fast flugunfähige Arten. Die überwiegende Mehrzahl der Papageien fliegt schlecht und recht, so viel und so weit wie unumgänglich notwendig ist, und sehr oft steht ihr Flugvermögen im umgekehrten Verhältnis zu ihrer Kletterkunst.

Von ganz wenigen Ausnahmen abgesehen, leben Papageien von Pflanzennahrung. Sie fressen Sämereien aller Art und Früchte, aber auch die unterschiedlichsten Stoffe pflanzlicher Herkunft. Die Loris z. B. (Pinselzüngler) sind ausgesprochene Nahrungsspezialisten, die neben Früchten auch von Nektar leben, den sie mit einer sehr sinnreich geformten Zunge aus den Blüten schlecken.

Papageien sind – von zwei Ausnahmen, dem Mönchssittich und dem Erdsittich, abgesehen – Höhlenbrüter. Die Jungvögel sind nach dem Schlüpfen nackt und bedürfen lange Zeit der elterlichen Obhut. Sie werden in der Regel von beiden Elternvögeln aus dem Kropf gefüttert. Die Nestlingszeit beträgt je nach Größe zwischen 3 und 11 Wochen.

Trotz gewisser anatomischer Ähnlichkeiten mit Kuckucksvögeln und Tauben lassen die Papageien sich auch systematisch exakt von anderen Vogelgruppen abgrenzen und stellen daher in der zoologischen Systematik eine eigene Ordnung dar.

Entwicklungsgeschichtlich sind Papageien alt, ihre Gestalt stand in ihren Grundzügen schon

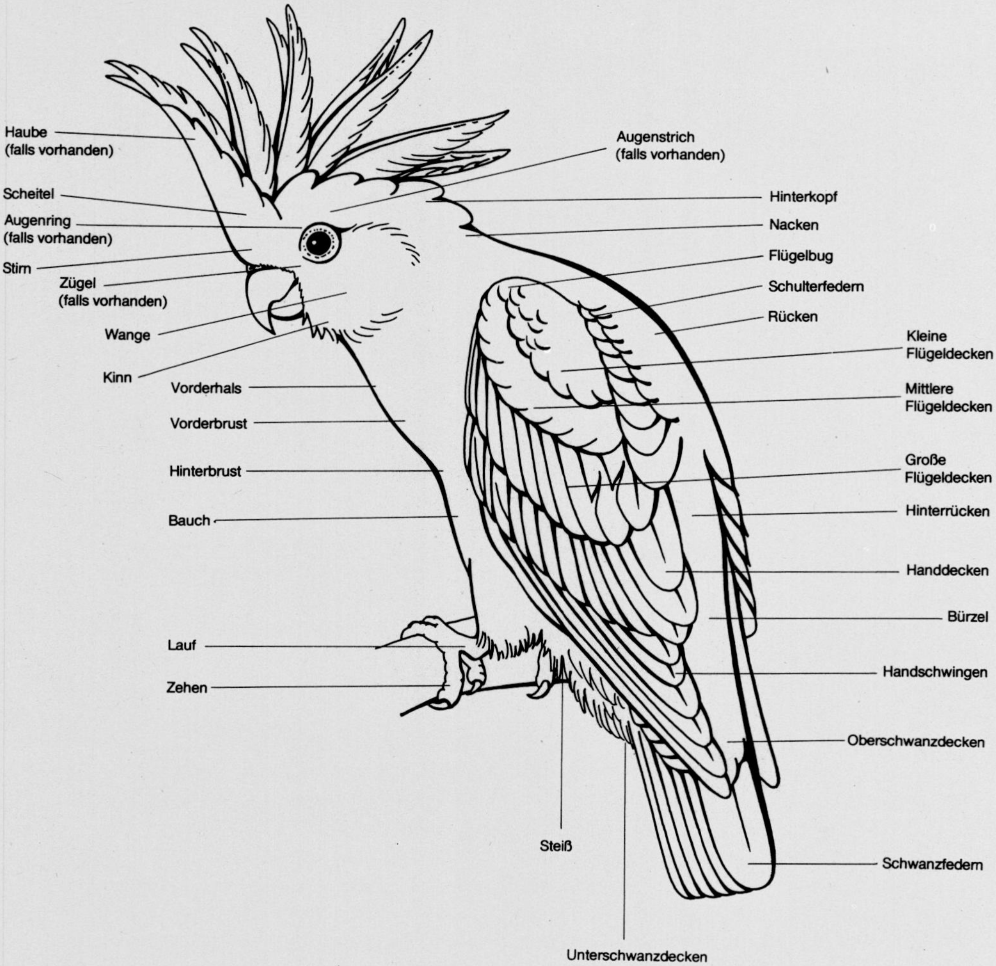

Bild 1. Beschreibung der wichtigsten Körper- und Gefiederteile eines Papageis am Beispiel eines Kakadus.

vor 20 bis 30 Millionen Jahren fest. Der älteste Fund eines papageienähnlichen Vogels wurde in der Nähe von Allier (Frankreich) entdeckt und als *Archeopsittacus verreauxi* beschrieben. Ob es sich bei diesem Fund, der aus den oberen Schichten des Oligozäns stammt und ca. 30 Millionen Jahre alt ist, wirklich um einen Papagei handelt, ist zumindest umstritten. Bei anderen und jüngeren Funden aus dem oberen Oligozän, Miozän und Pliozän bestehen jedoch keine Zweifel. Mit Sicherheit gab es auf der Erde schon vor 15 bis 20 Millionen Jahren Papageien.

Vorzeitfunde beweisen, daß das Verbreitungsgebiet der Papageien auf der nördlichen Halbkugel weitaus größer war, als es heute ist. In Europa kamen sie südlich der Alpen, in Spanien und im südlichen Frankreich vor. In Nordamerika reichte ihr Verbreitungsgebiet bis in den kanadischen Raum. Endgültig verschwanden die Papageien aus Nordamerika erst durch die Ausrottung des Carolinasittichs etwa um die Jahrhundertwende. Soweit bekannt, starb das letzte Exemplar dieser Art am 21. Februar 1918 im Zoo von Cincinnati.
Wir stellen uns gerne Papageien als typische

Kinder der Tropen vor, aber das ist nur bedingt richtig. So erstreckt sich zwar nur im östlichen Asien ihr Verbreitungsgebiet über den subtropischen Bereich hinaus nach Norden. Die nördlichste Art, der Chinasittich (*Psittacula derbyana*) kommt dort sowohl im südwestlichen China als auch im südöstlichen Tibet vor. Auf der südlichen Hälfte der Erde dagegen leben Papageien auch unter klimatischen Bedingungen, die sich kaum von denen in großen Teilen Europas unterscheiden. Auf Neuseeland gibt es Papageien, und in Südamerika leben sie auch noch in Patagonien und auf Feuerland. Selbst auf den Antipoden, einer unbewohnten Inselgruppe südöstlich von Neuseeland lebt eine Papageienart (*Cyanoramphus unicolor*). Auf den Antipoden brüten auch Pinguine, und ihren Namen verdanken diese Inseln dem Umstand, daß sie auf der Erdkugel exakt „gegenüber von London" liegen. Die größte Art- und Individuenkonzentration finden wir jedoch im subtropischen und tropischen Bereich. Die geographische Lage läßt aber nicht unbedingt einen Schluß auf das Klima zu. Auch in den Tropen wird es kühl, wenn wir uns etwa 3000 m über dem Meeresspiegel befinden. Manche Papageien leben in ausgesprochen hochliegenden Gebieten, z. B. im äthiopischen Hochland, im Himalaya und in den Anden, wo sie stellenweise noch oberhalb der Baumgrenze anzutreffen sind. Mit Ausnahme Europas (die Antarktis nicht gerechnet) leben Papageien in allen Erdteilen.

Der bekannte Ornithologe Reichenow äußerte zuerst die Ansicht, daß das Verbreitungszentrum der Papageien im Raume des nördlichen Australiens und Neuguineas zu suchen sei. Dort leben die urtümlichsten Formen, was neben einigen anderen Dingen dafür spricht, daß Reichenows Ansicht richtig ist. Den gesamten von Papageien bewohnten Raum können wir in drei große Verbreitungsgebiete einteilen:

1. *Das pazifische Verbreitungsgebiet* umfaßt Australien, Neuseeland, Neuguinea, Celebes, die Philippinen sowie eine große Zahl von Inselgruppen und Inseln östlich der Wallace-Linie.
2. *Das asiatisch-afrikanische Verbreitungsgebiet* umfaßt im Bereich des Sunda-Archipels die Inseln westlich der Wallace-Linie mit den Hauptinseln Java, Borneo und Sumatra, greift über die Malakkahalbinsel auf das asiatische Festland über und erstreckt sich von dort nach Westen bis zur afrikanischen Westküste. Die große Insel Madagaskar, die sonst eine tiergeographische Sonderstellung einnimmt, ist, was ihre Papageien betrifft, zu Afrika zu rechnen.
3. *Das südamerikanische Verbreitungsgebiet* umfaßt ganz Mittel- und Südamerika, vom Norden Mexikos bis nach Patagonien und Feuerland im Süden. Auch zu diesem Verbreitungsgebiet gehören zahlreiche Inseln, hauptsächlich im Nordosten.

Die Zahl der heute noch vorkommenden Papageienarten wird in der Literatur mit 320 – 350 Arten angegeben. Die Differenz zwischen diesen Angaben erklärt sich zum Teil dadurch, daß der Artbegriff auch unter Fachleuten nicht ganz einheitlich gehandhabt wird. Besonders in früheren Jahren wurden gar nicht selten Lokalformen auf Grund kleiner Abweichungen als „gute Arten" beschrieben. Viele Zoologen setzten ihre Ehre darein, wenigstens eine „neue" Art entdeckt zu haben. Spätere Untersuchungen ergaben häufig, daß manche beschriebene Art zur Unterart oder Lokalform wurde, da sie die für eine Art notwendigen Kriterien nicht erfüllte. Dies erklärt zumindest teilweise, daß die Anzahl der Arten kleiner geworden ist. Andererseits müssen wir die Tatsache, daß von den 429 Arten, die Marshall 1889 zählte, nur ca. 350 übergeblieben sind, mit der Ausrottung bzw. mit dem Aussterben von Arten erklären. Verschwunden sind so z. B. der Kubanische Ara, etliche Sittiche und Loris mit begrenzten Vorkommen auf Inselgruppen oder einzelnen Inseln, *Nestor productus*, der Kakapapagei der Norfolkinseln und andere. Weitere Arten mit begrenztem Verbreitungsgebiet sind vom Aussterben bedroht, darunter einige Amazonenpapageien, die auf einzelnen Inseln der Kleinen Antillen zu Hause sind wie z. B. die St. Lucia-Amazone und die St. Vincent-Amazone.

Als Stubenvögel werden zur Zeit etwa 70 – 80 Papageienarten gehalten, von denen aber nur 50 regelmäßig im Handel angeboten werden. Bei ausgesprochenen Spezialisten und auch in manchen Zoologischen Gärten lassen sich mitunter aber noch weitere Arten finden.

Von den großen Papageien des pazifischen Verbreitungsgebietes sind die Kakadus wohl am besten bekannt. Selbst für den Laien sind diese Vögel mit der aufrichtbaren Federhaube ein Begriff. Die meisten Kakadus sind weiß, weißrötlich oder weißgelblich gefärbt, einige wenige sind dunkel, ja fast schwarz. Häufig als Stubenvögel gehalten werden der Rosenkakadu, der Kleine und der Große Gelbhaubenkakadu. Die größten Arten, wie den Molukkenkakadu und den ebenfalls von den Molukken stammende Weißhaubenkakadu, den ersteren von leicht rötlicher, den zweiten von schneeweißer Grundfarbe, findet man nur selten bei Privatleuten; sie sind aber in fast jedem Zoo zu finden. Selten dagegen, selbst in Zoologischen Gärten, sind die fast schwarzen Rabenkakadus aus Australien und der ebenfalls fast schwarze Arakakadu aus Neuguinea. Der Arakakadu ist der größte Kakadu und damit gleichzeitig der größte Papagei des australisch-neuguineensischen Raumes.

Der aus Australien stammende Nymphensittich ist mit den Kakadus nahe verwandt und als Stubenvogel neben dem Wellensittich wohl der am häufigsten gehaltene Papagei. In der Systematik nimmt er als einzige Art der Gattung *Nymphicus* eine Sonderstellung ein. In der älteren Systematik wurde er oft zu den Kakadus gezählt. Nymphensittiche vermehren sich sehr leicht in Gefangenschaft, und es gibt von ihnen, genau wie bei Wellensittichen, Zuchtformen mit abweichender Färbung.

Hochgeschätzte Stubenvögel für Spezialisten sind auch die aus Australien und Neuguinea stammenden Glanzloris, Rotloris, Keilschwanzloris und Breitschwanzloris, von denen einige Arten auch auf Inselgruppen nördlich von Neuguinea, z. B. auf den Molukken vorkommen.

Von den auf Neuseeland vorkommenden Arten trifft man lediglich den Springsittich bisweilen als Stubenvogel an, was schade ist, denn diese Art ist nicht nur sehr schön, leicht zu halten und sehr zutraulich, sie läßt sich mit etwas Glück auch in Gefangenschaft vermehren.

Genau wie der Nymphensittich ist auch der Wellensittich einziger Vertreter seiner Gattung (*Melopsittacus*). Von allen Papageien ist er als Stubenvogel am weitesten verbreitet. Ursprünglich stammt er aus Australien.

Aus dem Westen und Süden Australiens einschließlich der Insel Tasmanien kommen andere hochgeschätzte Stubenvögel, die Grassittiche oder Ziersittiche, die Singsittiche und der Rotkappensittich. Aus der Papageienfauna Australiens und Neuguineas findet man weiter Stubenvögel unter den Gelbsteiß-Sittichen, den Königssittichen, Scharlachflügelsittichen und Prachtsittichen. Aus demselben Raum stammen auch der Rotflügelsittich und die als Volierenvögel hoch geschätzten Rosellas der Gattung *Platycercus.*

Hochbegehrt, aber selten gehalten, sind die Neuguinea-Edelpapageien. Typisch für diese Art ist die vollkommen verschiedene Färbung der Geschlechter. Erfreulicherweise sind während der letzten Jahre wieder erfolgreiche Nachzuchten dieser Edelpapageien gemeldet worden. Die übrigen Arten des pazifischen Verbreitungsgebietes sind ausgesprochene Raritäten und nur ganz vereinzelt in Zoologischen Gärten zu finden.

Das Verbreitungsgebiet der Edelsittiche bildet den Übergang vom pazifischen Verbreitungsgebiet über den Sunda-Archipel zum asiatischen Festland. Der zu dieser Gattung (*Psittacula*) gehörende Bartsittich kommt in mehreren Unterarten von Java und dem südlichen Borneo im Süden bis nach Assam und Yünnan im Norden vor. Bekannte Stubenvögel aus derselben Gattung sind die Alexandersittiche, von denen der Halsbandsittich (*Psittacula krameri*) sowohl in Asien als auch in Afrika vorkommt. Weitere bekannte Stubenvögel aus dieser Gattung sind der Chinasittich, der Pflaumenkopfsittich und mehrere Unterarten des Schwarzkopf-Edelsittichs.

Ausgesprochen große Papageien fehlen im asiatisch-afrikanischen Verbreitungsgebiet. Die größte Art, der afrikanische Graupapagei oder Jako, wird lediglich 36 cm lang. Diese Art, unter deren Angehörigen man ausgezeichnete „Sprecher" findet, erfreut sich wohl der größten Beliebtheit als Stubenvogel. Gut bekannt und häufig gehalten wird auch der Mohrenkopf aus Westafrika. Von den kleineren afrikanischen Arten stehen die sogenannten Unzertrennlichen bei den Vogelliebhabern in hoher Gunst. Die erste bekannt gewordene Art dieser Gattung, nämlich *Agapornis pullaria,* wurde bereits durch den schwedischen Naturforscher LINNÉ beschrieben. Er gebrauchte wahrscheinlich zuerst das Wort „oskiljaktiga", das sinngemäß ins Deutsche als „Unzertrennliche" und ins Französische als „Inséparable" übernommen wurde. Die Engländer waren bei der Benennung dieser reizenden kleinen Papageien sogar noch poetischer, sie nennen sie „Lovebirds", also Liebesvögel. Alle diese Namen verdanken diese kleinen Papageien dem Umstand, daß die Paare in allen Situationen äußerst fest zusammenhalten. Die Gattung *Agapornis* kommt mit sechs Arten auf dem afrikanischen Festland und mit einer Art auf Madagaskar vor.

So gut wie alle anderen Papageien des asiatisch-afrikanischen Verbreitungsgebietes werden selten als Stubenvögel gehalten; das gilt für die entzückenden Fledermauspapageien von der Malakka-Halbinsel und von Sumatra genauso wie für die Vasa- und Schwarzpapageien Madagaskars. Auch viele der oft an Amazonenpapageien erinnernden Arten der Gattung *Poicephalus* aus Ostafrika kommen nur vereinzelt nach Europa.

Betrachten wir die als Stuben- und Volierenvögel häufigsten Arten aus dem südamerikanischen Verbreitungsgebiet näher, so dominieren zwei Gruppen: die Amazonenpapageien und die Arapapageien. Amazonenpapageien kommen mit ca. 25 Arten im größten Teil dieses Verbreitungsgebietes vor; sie fehlen nur ganz im Süden. Ihre Grundfärbung ist grün, doch sind viele Arten am Kopf, an den Flügelbugen und auf dem Rücken anders gefärbt. Alle Amazonenpapageien werden leicht zahm, und einige lernen sogar ganz leidlich sprechen. Arapapageien sind nicht nur äußerst prächtig gefärbt mit leuchtend roten, blauen, gelben und grünen Federn, sie sind trotz ihrer Größe und ihrer respekteinflößenden Schnäbel fast immer äußerst liebenswürdige Vögel.

Groß ist auch die Zahl der amerikanischen Sittiche, die man als Stubenvögel antrifft, wenn sie auch in der Regel etwas seltener gehalten werden als ihre australischen Namensvettern. Von den Schmalschnabelsittichen der Gattung *Brotogeris* sind der Tirikasittich und der Tovisittich beliebt. Ganz entzückende Vögel sind auch die Kanarienflügelsittiche mit mehreren Unterarten aus derselben Gattung. Diese Vögel werden unglaublich zahm, stören jedoch leicht, da sie buchstäblich nie „den Schnabel halten", solange sie wach sind. Aus der Gattung der Dickschnabelsittiche (*Bolborhynchus*) werden Weißflügelsittich, Feuerflügelsittich und Aymarasittich häufiger gehalten, und die Gattung der Keilschwanzsittiche stellt mit Arten wie Guajaquilsittich, Kaktussittich, Elfenbeinsittich, Goldsternsittich, Nandaysittich und dem prächtigen Jendayasittich eine Anzahl weiterer bei Vogelfreunden beliebter Arten.

Einige südamerikanische Sittiche sind recht klimahart, und der Mönchssittich kann auch in Mitteleuropa das ganze Jahr über in der Freilandvoliere gehalten werden. Im zoologischen Garten in Kopenhagen (Dänemark) gab es vor etlichen Jahren eine vollständig freifliegende Gruppe dieser Vögel.

Etwas empfindliche Vögelchen sind die Sperlingspapageien der Gattung *Forpus*. Einmal eingewöhnt lassen sie sich jedoch gut halten, und sie schreiten auch ohne große Schwierigkeiten im Käfig zur Nachzucht. Selbstverständlich gibt es unter der großen Zahl südamerikanischer Papageien auch Arten, die nur ganz selten importiert werden und daher nur ausnahmsweise bei Vogelfreunden zu finden sind. Drollige und äußerst liebenswürdige Vögel sind z. B. die Weißbauchpapageien der Gattung *Pionites*, die man nur ganz ausnahmsweise als Stubenvögel bei ausgesprochenen Spezialisten antrifft. Auch der Fächerpapagei (*Deroptyus accipitrinus*) wird nur selten importiert und kommt dann gewöhnlich in einen Zoologischen Garten.

Wildlebende Papageien

Papageien sind soziale Vögel

Von ganz wenigen Ausnahmen abgesehen, sind Papageien gesellige und sozial lebende Vögel. Mit dem Begriff „sozial leben" ist gemeint, daß auch in einer größeren Gruppe zwischen den einzelnen Individuen Bande sozialer Natur existieren, die der Paarbildung übergeordnet sind. Papageien leben monogam, d. h. in Einehe, und die Partner einer solchen Verbindung halten treu zusammen. Da größere Papageien häufig erst im zweiten bis vierten Lebensjahr geschlechtsreif werden und der Paarbildung, wie bei unseren einheimischen Rabenvögeln, eine lange Verlobungszeit vorausgeht, befinden sich in jeder größeren Gruppe, in jedem Schwarm eine Anzahl Jungvögel. Für die Jungvögel spielt die soziale Schulung innerhalb der Gemeinschaft eine große Rolle. Im Schwarm macht der Jungvogel in bezug auf Nahrungsbeschaffung, Abwehr von Feinden, Vermeidung von Gefahren usw. eine nützliche Lehre durch, die im Endeffekt der ganzen Art zugute kommt. Dieses Sozialverhalten können wir, wenigstens in gewissen Phasen, auch in großen Volieren beobachten, z. B. bei Unzertrennlichen. Voraussetzung ist lediglich, daß alle Vögel mit farbigen Fußringen verschiedener Kombination so gekennzeichnet werden, daß jeder Vogel ohne Schwierigkeit vom anderen zu unterscheiden ist. Daß alle Beobachtungen schriftlich festgehalten werden müssen, versteht sich von selbst. Bei den größten Kakadus und auch bei manchen Arapapageien werden mitunter auch einzeln lebende Vögel beobachtet. Hier liegt die Vermutung nahe, daß noch nicht geschlechtsreife Jungvögel einige Zeit einzeln umherstreifen, bevor es zur Paarbildung kommt.

Als Schlafplatz wählt ein wildlebender Papageienschwarm fast immer eine bestimmte Stelle, die jeden Abend von neuem aufgesucht wird. Dabei kann es sich beispielsweise um einen großen Baum mit mächtiger Krone handeln, um eine unzugängliche Bergformation oder um einen alten, halbvermoderten Baumriesen mit zahlreichen Löchern und Hohlräumen. Von diesem Stammplatz aus werden kürzere oder längere Ausflüge zur Futterbeschaffung unternommen. Dabei gehen Papageien recht systematisch vor, stets auf ihre Sicherheit bedacht. Während der größte Teil des Schwarmes Futter sucht, wachen aufgestellte Posten darüber, daß sich nichts Verdächtiges nähert. Taucht ein Feind auf oder irgendetwas, was ihr Mißtrauen weckt, so warnen die Wachtposten mit lauten Schreien ihre Artgenossen. Wie weit sich diese täglichen Ausflüge erstrecken, hängt natürlich weitgehend von den örtlichen Gegebenheiten ab.

Bei manchen Papageienarten bleibt der Schwarm auch während der Fortpflanzungszeit zusammen, bei anderen löst er sich in einzelne Paare auf und wird erneut gebildet, sobald die Jungvögel flügge sind. Als Nistgelegenheiten benutzen Papageien Hohlräume unterschiedlichster Art. Natürliche Höhlen in Baumstämmen sind gesuchte Brutplätze. In teilweise vermoderte Baumstämme hacken und graben viele Papageien mit ihrem kräftigen Schnabel auch die notwendigen Höhlungen selber. Die hierbei gebrauchte Arbeitstechnik läßt sich auch bei vielen in Volieren gehaltenen Arten gut beobachten. Dazu brauchen wir den Papageien lediglich anstelle des üblichen Nistkastens einmal einen im Inneren vermoderten Baumstamm von Erle, Weide, Pappel, Linde oder ähnlichem Weichholz zu geben. Meist ist die Nisthöhle schon ein paar Tage später fertig. Hohlräume werden aber nicht nur in Bäumen angelegt, manche Arten graben auch in Termitenstöcke geeignete Nistgelegenheiten. Andere wiederum graben wie unsere Eisvögel tiefe Löcher in steile Uferböschungen oder Steilhänge, und die in gebirgigem Gelände lebenden Arten brüten in Hohlräumen und

Spalten von Gesteinsformationen. Allen diesen Nistplätzen ist gemeinsam, daß in ihrem Inneren eine verhältnismäßig hohe, gleichbleibende Luftfeuchtigkeit herrscht, was für die Entwicklung der Jungvögel im Ei und für den Schlupfprozeß äußerst wichtig ist. Nur wenige Arten bauen im Inneren der Nisthöhle ein Nest, meist werden die Eier einfach auf der vorhandenen Unterlage, in Baumstämmen auf halbvermoderten Holzresten, abgelegt. Arten, die Nistmaterial in die Bruthöhle eintragen, wenden dabei bisweilen eine äußerst eigentümliche Technik an. So steckt sich das Rosenköpfchen (*Agapornis roseicollis*) Halme und ähnliches zwischen die Federn der Flügeldecken, bevor es durch das Schlupfloch in die Nisthöhle schlüpft. Einzelne kleinere Papageienarten benützen auch verlassene Nester von Webervögeln als Nistgelegenheit. Ein freistehendes Nest aus Zweigen, ähnlich dem unserer Elster, baut lediglich der Mönchspapagei. Diese Nester können sehr groß sein, es kommt bei dieser Art auch vor, daß mehrere Paare sich das gleiche Nest teilen.
Arten aus mehr gemäßigtem Klima pflanzen sich in den späten Frühlings- bzw. frühen Sommermonaten fort. Das entspricht auf der südlichen Halbkugel unseren späten Herbst- bzw. zeitigen Wintermonaten. Die tropischen Papageienarten, besonders die des tropischen Regenwaldes, halten häufig keine exakt zu bestimmenden Fortpflanzungszeiten ein. Die Verhältnisse in den tropischen Regenwäldern sind das ganze Jahr über so gleichmäßig, daß praktisch ständig die Voraussetzungen für eine erfolgreiche Vermehrung gegeben sind.
Aus Beobachtungen unserer heimischen Vogelwelt kennen wir die Tatsache, daß Vögel, falls notwendig, ihre Fortpflanzungsintensität den vorhandenen Nahrungsverhältnissen anpassen. So können Kreuzschnäbel mitten im Winter brüten, wenn ein besonders gutes Zapfenjahr war. Eulenarten der Tundra und der nördlichen Taiga brüten in guten „Lemmingjahren" häufiger und ziehen je Brut mehr Jungvögel auf als sonst. Bleiben die für die Ernährung der Jungvögel notwendigen Lemminge einmal aus, so wird das Brutgeschäft nicht selten für ein Jahr vollständig eingestellt. Ähnlich verhalten sich manche Papageien, die Grassteppen, Strauchsteppen und Halbwüsten bewohnen. Von manchen australischen Arten, die in solchen Gebieten zu Hause sind, weiß man, daß sie sich geradezu explosiv vermehren, wenn einmal nach ungewöhnlich reichlichen Regenfällen ihr Tisch besser als sonst gedeckt ist. In trockeneren Jahren ist ihre Vermehrungsfrequenz erheblich geringer und in ausgesprochenen Dürrejahren kann die Fortpflanzung völlig unterbleiben.
Beim Brutgeschäft und bei der Aufzucht der Jungvögel teilen sich die „Ehepaare" die anfallende Arbeit. Das Männchen füttert das brütende Weibchen oder löst es bei manchen Arten beim Brutgeschäft ab. Jungvögel werden von beiden Elternteilen gefüttert. Beobachtet man aber ein Papageienpaar genauer, so merkt man bald, daß es sehr oft „sie" ist, die letzten Endes bestimmt. In Papageienehen sind also die Männer in der Regel richtige „Pantoffelhelden", während die Frauen die „Hosen" anhaben. Nähert sich z. B. ein Störenfried der Bruthöhle oder auch den bereits ausgeflogenen Jungvögeln, so wird er in der Regel vom Weibchen zuerst angegriffen. Bei Arten, die in geschlossenen Brutrevieren zur Vermehrung schreiten, werden Störenfriede bzw. Feinde, falls notwendig, von allen Schwarmangehörigen angegriffen und vertrieben. Daß Weibchen beherzter und härter zubeißen, wenn sie sich bedroht fühlen, kann jeder Vogelfreund leicht selbst feststellen. Wir brauchen zu diesem Zweck nur einmal ausgewachsene Wellensittiche mit der bloßen Hand zu greifen: Die Weibchen kneifen entschieden härter als die Männchen. Bei Unzertrennlichen kann dieser Umstand sogar eine Hilfe bei der oft schwierigen Geschlechtsbestimmung sein.
Sobald das erste Ei gelegt ist, beginnen Papageien zu brüten. Da die Eier, besonders bei größeren Arten, meist mit einigen Tagen Abstand gelegt werden, schlüpfen auch die Jungvögel in den entsprechenden Zeitabständen. Die Jungvögel einer Papageienbrut sind daher von unterschiedlicher Größe. Die Brutdauer richtet sich in etwa nach der Größe der betreffenden Art; sie kann zwischen 18 Tagen (beim Wellensittich) und bis zu 30 Tagen (bei Aras, großen Kakadus) schwanken. Der geschlüpfte Jungvogel ist zunächst nackt, aber schon bald bedeckt sich sein Körper mit feinen Flaumfedern. Beide Elternteile füttern. Beim Füttern umfaßt der Altvogel den Schnabel des Jungvogels und würgt aus seinem Kropf vorverdaute Nahrung, bei sehr kleinen Jungvögeln auch Vormagenmilch, in die

Speiseröhre des Jungen. Die Entwicklung der Jungen verläuft im Vergleich zu anderen Vögeln von etwa gleicher Größe verhältnismäßig langsam. Papageien haben also eine lange Nestlingszeit, die bei den größten Arten 70 – 90 Tage betragen kann. Bei den Art- und Gattungsbeschreibungen (ab Seite 87) sind die Brut- und Nestlingszeiten, soweit bekannt, angegeben. Wenn der junge Papagei die Nisthöhle verläßt, ist er fast immer vollständig befiedert. Nur bei Unzertrennlichen kommt es häufiger vor, daß Jungvögel lediglich an Kopf, Nacken und den Schwingen befiedert schon die Nisthöhle verlassen. Noch lange nach dem Ausfliegen wird der Jungvogel von seinen Eltern gefüttert.

Das gegenseitige Füttern ist bei Papageien nicht nur bei der Brutpflege notwendig, es kann auch zum „Ritual" werden. Während der Balz kommt es häufig vor, daß die Weibchen von den Männchen gefüttert werden. Während des Brütens wird der brütende Vogel vom nichtbrütenden gefüttert, in der Regel das Weibchen vom Männchen. Das gleiche „Ritual" läßt sich auch bei zahmen und auf den Menschen geprägten Papageien beobachten. Solche Vögel versuchen gar nicht selten, ihren Pfleger mit aufgewürgtem Futter zu „atzen". Dieses Benehmen läßt aber keinen Rückschluß auf das Geschlecht des betreffenden Papageien zu. Die Rolle, in der sich ein solch falsch geprägter Vogel befindet, kann äußerst komplex sein, denn es sind sowohl die Kombinationen Mensch = Geschlechtspartner als auch Mensch = Jungvogel denkbar.

Die Nahrung wilder Papageien

Wildlebende Papageien nehmen eine recht vielseitige Nahrung zu sich. Neben Samenkörnern – und Samenkörner sind auch Fruchtkerne, Nüsse usw. – fressen sie Früchte und Beeren aller Art. Einige Arten, z. B. der Nacktaugenkakadu und der Nasenkakadu, graben auch gerne im Boden und suchen dabei nach genießbaren Wurzeln und Knollen. Sämereien werden sowohl halbreif als auch reif gefressen. Bei reifen Körnern wird mit Hilfe von Schnabel und Zunge die Schale entfernt und nur der Kern gefressen. Papageien sind bei der Wahl ihres Futters durchaus nicht einseitig und untersuchen das meiste auf seine Genießbarkeit. Erwachsen eingefangene Papageien, d. h. Vögel, deren Speisegewohnheiten noch nicht durch einseitige Fütterung verdorben wurden, verhalten sich genauso.

Beim Fressen sind Papageien ausgesprochene „Schlemmer und Schlamper", die weitaus mehr Futter zerstören als sie fressen. Beobachten wir doch nur einmal einen Mohrenkopf beim Fressen einer Feige: Er faßt die Feige zunächst mit dem Schnabel und ergreift sie dann mit dem Fuß. Danach zieht er die äußere Schale Stück für Stück ab und läßt sie fallen. Aus dem Fruchtfleisch sucht er dann jedes Körnchen einzeln heraus, knackt dessen Schale und frißt den winzigen Kern. Ich hatte selbst einmal einen Ararauna, der liebend gerne Kirschen und Weintrauben fraß. Von den Kirschen fraß er lediglich das Innere des Kirschkernes. Weintrauben „trank" er zunächst aus, indem er mit dem Unterschnabel ein Loch in die Schale stieß und dann den Kopf rückwärts beugte. Dabei rann der Saft in seine Kehle. Anschließend wurden äußere Schale und Fruchtfleisch entfernt, die Kerne geknackt und nur das Innere gefressen.

Nicht alle Papageien leben ausschließlich von pflanzlicher Nahrung. Einzelne Arten fressen auch Stoffe tierischer Herkunft. Bekannt ist dies von den Nestorpapageien Neuseelands, die nicht nur Insektenlarven fressen, sondern auch Fleisch und besonders Talg. Zeitweise wurden sie in der Umgebung großer Schafschlächtereien direkt zur Plage, und es soll vorgekommen sein, daß sie auch lebende Schafe angriffen. Die Regierung Neuseelands bezahlte Abschußprämien, was fast zur Ausrottung dieser Papageien führte. Wir müssen hier jedoch bedenken, daß es vor der Ankunft der Europäer auf Neuseeland weder Schafe noch Schafschlächtereien gab und die Nestorpapageien gewissermaßen Opfer der veränderten Verhältnisse wurden. Weniger bekannt ist, daß auch kleinere Papageien bisweilen Insekten fressen. Diese Sitte finden wir bei den Grassittichen genauso wie bei manchen Unzertrennlichen, z. B. bei *Agapornis pullaria.* Auch manche Kakadus verschmähen größere Insektenlarven durchaus nicht, wie beispielsweise die Larven der Wachsmotte. Ausgesprochene Futterspezialisten sind die Loris, die von weichen Früchten und von Blütennektar leben und auch kleinere Insekten und deren Larven nicht verschmähen.

Wir werden uns gut vorstellen können, daß größere Papageienschwärme, die in Maisfelder,

Fruchtplantagen usw. einfallen, beträchtlichen Schaden anrichten können. Auch bei solchen Gelegenheiten zerstören die Vögel erheblich mehr als sie fressen.
Wie Papageien leben, wie und unter welchen Verhältnissen sie sich fortpflanzen, was sie fressen usw., hängt selbstverständlich von ihrer Umgebung ab. Die Biotope der einzelnen Arten sind in ihrem riesigen Verbreitungsgebiet recht unterschiedlich, was jede Verallgemeinerung verbietet. Um jedoch einen gewissen Überblick zu geben, sollen hier einige der wichtigsten Biotoptypen im Verbreitungsgebiet der Papageien beschrieben werden.

Der Lebensraum wildlebender Papageien

Bedingt durch ihre geographische und topographische Lage, vorhandene Vegetation, Niederschlagsmengen, Witterungsverhältnisse usw. gibt es auf unserer Erde große Gebiete, die sich, obwohl sie räumlich weit voneinander entfernt sind, sehr ähneln. Tropischer Regenwald z. B. bietet seinen Bewohnern ziemlich gleichartige Bedingungen, unabhängig davon, ob dieser Regenwald auf Neuguinea, den Sunda-Inseln, auf Madagaskar, in Kamerun oder in Brasilien wächst. Die Grassteppen Australiens haben etliches gemeinsam mit den Grassteppen Südamerikas, genauso wie es in Südamerika Buschlandschaften gibt, die ihren Bewohnern ähnliche Bedingungen bieten wie die Baumsteppen Nordaustraliens oder die Savannen Ostafrikas. Nirgendswo aber wird die Ähnlichkeit der Lebensbedingungen deutlicher, als wenn wir Gebirgsregionen derselben geographischen Lage und etwa gleicher Höhe über dem Meeresspiegel miteinander vergleichen.
Wir sollten uns aber vor zu großen Verallgemeinerungen hüten, denn das Klima wird von vielen Faktoren beeinflußt. Eine große Rolle kann die Entfernung zur Küste, d. h. der Abstand zum Meer spielen. Kalte bzw. warme Meeresströmungen und die durch sie verursachten Winde üben oft einen großen Einfluß aus. In der Karte auf Seite 17 sind die wichtigsten Vegetationstypen, wie tropischer Regenwald, Grassteppen usw. eingezeichnet, wie auch die Klimazonen und die wichtigsten warmen und kalten Meeresströmungen. Die gleichfalls eingezeichneten Grenzen der Papageienverbreitung sind dem Buch „Parrots of the World“ von Joseph M. Forshaw, Melbourne 1973 entnommen.
Der tropische Regenwald ist ein Vegetationstyp, der nur durch die Kombination von ausreichender Regenmenge und damit verbundener Luftfeuchtigkeit in Verbindung mit hoher Temperatur und geeigneten Bodenverhältnissen entstehen konnte. Seine Pflanzenwelt übertrifft an Artenreichtum und Üppigkeit jeden anderen Vegetationstyp. Tragendes Element sind immergrüne, feuchtigkeitsliebende Bäume von mindestens 30 m Gipfelhöhe und mehr. Zwischen Boden und Baumgipfeln finden wir eine dichte Vegetation von Lianen, baum- und strauchartigen Epiphytengewächsen und stellenweise dichten Farnbeständen. Die jährliche Niederschlagsmenge beträgt mindestens 1000 mm, kann aber bedeutend höher sein – z. B. an der Ostküste von Queensland bis zu 6000 mm. Die Luftfeuchtigkeit beträgt in Regenwaldgebieten selten weniger als 70% und nähert sich während der Nacht dem Zustand der maximalen Feuchtigkeitssättigung. Das Temperaturmittel bewegt sich zwischen 25 und 30° C und ist sowohl im Ablauf des Tages als auch im Jahresverlauf nur geringfügigen Schwankungen unterworfen. Da die tropischen Regenwälder nie allzuweit vom Äquator entfernt wachsen, haben wir fast gleichmäßig 12 Stunden Tag und 12 Stunden Nacht. In diesen Gebieten lebende Papageien haben das ganze Jahr über ein reichliches Nahrungsangebot, und sie finden überall Wasser. Sie müssen sich nicht an schnell verändernde Bedingungen anpassen, und sie können praktisch zu jeder Jahreszeit zur Fortpflanzung schreiten, was sie auch häufig tun.
Bei der Akklimatisierung von Papageien aus tropischen Regenwäldern ist Vorsicht angebracht. Sie sind, besonders in den ersten Monaten nach der Ankunft in Europa, empfindlich gegen Kälte, Zugluft, kühle Feuchtigkeit, aber auch gegen trockene Luft, z. B. in überheizten Quarantäneräumen. Viele gewöhnen sich trotzdem erstaunlich gut ein und sind, einmal richtig eingewöhnt, nicht sonderlich empfindlich. Andere Arten dagegen müssen auch noch nach Jahren unter entsprechend angepaßten Bedingungen gehalten werden, wenn sie gesund bleiben sollen. Speziel-

le Hinweise finden wir bei den Artbeschreibungen.

Während der tropische Regenwald eine sehr einheitliche, in sich geschlossene Einheit bildet, sind die mehr offenen Geländetypen unserer Erde unendlich mehr differenziert. Im offenen Gelände wird der Vegetationstyp hauptsächlich von der jährlichen Niederschlagsmenge bestimmt; von ihr hängt es ab, ob eine Wüste, Halbwüste, eine Gras- oder Buschsteppe oder eine Baumsteppe (Savannenlandschaft) entsteht. Voraussetzung für eine noch so karge Waldvegetation sind ca. 100 mm Niederschlag innerhalb von 4 Monaten. Entlang der Westküsten Amerikas und Afrikas führen kalte Meeresströmungen, über denen die Niederschläge abregnen und somit den Landgebieten verlorengehen. An der amerikanischen Westküste von 40° nördlicher Breite bis hinunter nach Patagonien und an der Westküste des südlichen Afrikas fehlen auf Grund mangelnder Niederschläge die Voraussetzungen für eine Waldvegetation. An Australiens Ostküste strömen feuchtigkeitsgesättigte Meereswinde entlang, aber dicht an der Küste erheben sich Randgebirge, die die Winde nach oben führen. Dort kühlen sie sich ab, und es kommt zu äußerst kräftigen Niederschlägen, die der Küstenzone im Übermaß zugute kommen, dem dahinter liegenden Land aber verlorengehen.

Beträgt die jährliche Niederschlagsmenge in tropischen Gebieten zwischen 300 und 500 mm, konzentrieren sich die Niederschläge auf bestimmte Jahreszeiten (Regen- und Trockenperioden) oder fallen sogar vollständig unregelmäßig, so sind die Voraussetzungen für eine Steppenbildung gegeben. Sinken die Niederschläge unter 250 mm pro Jahr, so verwandelt sich die Steppe in eine Halbwüste oder Wüste. Überschreitet dagegen die jährliche Niederschlagsmenge 500 mm, so reicht das auch in tropischen Gebieten für die Bildung von Buschvegetation mit eingesprengten Baumgruppen. Es entsteht ein Landschaftsbild, wie wir es von Llanos in baumlosen oder baumarmen Ebenen im nördlichen Südamerika und von den Savannen Afrikas kennen.

Dort wo die Niederschläge konzentriert während weniger Monate fallen, müssen sich die Tiere dem geringen Wasserangebot anpassen können. Papageien aus solchen Gebieten sind oft erstaunlich gut an die herrschenden Verhältnisse angepaßt. Als Nahrung nehmen sie soweit wie möglich grüne Pflanzenteile auf. Ihr ganzer Organismus ist auf eine äußerst sparsame Wasseraufnahme eingestellt. Diese Vögel können, wenn notwendig, mit erstaunlich geringen Mengen Trinkwasser auskommen und lange dursten, bis ihre Existenz wirklich gefährdet ist.

Steppen geben freie Sicht nach allen Seiten, und neben einer zweckmäßigen Schutzfärbung ist Bewegung eine Voraussetzung des Überlebens. Es gilt ja nicht nur, sich durch schnelle Flucht einem Feind entziehen zu können, auch die nächste Wasserstelle, die meilenweit entfernt sein kann, muß im schnellen Flug erreichbar sein. Es ist daher kein Wunder, daß man unter den Steppenpapageien auch die besten Flieger findet. WILBUR WRIGHT, amerikanischer Flugpionier, wurde anläßlich eines Festbanketts zu seinen Ehren gebeten, eine Rede zu halten. Der für seine Wortkargheit bekannte Amerikaner erledigte das mit dem klassischen Satz: „Papageien können zwar Reden halten, aber dafür fliegen sie erbärmlich schlecht". Nun, WILBUR WRIGHT irrte, durchaus nicht alle Papageien halten Reden, aber manche von ihnen fliegen ausgezeichnet. So fliegen besonders die Steppenpapageien Australiens und Südamerikas schnell und ausdauernd. Kakadus, die in Steppengebieten zu Hause sind, fliegen zwar nicht so schnell, aber fast so ausdauernd wie eine Taube. Da im freien Gelände auch aus der Luft Gefahren durch Raubvögel lauern, vor denen auch ein schneller Flug nicht schützt, haben manche der dort lebenden Papageien die Fähigkeit entwickelt, sich sehr schnell laufend auf dem Boden fortbewegen zu können, um so ein schützendes Versteck zu erreichen. Typisch für die Temperaturverhältnisse der weiten offenen Flächen sind die großen Unterschiede zwischen Tag und Nacht und in subtropischen und gemäßigten Gebieten auch zwischen Winter und

Bild 2. Die Verbreitung der Papageien. – Die Wallace-Linie ist eine tiergeographische Grenzlinie zwischen der australischen und der orientalischen Region, benannt nach dem britischen Zoologen ALFRED RUSSEL WALLACE. Im Raum des malaiischen Archipels verläuft diese Linie zwischen Lombok und Bali, zwischen Celebes und Borneo und danach westlich der Philippinen. Diese Grenzlinie ist unter den Zoologen durchaus nicht unumstritten; sie trennt im malaiischen Raum die Tierwelt aber erstaunlich gut in zwei Hälften. Das gilt auch für die Papageien. (Daß einige wenige Arten beiderseits der Wallace-Linie vorkommen, besagt nicht viel; für eine weitaus größere Anzahl ist diese Linie eindeutig die Grenze ihrer Ausbreitung.)

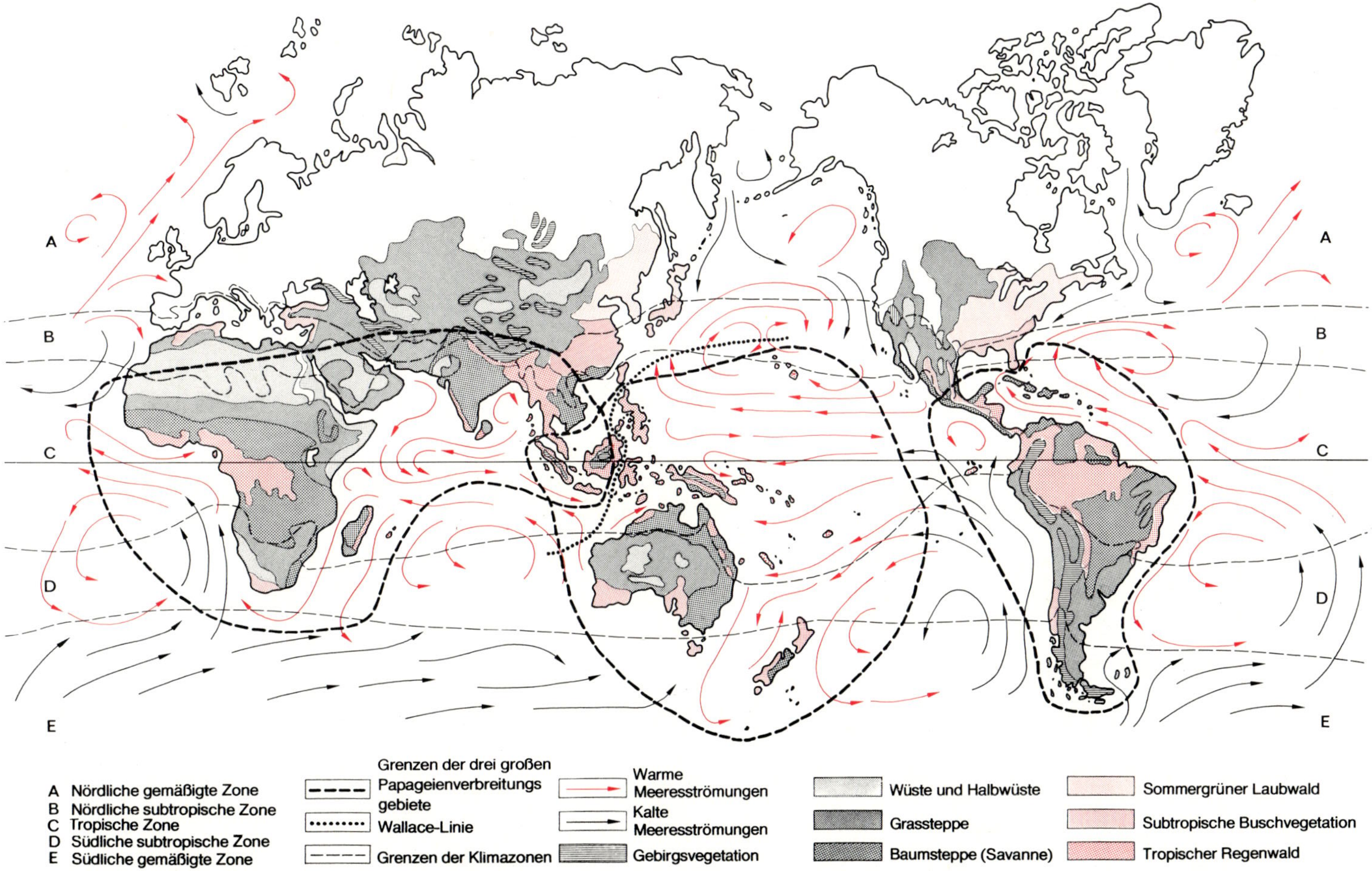
A
B
C
D
E
A Nördliche gemäßigte Zone
B Nördliche subtropische Zone
C Tropische Zone
D Südliche subtropische Zone
E Südliche gemäßigte Zone
Grenzen der drei großen Papageienverbreitungs gebiete
Wallace-Linie
Grenzen der Klimazonen
Warme Meeresströmungen
Kalte Meeresströmungen
Gebirgsvegetation
Wüste und Halbwüste
Grassteppe
Baumsteppe (Savanne)
Sommergrüner Laubwald
Subtropische Buschvegetation
Tropischer Regenwald

Sommer. Das schützende Blätterdach, das in Waldgebieten die Mittagshitze mildert und während der Nacht Wärmeverluste abfängt, fehlt. In den afrikanischen Savannen kann unter dem Einfluß der Mittagssonne die Temperatur bis über 40 °C ansteigen und in der Nacht bis auf +3 °C absinken. Im südlichen Teil Australiens wird es während des Winters kühl und auf den Grasflächen Patagoniens sogar bitterkalt.

Steppenbewohnende Papageien pflanzen sich zu der Zeit fort, in der das Nahrungsangebot am größten ist. Dort, wo die Niederschläge unregelmäßig fallen, erfolgt auch die Fortpflanzung unregelmäßig, und in außergewöhnlich trockenen Perioden kann sie auch gänzlich unterbleiben.

Es ist also kein Wunder, daß wir unter den Papageien aus Steppengebieten die Arten finden, die sich am leichtesten an veränderte Verhältnisse anpassen. Zu ihnen gehören so beliebte Stubenvögel wie der Wellensittich und der Nymphensittich, die neben den australischen Kakadus zu den härtesten und anspruchslosesten Papageien gehören. Bezeichnend für die meisten dieser Arten ist auch ihre Klimahärte. Viele von ihnen kann man in günstigen Lagen das ganze Jahr hindurch in Freilandvolieren halten. Als frisch importierte Vögel sollten wir jedoch auch diese Arten vorsichtig behandeln. Durch Fang, Transport und dem damit verbundenen Streß und durch unzureichende Nahrungsaufnahme sind alle neu eingetroffenen Vögel mehr oder weniger geschwächt und nicht im Besitz ihrer vollen Widerstandskraft.

Innerhalb größerer kontinentaler Landmassen sind die Übergänge zwischen den verschiedenen Vegetationstypen in der Regel fließend, und es kommen zahlreiche Übergangszonen vor. So folgt z. B. auf die an der Nordostküste Australiens gelegenen Regenwaldgebiete eine schmale Zone lichten Waldes, der langsam in eine Baumsteppe übergeht. Je weiter man ins Landesinnere kommt, desto seltener werden die Baumgruppen, und die Landschaft nimmt den Charakter einer Buschsteppe an. Diese Buschsteppe verwandelt sich nach und nach in Grassteppe, die im Landesinneren stellenweise in Halbwüste und Wüste übergeht. So wie in Australien finden wir auch in ähnlicher Weise in anderen Gebieten zahlreiche Übergangszonen. Die klimatischen Verhältnisse Neuseelands sind im Verbreitungsgebiet der Papageien eine Ausnahme und sollen deshalb hier kurz erwähnt werden. In bezug auf Klima und Vegetation kann man Neuseeland mit gewissen Teilen Europas, beispielsweise mit England vergleichen. Meereswinde kühlen das Land während der Sommermonate ab, sind aber gleichzeitig auch Voraussetzung für milde Winter. Die Mitteltemperatur der Nordinsel (Auckland) beträgt im Januar (entsprechend dem Juli der nördlichen Erdhälfte) 19,5 °C und auf der Südinsel (Dunedin) 14,5 °C. Im Juli sind die entsprechenden Temperaturen 11 ° bzw. 5,5 °C. Die ganze Nordinsel war ursprünglich von Wald bedeckt; einem Wald, der sich in seinem Charakter sehr wohl mit Wäldern Westeuropas vergleichen läßt. Dieser Wald bestand aus dichten Beständen der Südbuche, immergrünen Nadelhölzern und zahlreichen Kletterpflanzen und Farngewächsen. Auf der Südinsel findet man auch heute noch an den Berghängen bedeutende Bestände der Südbuche, die in höheren Lagen in Nadelwälder übergehen. Auf den trockeneren östlichen Ebenen wachsen Buschwälder, die hauptsächlich aus Myrtengewächsen bestehen, und über große Areale wächst Tussockgras.

In Bergregionen lebende Papageien müssen sich ähnlich wie Steppenbewohner schnell an veränderte Temperaturverhältnisse anpassen können. Auch wenn mit zunehmender Höhe die Vegetation lichter und die Sicht freier wird, Tiere, die unter solchen Bedingungen überleben wollen, müssen sich schnell der Umgebung anpassen können. Stellenweise kann sich auch in Gebirgen längs günstig gelegener Täler dichter Wald bis zur Baumgrenze erstrecken. Die Baumgrenze ist aber nicht nur von der geographischen Lage abhängig, sondern wird stark von kalten oder warmen Winden beeinflußt. So wächst am Südhang des Himalajas Wald noch bis zu einer Höhe von 3600 m über dem Meeresspiegel, an der Westseite der Anden in Kolumbien hört dagegen der Wald schon in einer Höhe von 2800 m auf. Der Südhang des Himalajas liegt etwa 2500 km nördlich des Äquators, wird aber von Winden bestrichen, die sich über den gewaltigen Landmassen des indischen Subkontinents erwärmt haben. Der Andenwestabhang liegt dagegen im Bereich der kühlen Winde, die sich über dem kalten Humboldtstrom bilden, der an der südamerikanischen Westküste entlangfließt. Dieser Meeresstrom bzw. die durch ihn verursachten Winde sind auch die Ursache, daß sich im Nord-

westen Südamerikas die subtropische Zone bis über den Äquator nach Norden erstreckt.
In den Anden fällt auf der Höhe des Äquators die Mitteltemperatur mit je 200 m Höhe um ca. 1 °C. Das bedeutet, daß in 3000 m Höhe – und bis in diese Höhe kommen Papageien vor – die Mitteltemperatur 12 – 15 °C niedriger ist als im Tiefland. Die kühleren Lufttemperaturen der Bergregionen müssen aber nicht unbedingt auch für die Temperatur direkt über dem Boden gelten. An geschützten Stellen wie z. B. auf Talsohlen können andere Temperaturverhältnisse herrschen. Die Sonneneinstrahlung ist in klarer, staubfreier Bergluft äußerst intensiv, und lange von der Sonne bestrahlte Bergwände sind ausgezeichnete Wärmespeicher, die beim Fallen der Temperaturen ihre aufgespeicherte Wärme an die nähere Umgebung abgeben. Die Tiere der Bergregionen haben also trotz oft niedrigerer Lufttemperatur die Möglichkeit, wärmere und geschützte Stellen aufzusuchen, sie können ihren Aufenthalt auch auf die direkt von der Sonne beschienenen Hangseiten beschränken.
Über Berggelände herrschen häufig kräftige und unberechenbare Winde. Vögel, die hier leben, haben zwei Möglichkeiten, sich den Umständen anzupassen: Entweder bilden sie ihr Flugvermögen sehr gut aus, so daß sie einen wendigen Flug auch unter ungünstigen Voraussetzungen beherrschen, oder sie werden Kletterkünstler, die sich hauptsächlich laufend und kletternd fortbewegen. Dafür, daß selbst zwei äußerst nah miteinander verwandte Papageienarten diese beiden so verschiedenen Entwicklungswege beschritten haben, geben die Kaka- und Keapapageien Neuseelands ein gutes Beispiel.
Beide Arten kommen in den „Neuseeländischen Alpen“ noch in den Höhen von 1500 – 2000 m vor. Während nun der Kakapapagei am Baum und im Gezweig ein guter Kletterer ist, so ist er auf dem Boden äußerst unbeholfen, und er sucht ihn freiwillig nie auf. Dafür fliegt er aber ausgezeichnet und benutzt aufsteigende warme Winde entlang der Berghänge zu ausgelassenen Flugspielen, genau wie unsere Alpendohlen. Sein naher Verwandter dagegen, der Keapapagei, läuft am Boden nicht nur sehr schnell, sondern auch sehr wendig, genausogut wie jeder Springsittich. Sein Flugvermögen ist jedoch gering, die Flügel benutzt er nur ab und zu für einen flachen Gleitflug.
Der Papageienfreund sei jedoch davor gewarnt, allzuweit gehende Schlußfolgerungen in bezug auf die Klimahärte von Papageien zu ziehen, die in der Natur in großen Höhen beobachtet worden sind. Es handelt sich meist um seltene Beobachtungen, so daß Vorsicht am Platze ist. Bei solchen Vorkommen in hohen Lagen kann es sich auch um zufällige Ausflüge handeln. Auch Arten, die sicher dort vorkommen, können sehr wohl in geschützten Tälern Zuflucht finden, wenn einmal die Witterung schlechter ist als gewöhnlich. Bei der Eingewöhnung sind jedoch Arten, die nachweisbar auch in höhere Regionen steigen, erfahrungsgemäß unempfindlicher als solche, deren Ausbreitung sich auf subtropische oder tropische Tieflandgebiete beschränkt.

Anatomie und Physiologie

Wenn wir Papageien richtig halten wollen, sie so ernähren, daß sie auf die Dauer gesund bleiben, und Erkrankungen weitgehend vorbeugen, müssen wir einiges über den Bau und die Funktion des Vogelorganismus wissen. Deshalb folgt hier eine kurze Zusammenfassung des anatomischen Baues und der physiologischen Funktionen des Vogelkörpers, unter besonderer Berücksichtigung der Papageien.

Haut und Federn

Die Federbekleidung der Haut ist eine hochaktive Anpassung an eine teilweise fliegende Lebensweise. Gleichzeitig ist die mit Federn bekleidete Haut ein ausgezeichneter Wärmespeicher, dessen Isoliervermögen durch geringere bzw. größere Luftaufnahme zwischen den Federn regulierbar ist. Dies ist bei Vögeln im Zusammenhang mit ihrer hohen Körpertemperatur besonders wichtig. Die Haut selbst ist verhältnismäßig dünn und trocken. Hautdrüsen fehlen mit Ausnahme der meist zweiteiligen Bürzeldrüse. Bei Papageien ist sogar die Bürzeldrüse stark zurückgebildet und praktisch ohne Funktion, bei einigen Arten (z. B. Keilschwanzpapageien) fehlt sie sogar vollständig. Normalerweise dient die Bürzeldrüse zur laufenden Fettversorgung des Gefieders. Bei den Papageien wird diese Funktion von zahlreichen Puderdunen übernommen.

Die Federn sind äußerst komplizierte, aus Hornsubstanz aufgebaute Gebilde. Grob kann man alle Federn in paarige Konturfedern und Dunen einteilen. Paarige Konturfedern sind steif und links bzw. rechts gleichmäßig über den Körper verteilt. Die größten Konturfedern sind die kräftigen Federn der Flügel und des Schwanzes. Dunen findet man zunächst als erstes Federkleid der Jungvögel, aber auch als Untergefieder erwachsener Vögel; sie isolieren ausgezeichnet. Eine besondere Eigenart vieler Papageien sind die Puderdunen; das sind Dunen, die laufend ein puderförmiges Sekret abgeben, das sich auf die Außenseite der Konturfedern legt. Bei Papageien erfüllt dieser Puder die gleiche Funktion wie bei anderen Vögeln das Fett der Bürzeldrüse: Er macht die Federn wasserabweisend und wasserundurchlässig. Das Papageiengefieder macht deshalb oft einen etwas staubigen Eindruck.

Normalerweise wechseln Vögel innerhalb hormonell bedingter „Mauserperioden" ein oder zweimal im Jahr ihre Federn. Bei Papageien kommen solche Mauserperioden nur in seltenen Ausnahmefällen vor, die meisten Arten erneuern ihr Federkleid laufend, haben also keine festgelegten Mauserperioden. In und auf der Papageienhaut findet man unter dem Federkleid jederzeit neue Federn in allen denkbaren Entwicklungsphasen. Die alten Federn werden laufend abgestoßen. Die Farben der Federn werden auf zweierlei Weise hervorgerufen. Viele Farben werden durch schon während der Federentwicklung eingelagerte Pigmentstoffe gebildet. Die Einlagerungen entsprechender Pigmente kann in manchen Farbbereichen (besonders Rot) durch die Aufnahme bestimmter Futterstoffe beeinflußt werden, so daß gewisse Farben verblassen, wenn die entsprechenden Farbträger im Futter fehlen. Die sogenannten Strukturfarben dagegen beruhen auf Lichtbrechungseffekten, ohne daß ein bestimmtes Pigment vorliegt. Zu ihnen gehört selbstverständlich auch die Farbe Weiß, die von in die Federn eingeschlossener Luft hervorgerufen wird. An Leuchtkraft übertreffen die Strukturfarben alle Farben, die auf in Federn eingeschlossenen Farbstoffen beruhen (Beispiel: Kolibris, gewisse Pfauenfedern). Bei den meisten Vögeln finden wir Strukturfarben in mehr oder weniger großem Umfang speziell im blauen Bereich. Neben den Federn sind im Zusammenhang mit der Haut noch die aus Horn gebildeten Bein- und Zehenschilder und -platten zu erwähnen. Wie bei aller Hornsubstanz verändert sich mit zunehmendem Alter ihre Struktur; sie können daher bei der Altersbestimmung von Vögeln wichtig sein.

Skelett

In seinem Aufbau verbindet das Vogelskelett große Stabilität mit geringem Gewicht. Die Stabilität wird durch das Zusammenwachsen verschiedener Skeletteile erreicht. Das geringe Gewicht wird durch die besondere Ausformung der dünnwandigen und luftgefüllten Knochen erzielt und durch einen sehr geringen Knorpelanteil.
Im Vergleich mit dem Skelett anderer Vögel ist besonderes der Schädel der Papageien interessant. Die Knochenunterlage des Oberschnabels besteht aus vollständig miteinander verwachsenen Knochen, in dem sich lediglich zwei Öffnungen für die Nasenlöcher befinden. Der Oberschnabel ist durch eine äußerst sinnreiche Konstruktion mit der darunterliegenden Knochenunterlage beweglich verbunden, also nicht festgewachsen. Diese Konstruktion – in ähnlicher Form kommt sie auch bei Kuckucken vor – erklärt die Beweglichkeit des Oberschnabels, die sich besonders gut beobachten läßt, wenn die Vögel gähnen. Auch der Unterschnabel ist mit den darunterliegenden Knochenunterlagen so verbunden, daß er sowohl nach oben und unten

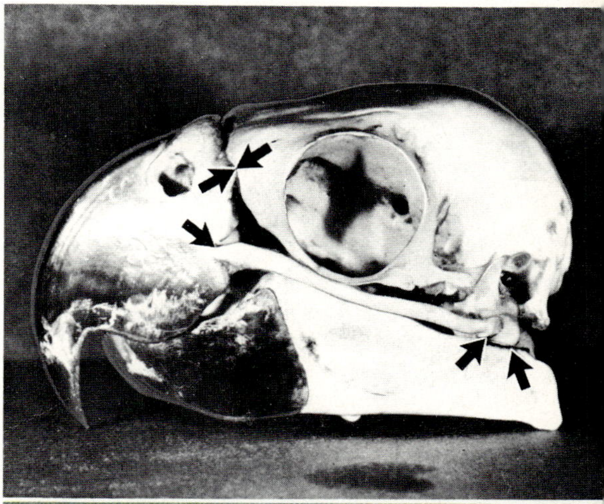

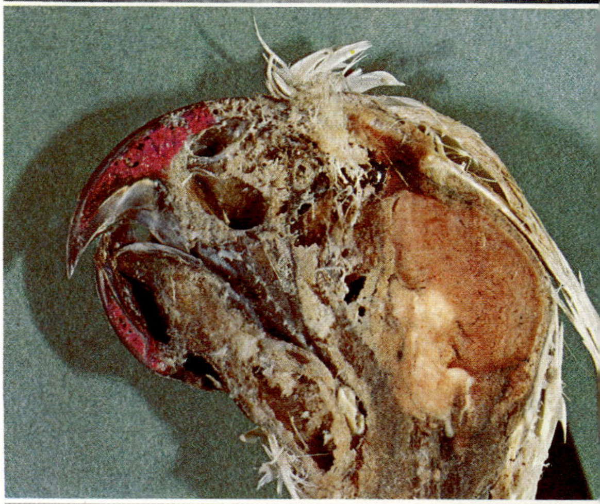

Bild 3 (oben). Schädel eines Molukkenkakadus (*Cacatua moluccensis*). Die Gelenke des Oberschnabels sind durch Pfeile markiert. Die „Gleitschiene", auf der der Unterkiefer von vorn nach hinten und umgekehrt verschiebbar ist, liegt zwischen den beiden am Unterkiefer eingezeichneten Pfeilen. Aufnahme H. Pinter

Bild 4 (Mitte). Schnitt durch den Kopf eines Weißhaubenkakadus (*Cacatua alba*). Die blutführenden Horngewebe wurden künstlich gefärbt. Aufnahme H. Pinter

Bild 5 (unten). Schnitte durch die Kralle eines Aras und durch die Mitte des Ober- und Unterschnabels eines Weißhaubenkakadus. Die blutführenden Hornlamellen wurden eingefärbt. Diese Hornlamellen saugen im Gegensatz zum ausgebildeten Horn, das keine Farbe annimmt, die Farbe auf wie ein Schwamm. Aufnahme H. Pinter

als auch nach vorne und hinten beweglich ist. Die Vögel können also auch nagende Bewegungen mit beiden Schnabelhälften ausführen.
Schnabel und Krallen sind als zum Skelett gehörende Hornteile eine nähere Betrachtung wert: Hornartige Körperteile werden von einem blutführenden Gewebe ausgehend gebildet und werden unter ständiger Verschiebung nach vorne bzw. nach außen langsam härter. Alle Hornteile befinden sich in einem ständigen Umsatz; sie wachsen vom Körper ausgehend nach und werden in den äußeren Zonen ständig abgenützt. Unter normalen Lebensbedingungen stehen Zuwachs und Abnützung in einem genau abgestimmten Verhältnis. Bei gefangenen Papageien wird dieses Gleichgewicht zwischen Zuwachs und Abnützung aber leicht gestört. Dann wächst in der Regel mehr Hornsubstanz nach als abgenutzt wird. Es kommt zu einem „unnormalen Zuwachs" der Krallen und des Schnabels oder richtiger gesagt, zu einer allzu geringen Abnutzung. Bei einem eventuellen Schneiden der Krallen bzw. bei Schnabelkorrekturen (beschrieben auf Seite 55) ist die Kenntnis der blutführenden Gewebe des Schnabels bzw. der Lage des Krallenkanals sehr wichtig.
Der Schnabel der Papageien ist nicht nur ein Freßwerkzeug, er hat auch noch andere Aufgaben. Der Oberschnabel hat bei fast allen größeren Arten einen deutlich markierten First, von dem die Außenseiten dachgleich abfallen. In der Kante des Oberschnabels befindet sich häufig, etwa in der Mitte, eine Vertiefung. Die hakenförmige Oberschnabelspitze ist lang und an ihrer Unterseite häufig mit sogenannten „Feilkerben" versehen. Diese Feilkerben erleichtern das Festhalten von Nahrung und anderen Gegenständen und sind gleichzeitig ein perfektes Werkzeug zur ständigen Abnutzung und Schärfung des Unterschnabels.
Das weitere Skelett besteht aus dem Hals-, Brust-, Becken- und Schwanzabschnitt. Der Hals hat sieben oder acht Halswirbel und ist trotz dieser geringen Wirbelzahl (andere Vögel haben bis zu 20) sehr beweglich. Auch der Kopf hat im Verhältnis zur Wirbelsäule ein gutes Bewegungs- und Drehvermögen. Die Beweglichkeit der Brustwirbel ist unbedeutend. Die Rippen greifen durch Auswüchse übereinander, wodurch eine große Stabilität erreicht wird. Die Wirbel des Beckenabschnittes sind mit dem Kreuzbein zusammengewachsen. Die Schwanzwirbel werden durch eine besondere Endplatte (Pygostyl) abgeschlossen.
Das Brustbein besteht aus einer großen Knochenplatte und besitzt bei den meisten Papageien einen kräftigen Brustbeinkamm. Der Brustbeinkamm ergibt einen ausgezeichneten Festpunkt für die mächtigen Brustmuskeln (Flugmuskulatur).
Im Schulterabschnitt sind die Schlüsselbeine zu einem gabelförmigen Knochen zusammengewachsen, der wie ein Stoßdämpfer den Druck der Oberarmknochen beim Fliegen auffängt. Wie wichtig die Funktion dieses Gabelbeines ist, beweist die Tatsache, daß die meisten Vögel nach einem Bruch dieses Knochens nicht mehr fliegen können.
Die massive Ausformung des Beckenabschnittes ist an die hohen Anforderungen angepaßt, die an die Stabilität des Skelettes gestellt werden, wenn der Vogel sich auf seinen Beinen bewegt; und gerade Papageien laufen ja häufig. Alle Knochenteile des Beckenabschnittes, insgesamt drei Paare von Knochenelementen, sind zu einem einzigen Knochen zusammengewachsen. Nach unten ist dieses Gebilde offen.
Die hinteren Extremitäten bestehen aus einem kurzen, nach vorne gerichteten Schenkelknochen und einem etwas längeren Unterschenkelknochen. Das Längenverhältnis der beiden Beinknochen ergibt eine Lage des Knies dicht am Bauch. Der Fuß besteht aus Fuß- und Zehenknochen, die Zahl der Zehenknochen ist in verschiedenen Zehen ungleich. Sie beträgt zwischen zwei und vier. Die erste und vierte Zehe sind nach hinten gerichtet, die zweite und dritte Zehe nach vorne. An jedem Zeh befindet sich eine Hornkralle, die zusammen mit Unter- und Oberschnabel zu den mit dem Skelett zusammenhängenden Hornteilen gehören.
Die Flügel bilden die vorderen Extremitäten und entsprechen den menschlichen Armen bzw. den Händen oder den Vorderbeinen der Säugetiere. So findet man auch im Flügel einen kräftigen Oberarmknochen und im Unterarm Elle und Speiche. Die Fingerknochen sind stark zurückgebildet.

Muskulatur

Am kräftigsten sind bei fast allen Vögeln die großen paarigen Brustmuskeln ausgebildet, die an Festpunkten sowohl mit dem Brustbeinkamm als auch mit dem Oberarmknochen verbunden sind. Die darunterliegenden kleineren Muskeln sind Antagonisten der großen Brustmuskeln und bewirken so die Zusammenordnung der Muskelkräfte für die Flugbewegungen. Andere Muskeln bewirken Beugen und Strecken der Flügel, weitere Muskeln die Drehung des Oberarmes usw. Zum Fliegen ist also ein äußerst sinnreiches Zusammenspiel verschiedener Muskeln erforderlich.

Die Muskeln der Becken- und Schenkelregion wirken gleichzeitig über lange Sehnen auf Fuß und Zehen. Dies erklärt die große Kraft, die Raubvögel, aber auch Papageien im Fuß entwikkeln können, in dem ja kaum Muskeln vorhanden sind. Die Sehne, die den Fuß schließt, kann bei geschlossenem Fuß durch einen besonderen Sperrmechanismus so fest gehalten werden, daß eine anhaltende Muskelspannung nicht mehr notwendig ist, z. B. wenn der Vogel schläft. Die geringe Beweglichkeit des Vogelrumpfes macht eine stärkere Bauch- und Rückenmuskulatur überflüssig. Die Halsmuskulatur dagegen ist bei Papageien gut entwickelt.

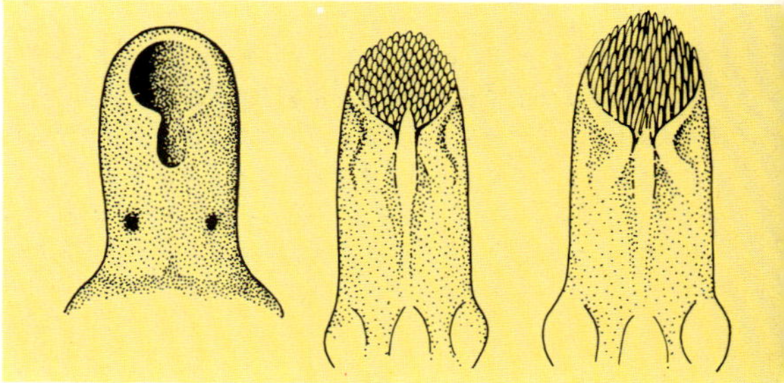

Bild 6. Die Zungen der Papageien sind wichtige Hilfsmittel bei der Nahrungsaufnahme. Links die Zunge eines Afrikanischen Graupapageien (*Psittacus erithacus*), in der Mitte die Zunge eines Gebirgsloris (*Trichoglossus haematodus*), rechts dieselbe Zunge mit zur Nahrungsaufnahme versteiften Papillen (von oben gesehen).

Verdauungsorgane

Bei den Papageien ist die Zunge ein hochgradig an die Art der Nahrung angepaßtes Organ. Dementsprechend ist ihre Form recht unterschiedlich und hängt von der bevorzugten Nahrung ab. Die meisten Papageien haben eine verhältnismäßig feste und fleischige Zunge, die mit Schwellkörpern versehen ist. Eine so geformte Zunge, wie wir sie z. B. bei Kakadus, Aras und Amazonen finden, dient zusammen mit dem Schnabel der Futteraufnahme, beispielsweise dem Schälen von Sämereien. Bei Arten mit speziellen Futteransprüchen, wie z. B. bei den Loripapageien, ist die Zunge zu einem äußerst sinnreichen Instrument umgewandelt, um z. B. Blumennektar aufzunehmen.

Bei Vögeln, die hauptsächlich trockene Nahrung fressen, erleichtern zahlreiche Speicheldrüsen in der Mundhöhle die Passage der trockenen Futterstoffe durch die Speiseröhre. Bei Papageien ist die Speiseröhre sehr dehnbar und erweitert sich zu einem Kropf. Der Kropf dient sowohl der Lagerung als auch der Aufweichung des aufgenommenen Futters und ist wie bei allen Körnerfressern für die weitere Verdauung wichtig. Papageien haben einen paarigen Kropfsack. Bei der Nahrungsaufnahme wird zunächst stets die linke Hälfte des Kropfsackes gefüllt. Erst wenn die linke Hälfte voll ist, wird auch Nahrung in die rechte Hälfte aufgenommen. Kleinere Futterteilchen

Bild 7. Aufgeschnittener Drüsen- und Muskelmagen eines Weißhaubenkakadus. Bei den Kakadus sind Drüsen- und Muskelmagen äußerlich kaum voneinander abgesetzt. Im Mageninhalt des Muskelmagens lassen sich Sand- und Gruskörner erkennen sowie die innere, rauhe Reibfläche. Aufnahme H. Pinter

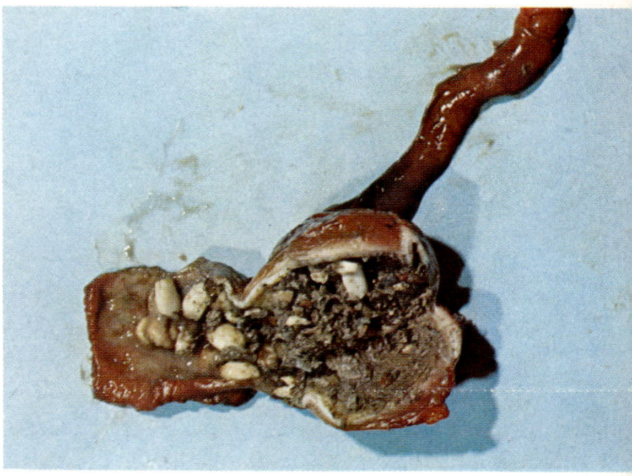

und Flüssigkeiten gelangen über die sogenannte „Kropfstraße" direkt in den Drüsenmagen. Wie wichtig die Funktion des Kropfes für den Verdauungsprozeß ist, geht daraus hervor, daß die aufgenommene Nahrung einige Zeit im Kropf verbleibt, auch wenn der Magen leer ist. Bei manchen anderen Körnerfressern, z. B. bei Finkenvögeln, wird bei leerem Magen aufgenommenes Futter unter Umgehung des Kropfes direkt in den Magen überführt. Ob bei den Quellungs- und Vorverdauungsvorgängen im Kropf auch vom Drüsenmagen aufsteigende Sekrete einwirken, ist für Papageien bisher nicht eindeutig nachgewiesen, aber wahrscheinlich. Sicher ist, daß Drüsenmagensekrete in den Kropf gelangen können, denn solche spielen bei der Ernährung kleinster Jungvögel während ihrer ersten Lebenstage eine wichtige Rolle, und die Fütterung der Jungvögel geschieht ja vom Kropf aus.

Der Magen besteht aus zwei hintereinander liegenden Teilen, dem Drüsenmagen (Vormagen) und dem Muskelmagen. Die Muskulatur des Drüsenmagens ist unbedeutend, seine Wandungen sind stark dehnbar, und er kann wie der Kropf auch als Nahrungsspeicher dienen. Die Hauptaufgabe des Drüsenmagens besteht in der Produktion von Verdauungssäften, die im Drüsenmagen gründlich mit dem Futter vermischt werden. Diese Verdauungssäfte bestehen aus Salzsäure, Pepsin und anderen Fermenten. Außerdem produzieren besondere Drüsen spezielle Stoffe zum Schutz der Magenschleimhaut. Die im Drüsenmagen vorbereiteten Futterstoffe gelangen dann in den Muskelmagen. Bei den allermeisten Papageien (Körnerfressern) ist der Muskelmagen sehr gut entwickelt und besteht aus zwei Muskelpaaren. Zwischen diesen Muskeln wird die Nahrung zerrieben, wobei sowohl mit der Nahrung aufgenommene Fremdkörper wie Grus und Sandkörner als auch eine durch ein besonderes Sekret gebildete Reibeschicht der inneren Magenwand helfen. Die Verdauung im Muskelmagen ist also nicht ausschließlich ein chemisch-physiologischer Vorgang, sondern zu einem guten Teil auch mechanischer Natur. Die ordnungsgemäße Verdauung vieler Vögel hängt sogar von der regelmäßigen Aufnahme von Ballaststoffen wie Sandsteinchen, Insektenpanzern, die ja aus unverdaulichem Chitin bestehen, und Rohfasern ab. Während der Zerkleinerungs- und Zerreibungsvorgänge im Muskelmagen wirken die vom Drüsenmagen abgesonderten Verdauungssäfte intensiv auf die Nahrung ein. Nach der Bearbeitung im Muskelmagen wird die vorbereitete Nahrung schubweise durch den Ringmuskel des „Pförtners" in den Dünndarm entlassen. Im oberen Teil des Dünndarmes (Zwölffingerdarm) liegen der Ausgang der Bauchspeicheldrüse und der mit der Leber in Verbindung stehende Gallengang. Eine Gallenblase haben Papageien nicht. Die folgenden Darmabschnitte sind bei den meisten Papageien verhältnismäßig lang, ihre Länge ist vom Typ der bevorzugten Nahrung abhängig. Die gesamte Dünndarmschleimhaut ist durch Zotten (Schleimhautauffaltungen) vergrößert. Die bei den meisten Vögeln vorhandenen paarigen Blinddärme fehlen bei den Papageien. Im Enddarm wird der Kot gesammelt und ihm ein Teil seines Wassers entzogen. Sein hinterer Teil bildet eine Kloake, in der auch die Öffnungen von Harn- und Geschlechtsorganen liegen.

Atmungsorgane

Der vordere Kehlkopf besteht aus einer Knorpelkapsel, die in die von Knorpelringen gestützte Luftröhre übergeht. Die Luftröhre führt zum hinteren Kehlkopf, dem Lautorgan der Vögel, und teilt sich in die beiden Bronchien. Die Bronchien sind kurz und die Lungen verhältnismäßig klein. Daß die kleinen Vogellungen trotzdem äußerst effektiv die Sauerstoffversorgung des Organismus sicherstellen, hängt mit einem komplizierten System luftgefüllter Hohlräume (Luftsäcke) im Vogelkörper zusammen. Die äußerst elastischen Luftsäcke können große Luftmengen aufnehmen. Von den Luftsäcken aus wird zwar kein Sauerstoff an den Organismus abgegeben, der Sauerstoff kann aber durch ein sinnreiches System zwischen Luftsäcken und Lungen durch zweimalige Passage maximal genutzt werden. Hinzu kommt, daß das Hämoglobin des Vogelblutes dem Hämoglobin der Säugetiere in der Sauerstoffaufnahme weit überlegen ist. In den Lungen befindet sich ein fein verteiltes System von feinen Luftkanälen, das in intimem Kontakt mit den Blutkapillaren steht und so die Sauerstoffaufnahme des Blutes sicherstellt.

Blutkreislauf

Das Vogelherz ist im Verhältnis zur Körpermasse etwa doppelt so groß wie das Herz vergleichbarer Säugetiere. Auch bei Vögeln findet man in bezug auf die Herzgröße dieselbe Tendenz, die auch von Säugetieren her bekannt ist, nämlich daß Arten, die sehr schnell beweglich sind (bei Vögeln z. B. gute Flieger), ein im Verhältnis zur Körpermasse größeres Herz haben als Arten, die eine mehr geruhsame Lebensweise führen.
Der Druck der bei Vögeln sehr dickwandigen linken Herzkammer bewirkt einen hohen Blutdruck, verbunden mit schnellem Puls. Die linke Herzkammer ist also die Kreislaufpumpe des gesamten Blutkreislaufs. Die Klappen zwischen linker Herzkammer und linker Vorkammer bzw. rechter Herzkammer und rechter Vorkammer sind diesem Druckunterschied angepaßt und dementsprechend ausgeformt. Während die Klappe zwischen linker Vorkammer und linker Herzkammer durch ein sinnreiches System feiner Sehnenfäden exakt in ihren Bewegungen fixiert wird, genügt bei dem wesentlich geringeren Druck zwischen rechter Vorkammer und rechter Herzkammer eine einfache Muskelklappe.
Vögel haben genauso wie Säugetiere einen doppelten Blutkreislauf. Das aus den Herzkammern in die Schlagadern gepreßte Blut macht im Körper einen zweifachen Kreislauf, bevor es durch die Blutadern in die Vorkammern zurückströmt. So wird das Blut in den Lungen ständig mit Sauerstoff versorgt.
Auf die abweichenden Eigenschaften des Vogelhämoglobins wurde bereits hingewiesen. Die Kenntnis einer anderen Eigenheit des Vogelblutes kann für den Vogelfreund von praktischem Interesse sein. So existieren gewisse Unterschiede zwischen dem Prothrombin bzw. Thrombin bei Säugetieren und Vögeln. Als Folge dieses Unterschiedes gerinnt Vogelblut wesentlich schneller als Säugetierblut. Vögel überleben daher nicht selten größere Verletzungen, an denen Säugetiere verbluten würden. Das gilt in erster Linie bei Verletzungen der vorderen Extremitäten (Flügel). Bei anderen Verletzungen, z. B. solchen in der blutführenden Hornsubstanz und auch bei chirurgischen Eingriffen kann aber der Vorteil der schnelleren Blutgerinnung durch den höheren Blutdruck aufgehoben werden.

Harn- und Geschlechtsorgane

Die Nieren sind verhältnismäßig groß, eine Harnblase ist nicht vorhanden. Die fehlende Harnblase ist eine für das Fliegen vorteilhafte Gewichtsverminderung, und von allen Vögeln haben lediglich die nicht fliegenden Strauße eine Harnblase. Der Harn wird also bei Vögeln direkt über den Harnleiter der Kloake zugeführt. Die Nieren sondern Harnsäure als Endprodukt des Eiweiß-Stoffwechsels ab und regulieren die Salzkonzentration im Blut.
Die Geschlechtsorgane nehmen während der Fortpflanzungsperiode bei Vögeln wesentlich an Umfang zu. Die Hoden befinden sich beidseitig etwa in der Höhe der vorderen Nierenhälfte und haben langgestreckte Nebenhoden. Der Samenleiter mündet neben der Harnöffnung in der Kloake. Bei einigen Papageienarten sind erektile Papillen an der Mündung des Samenleiters nachgewiesen. Beim Weibchen sind lediglich der linke Eierstock und der linke Eileiter ausgebildet. Diese Organe sind auf der rechten Seite, falls überhaupt vorhanden, stark zurückgebildet und haben keine Funktion.

Gehirn, Nerven und Sinnesorgane

Im Verhältnis zur Körpermasse ist das Gehirn der Vögel groß und gut entwickelt. Das gilt besonders für das Kleinhirn, das als Zentrale für die bei Vögeln häufig recht komplizierten Bewegungen beim Fliegen und Laufen dient. Das gleiche gilt auch für die entsprechenden Nerven, wie überhaupt das Nervensystem der Vögel dem der Säugetiere kaum nachsteht.
Von verhältnismäßig wenigen Ausnahmen abgesehen sind Geruchs- und Geschmackssinn bei Vögeln schlecht ausgebildet. Dagegen unterscheiden wenigstens Papageien, die viel Früchte fressen, diese unzweifelhaft auch nach dem Geschmack.
Obwohl Vögel kein äußeres Ohr haben, ist ihr Gehörsinn recht gut, und durch Experimente ist nachgewiesen, daß z. B. Papageien Laute innerhalb eines breiten Frequenzbereichs wahrnehmen können.

Der Gesichtssinn ist jedoch bei allen Vögeln unzweifelhaft das wichtigste Sinnesorgan. Gut bekannt ist ja das extrem hohe Sehvermögen der Raubvögel. Weniger bekannt ist, daß auch fast alle anderen Vögel einen Gesichtssinn haben, der dem der meisten Säugetiere überlegen ist. Das Vogelauge ist nicht rund, sondern hat eine deutlich hervortretende Linse, die von einem Ring aus Knochenplatten gestützt wird. Normalerweise ist das Vogelauge für Sehen auf längere Distanz eingestellt, etwa wie ein Teleobjektiv. Diese Einstellung kann der Vogel jedoch seinen Bedürfnissen entsprechend ändern, und diese Änderung wird durch speziell für diesen Zweck vorhandene Muskeln bewerkstelligt. Leicht übertrieben kann man sagen, daß ein Vogelauge wie ein Zoomobjektiv funktioniert. Das Vogelauge hat ein sehr großes Auflösungsvermögen und nimmt auch kleinste Details exakt wahr.

In der Tierwelt beobachtet man häufig, daß die geringe Leistung eines Sinnesorganes durch überragende Leistung eines anderen Sinnesorganes kompensiert wird. So ist es auch bei den Vögeln. Das ausgezeichnete Auge muß bei Vögeln oft Mängel am Geruchs- und Geschmackssinn ersetzen. Erfahrene Vogelpfleger wissen: „Vögel fressen mit den Augen". Gemeint ist hier, daß Vögel häufig die Genießbarkeit verschiedener Futtermittel optisch erlernen. Sie verweigern gar nicht selten die Aufnahme des gleichen Futters, wenn Aussehen oder Farbe vom gewohnten Futter abweichen. Ein Beispiel: Papageien, die keine weißen Sonnenblumenkerne fressen, aber sehr gerne schwarze oder umgekehrt.

Womit füttert man Papageien?

In den vorangegangenen Kapiteln haben wir bereits gesehen, daß wildlebende Papageien eine abwechslungsreiche Kost zu sich nehmen. Diese steht aber das ganze Jahr hindurch nur den Arten zur Verfügung, die in tropischen Regenwäldern leben. Bei allen anderen Arten unterscheidet sich das Nahrungsangebot mehr oder weniger stark, bedingt durch Regen- bzw. Trockenperioden und dem mit diesen verbundenen Vegetationswechsel, im südlichsten Teil ihres Verbreitungsgebietes auch durch Sommer und Winter. Es würde zu weit führen, hier auf nähere Einzelheiten einzugehen, schon der großen regionalen Unterschiede wegen. Einige für die Ernährung von Papageien wichtige Einzelheiten seien jedoch in diesem Zusammenhang erwähnt.
Natürlich fressen Arten, die überwiegend von Grassamen leben, wie z. B. etliche australische und südamerikanische Sittiche, nicht das ganze Jahr hindurch reife Samenkörner. Zwar reifen die Samen verschiedener Gräser im gleichen Gebiet meist mit einem gewissen zeitlichen Abstand, doch liegen zwischen den einzelnen Vegetationsperioden längere trockene bzw. kühlere Abschnitte. Die dort lebenden Vögel fressen daher viele grüne, d. h. halbreife Körner und nach Ende der Vegetationsperiode bzw. zu Beginn der Regenzeit auch angekeimte Samen. Auch dort, wo die Vegetationsverhältnisse gleichmäßiger sind, wie in subtropischen Wäldern, Baumsteppen und Kulturlandschaften, bestehen fast immer beträchtliche jahreszeitliche Unterschiede im Nahrungsangebot. Aus diesen Gründen können die meisten Papageien keine Futterspezialisten sein. In menschlicher Obhut gehaltene Papageien werden im allgemeinen viel zu einseitig ernährt. Daß viele Vögel trotz einseitiger Fütterung gesund bleiben und manche sogar ein beträchtliches Alter erreichen, spricht lediglich für ihre Anspruchslosigkeit und ihre Härte. Allzu einseitige Kost ist unzweifelhaft die Ursache mancher krankhafter Erscheinung bei gefangenen Papageien, und auch ihre Vermehrung würde weitaus häufiger gelingen, wenn die Vögel abwechslungsreicher gefüttert würden.
Wie alle anderen Tiere benötigen auch Papageien die Grundnahrungsstoffe Protein (Eiweiß), Fett und Kohlenhydrate (Stärke und Zucker). Außerdem brauchen sie Vitamine, Mineralstoffe und Spurenelemente. Der Anteil der einzelnen Grundnahrungsstoffe am gesamten Futterverbrauch kann je nach Art recht unterschiedlich sein. So fressen z. B. viele der größeren Arten sehr fettreiche Nahrung, die zum überwiegenden Teil aus Ölfrüchten besteht. Andere Arten fressen lieber Futter mit einem hohen Anteil an Kohlenhydraten. Vitamine und Spurenelemente sind normalerweise in einem richtig zusammengestellten Futter in ausreichenden Mengen vorhanden. Dagegen sind Zusätze von Mineralstoffen fast immer angebracht.

Körnerfutter

Von den Loripapageien abgesehen, auf deren spezielle Ernährung wir noch zu sprechen kommen, sind fast alle als Stubenvögel gehaltenen Papageien „Körnerfresser". Körner sind hier nicht nur die kleineren Sämereien wie Hirse oder Glanz, Getreide wie Hafer oder Mais, sondern auch größere Körner wie Sonnenblumenkerne, Kürbiskerne, Erdnüsse, Mandeln, Nüsse usw. Bevor wir auf die Körnermischfutter für verschiedene Papageientypen eingehen, wollen wir die in Frage kommenden Sämereien näher auf ihren Gehalt an Grundnahrungsstoffen und ihre anderen Eigenschaften untersuchen.
Grob können wir die in Frage kommenden Sämereien in zwei Gruppen einteilen: Die erste Gruppe besteht aus Sämereien die, was ihren

Gehalt an Grundnahrungsstoffen betrifft, unseren Brot- und Futtergetreiden wie Weizen und Hafer ähnlich sind. Der Gehalt an Kohlenhydraten ist sehr hoch (55 – 65%), ihr Fettgehalt niedrig (2 – 5%) während ihr Gehalt an Roheiweiß 10 – 12% beträgt. Die Eiweißzusammensetzung ist meist nicht sonderlich günstig. Weiterhin enthalten diese Sämereien Rohfaser, Mineralien und Wasser. Der Wassergehalt trockener Sämereien dieses Typs beträgt ca. 10%.

Die zweite Gruppe wird von den sogenannten Ölfrüchten gebildet, also Sämereien mit einem hohen Gehalt an Rohfett. Der Anteil des Fettes kann zwischen 20 – 50% der Gesamtsubstanz betragen. Angaben in Futtertabellen über den Nahrungsgehalt der Ölfrüchte beziehen sich, falls nicht anders angegeben, lediglich auf den Kern. Ölfrüchte haben recht dicke und schwere Schalen, weshalb man das Schalengewicht vorher abzieht. Der Eiweißanteil ist bei Ölfrüchten in der Regel höher als bei getreideähnlichen Sämereien (10 – 20%), und die Eiweißzusammensetzung ist meist günstiger.

Bei der Ernährung kleinerer Papageien sind aus der ersten Gruppe von Sämereien verschiedene Typen der Hirse besonders wichtig. Der Name Hirse ist ein Sammelbegriff, da man eine ganze Menge verschiedener Wild- und Kulturgräser als Hirsen bezeichnet. Sie gehören zu den botanischen Gattungen *Panicum, Setaria, Sorghum, Pennisetum, Echinochlora* und *Eleusine*. Manche der wilden Formen sind in ihren Heimatländern Unkräuter, wie z. B. die Hühnerhirse oder das Elefantengras. Verschiedene Kulturformen der Hirsen gehören aber zu den ältesten Kulturpflanzen überhaupt und wurden schon im alten Ägypten und in Babylon angebaut. Manche Hirsen waren auch in früheren Zeiten in Mitteleuropa Kulturpflanzen, und in den südöstlichen Teilen Europas werden sie zum Teil auch noch heute angebaut. Nach dem Aussehen ihres Fruchtstandes teilt man sie in Rispenhirsen und Kolbenhirsen ein. Rispenhirsen haben Fruchtstände, die an unseren Hafer erinnern; die Fruchtstände der Kolbenhirsen sind fest zusammensitzende Kolben, die im Aufbau einem Maiskolben ähneln. Die Körner von Rispen- und Kolbenhirsen werden in vielen Futtermischungen verwendet oder bilden sogar ihren wichtigsten Bestandteil. Die Körner der Rispenhirsen haben eine glänzende Schale, während die Schalen der Kolbenhirsen matt sind. Auch ganze Kolben von Kolbenhirsen werden von vielen Papageien sehr geschätzt; als „Kolbenhirse" werden im Fachhandel Kolben der Senegalhirse angeboten.

Folgende Hirsesorten werden hauptsächlich als Vogelfutter verwendet: Die Silberhirse, eine Rispenhirse mit fast weißen oder weißgelben Schalen und großem Korn. Wichtigstes Anbaugebiet sind die südlichen Teile der USA.

Andere Rispenhirsen haben glänzend gelbe oder rote Körner. Man unterscheidet sie deshalb meist anhand ihrer Färbung, z. B. gelbe Hirse, rote Hirse usw. Anbaugebiete sind Italien, Nordafrika und die südlichen Teile der europäischen Sowjetunion.

Von den Kolbenhirsen werden die Senegalhirse und die indische Mohairhirse am häufigsten verwendet. Beide Sorten haben sehr dünne Schalen, sind äußerst leicht verdaulich und haben als Jungvogelfutter große Bedeutung. Im ganzen Kolben angeboten, fressen auch viele größere Papageien diese Hirsen gern. Eine Kolbenhirse mit lediglich 5 – 7 cm langen Kolben wird auch in Ungarn angebaut und bisweilen als „Ungarische Hirse" im Handel angeboten. Andere Hirsesorten wie Mohrenhirse, Japanhirse, Perlhirse, Zuckerhirse usw. werden nur selten als Vogelfutter verwendet, können aber durch den Samenhandel bezogen werden. Als Futtermittel sind sie den bekannteren Hirsesorten etwa gleichwertig – jedoch wesentlich teurer. Zuckerhirse unterscheidet sich von allen anderen Hirsen durch ihren Zuckergehalt von 10 – 12%.

Glanz (*Phalaris canariensis*) ist in seiner Zusammensetzung und dem Nahrungsgehalt der Hirse etwa gleichwertig. Seine wichtigsten Anbaugebiete liegen in Nordwestafrika und in Spanien. Manche Sittiche ziehen Glanz der Hirse vor. Andere Namen für Glanz sind Kanariensamen oder Glanzsaat.

Reis wird selbst in ungeschälter Form von vielen Papageien verschmäht. Gekochten Reis können wir aber als Diätfutter für kranke Papageien und zur Ernährung fruchtfressender Papageien verwenden.

Mais, vollständig ausgereift und trocken, wird nur von wenigen größeren Papageien gefressen. Alle Papageien schätzen aber frische, noch milchige Maiskörner sehr. Größeren Vögeln kann man die Kolben ganz oder auch in Stücken reichen.

Hafer wird allgemein als „geschälter Hafer" in Futtermischungen verwendet. Bei geschältem Hafer (Reinhafer) hat man die äußeren Spelzen (also nicht die Schale) entfernt, wodurch der Gehalt an Rohfaser verringert und die Verdaulichkeit gesteigert wird. Hafer enthält große Mengen Eiweiß in einer äußerst günstigen Zusammensetzung und hat einen hohen Anteil an Vitaminen (B_1 und E).

Weizen hat ähnliche Eigenschaften wie Hafer, doch ziehen die meisten Papageien Hafer dem Weizen vor.

Unter den Ölfrüchten haben Sonnenblumenkerne für die Ernährung der Papageien die größte Bedeutung. In allen Futtermischungen für größere Papageien stellen sie den größten Anteil. Der Rohfettgehalt beträgt bei Sonnenblumenkernen (hier wird die Schale nicht mitgerechnet) 50 – 55% und auch der Roheiweißgehalt ist mit ca. 20% sehr hoch. Sonnenblumenkerne sind also ein äußerst gehaltvolles Futter, zumal sie wegen ihres geringen Rohfaseranteils von den Vögeln sehr gut verdaut werden. Vorteilhaft ist auch ihr hoher Gehalt an Mineralstoffen. Sonnenblumenkerne gibt es in verschiedenen Farben: weiß, schwarz-weiß gestreift und schwarz. Die Farbe hat aber keinerlei Bedeutung; weiße Sonnenblumenkerne sind also nicht besser als gestreifte oder schwarze.

Erdnüsse sind keine Nüsse, sondern gehören zu den Hülsenfrüchten (Leguminosen). Von größeren Papageien werden sie gerne gefressen. Der Rohfettgehalt des Erdnußkernes beträgt ca. 40%.

Nüsse, wie Haselnüsse, Walnüsse, Paranüsse, Süßmandeln usw., werden von größeren Papageien fast immer gerne angenommen. Ob sie hartschalige Nüsse selber knacken können, hängt natürlich von der Größe und der Verfassung der Vögel ab. Große Arapapageien im besten Alter knacken selbst die äußerst hartschaligen Paranüsse. Kleineren Papageien, wie Amazonen oder ähnlichen Arten, gibt man lediglich die Kerne. An Mandeln dürfen wir nur die Süßmandeln verfüttern. Die etwas kleinere Bittermandel (sie wird als Aromaträger bei der Marzipanherstellung verwendet) ist äußerst giftig. Alle Nüsse enthalten sehr viel Fett. Der Rohfettgehalt liegt bei 40 – 60%.

Bucheckern, die Früchte der einheimischen Rot- und Weißbuchen, werden von allen Papageien entsprechender Größe gerne gefressen. Bucheckernkerne enthalten äußerst wenig Rohfaser und sind deshalb sehr leicht verdaulich.

Kürbiskerne sind ebenfalls Ölfrüchte mit einem Rohfettgehalt von ca. 30%. Sie werden von manchen größeren Papageien gerne genommen.

Hanf wird von einigen Papageien gerne gefressen, doch sollten wir Hanfsamen, wenn überhaupt, nur sehr sparsam verwenden. Erfahrungsgemäß wird allzuviel Hanfsamen im Futtergemisch von fast allen Vögeln nicht gut vertragen. Bei Futtermischungen sollte der Anteil von Hanfsamen 5% nie übersteigen.

Von den kleineren Ölfrüchten, wie Raps, Rübs, Leinsamen, haben nur Mohnsamen und die sogenannte Negersaat (Negersamen) eine gewisse Bedeutung. Diese Sämereien werden von manchen Kleinpapageien mitunter gefressen. Leinsamen kann aber auch gekocht als Diätfutter für kranke Vögel verwendet werden.

Die Ölfrüchte werden leicht ranzig. Wir müssen sie deshalb sachgemäß und nicht zu lange lagern, da selbst bei besten Lagerungsbedingungen jede Ölfrucht früher oder später ranzig wird. Ranzige Ölfrüchte können wir nach ihrem Aussehen nicht von einwandfreien unterscheiden, und da ihre Schalen fest sind, verraten sich ranzige Ölfrüchte auch nicht durch ihren Geruch. Da verdorbene Ölfrüchte für die Vögel sehr gefährlich sein können und schwere Verdauungsstörungen hervorrufen, sollten wir uns immer durch eigenes Probieren davon überzeugen, daß die verabreichten Ölfrüchte einwandfrei schmekken. Zur Prüfung brauchen wir lediglich einen Kern zu zerkauen: Ist er ranzig, schmecken wir das sofort.

Wir wissen, daß freilebende Papageien nicht nur ausgereifte Körner fressen, sondern häufig auch grüne bzw. halbreife Körner oder sogar solche, die bereits angekeimt sind. Diese Erfahrung können wir bei der Fütterung berücksichtigen. Frische Maiskolben wurden als Futter bereits erwähnt. Frische Hirsekolben oder Hirserispen oder auch Rispen des Kanariensamens können wir selbst heranziehen, wenn wir ein paar Quadratmeter Gartenland zur Verfügung haben. Hirse wurde lange Zeit auch in Mitteleuropa angebaut, und einige Hirsesorten sind verhältnismäßig klimahart. Saatgut sollten wir durch den Samenhandel beziehen, denn bei Hirsen, die als Vogelfutter gehandelt werden, ist die Herkunft fast immer unsicher. Am besten geeignet sind für mitteleuropäische Klimaverhältnisse von den Rispenhirsen die Art *Panicum milaceum* und von den Kolbenhirsen *Setaria italica* oder *Setaria italica* var. *moharia.* Tropische Arten keimen zwar auch bei uns meist gut, kommen aber als tropische Kurztagspflanzen oft nicht zur Blüte. Glanz (Kanariensamen) gedeiht dagegen fast immer gut und reift bei normalem Sommerwetter sogar aus. Die Körner säen wir in einem Reihenabstand von 20 – 25 cm. Rispen bzw. Kolben werden grün geerntet und entweder sofort verfüttert oder für den späteren Gebrauch tiefgefroren. Auch frische, noch grüne Haferrispen werden von vielen Papageien gerne gefressen. Tiefgefrorene Körner müssen wir selbstverständlich vor dem Verfüttern auftauen und auf Zimmertemperatur bringen.

Keimfutter, Obst, Grünfutter, Mineralfutter

Angekeimte Körner sind vor allem für heranwachsende Jungvögel ein gutes Futter, sie werden aber auch von erwachsenen Vögeln oft gerne gefressen, besonders von Sittichen. Keimfutter muß sehr sorgfältig hergestellt werden, da es leicht schimmelt. Am besten geeignet sind Sämereien wie Hirse, Glanz oder Hafer. Wir waschen die Körner zunächst in einem feinen Sieb unter fließendem Wasser sorgfältig aus, so daß aller Staub entfernt wird. Als Ankeimsubstrat verwenden wir etwa 1 cm dicke Scheiben aus Schaumstoff oder Schaumgummi, die mit Wasser vollgesogen sind. Die Körner werden auf diese Unterlagen aufgestreut, und das Ganze kommt unter einen Glassturz oder einen durchsichtigen Plastikdeckel. Sobald die Keimtriebe zwischen 0,5 – 1,5 cm lang sind, können wir die angekeimten Körner verfüttern. Schaumstoff, der noch einmal verwendet werden soll, muß vor Gebrauch ausgekocht werden.

Obst sollten alle Papageien ohne Ausnahme täglich als Zusatzfutter erhalten. Wir brauchen den Begriff „Obst" aber nicht zu eng zu fassen und können ruhig Tomaten, Gurken, Mohrrüben, Schwarzwurzeln und ähnliches mit zum „Obst" rechnen. Welche Früchte ein Papagei vorzieht, müssen wir ausprobieren. Ein kleiner Tip: Fast alle Kakadus fressen gerne Wurzelfrüchte wie z. B. Mohrrüben. Äpfel, Birnen und Apfelsinen reichen wir „fußgerecht" in Stücken, Kirschen oder Weinbeeren natürlich unzerteilt.

Auch Grünfutter wird von vielen Papageien, besonders von den kleineren Arten, gern genommen. Leicht zu bekommen sind Salat, Spinat, Rosenkohl und Grünkohl. Wilde Pflanzen, die als Grünfutter geeignet sind, sind neben der bekannten Vogelmiere Klee, Luzerne und Löwenzahn.

Sehr wertvoll sind als Beifutter auch frische Knospen verschiedener Bäume und Büsche. Wir sollten jedoch nur Knospen von solchen Gewächsen verfüttern, von denen wir genau wissen, daß sie keine giftigen Stoffe enthalten. Am besten beschränken wir uns auf die Knospen von Obstbäumen, Erlen, Holunder, Linde, Ahorn, Flieder und Weiden. Ganz besonders geschätzt werden die Knospen der Salweide (*Salix caprea*). Grünfutterknospen dürfen wir selbstverständlich nur in Gebieten sammeln, in denen mit Sicherheit nicht mit Insektiziden gespritzt worden ist.

Daneben sollte dem Papagei immer ein Mineralfuttergemisch zur Verfügung stehen. Minerale wie Kalk, Phosphor und Natrium sind neben Spurenelementen wie Eisen, Mangan, Kupfer und Zink für die Gesamtfunktion des Organismus notwendig. Zwar sind diese Stoffe auch im Körnerfutter und Grünfutter enthalten, doch wissen wir nie sicher, ob die Menge ausreicht. Deshalb reichen wir neben der üblichen Nahrung eine Mineralfuttermischung. Von allen käuflichen Mineralfuttern sollten wir die Analysenwerte kennen. Wenn wir ein solches Präparat nicht im Zoohandel bekommen, so kaufen wir Mineralfutterpräparate am besten in einem Fachgeschäft für Geflügel- und Taubenzüchterbedarf. Notfalls können wir auch geschrotete Austernschalen reichen.

Bei sachgemäßer Ernährung werden unsere Papageien kaum unter Vitaminmangel leiden. Wir müssen jedoch beachten, daß der Vitamingehalt, und zwar besonders der Gehalt an wasserlöslichen Vitaminen (C und B) in Futtermitteln bei längerer Lagerung schnell absinkt. Dann sind in dem sonst noch einwandfreien Futter nur ganz geringe Mengen dieser Vitamine vorhanden. Da eine Kontrolle des Vitamingehaltes praktisch nicht möglich ist, sollten wir nicht zu viel Futter auf Vorrat kaufen. Zudem sollte jeder Vogelfreund die Symptome der Vitaminmangelerscheinungen kennen. Treten Mangelerscheinungen auf (vergleiche Kapitel Krankheiten), so können wir Vitaminzusätze geben, die wir am einfachsten im Trinkwasser verabreichen. Alle derartigen Mangelerscheinungen sind sehr ernst zu nehmen, da Avitaminosen gar nicht selten tödlich enden, wenn wir nicht rechtzeitig etwas unternehmen.

Bei frei im Haus gehaltenen zahmen Papageien, die ja nicht selten ähnlich wie ein Hund mit der Familie zusammenleben, taucht oft die Frage auf, was man dem Papagei denn vom eigenen Tisch anbieten kann? Grundsätzlich brauchen wir nicht übertrieben ängstlich zu sein, da der größte Teil der menschlichen Kost in kleinen Mengen auch von Papageien vertragen wird. Ein Papagei darf also ruhig ein Stückchen gekochte Kartoffel fressen, ein wenig Makkaroni, ein Stückchen Brot mit Butter oder ein Stückchen Kuchen. Abgesehen von stark gesalzenen und stark gewürzten Speisen wird fast alles gut vertragen. Fleisch, ganz gleich in welcher Form, sollten wir jedoch vermeiden. Bei Käse ist eine Warnung nötig: Käse wird entweder gemahlen oder als Quark bei vielen Insektenfressern als Beifutter gegeben und von diesen Vögeln gut vertragen. Bei manchen Papageien kann es nach übermäßigem Käsegenuß zu einer Ausfällung und Zusammenballung von Kasein in Kropf und Drüsenmagen kommen. Solche Zusammenballungen sind sehr fest und können schwere Verdauungsstörungen hervorrufen. Die Ursachen dieses Phänomens sind bisher noch nicht eindeutig geklärt. Man weiß auch noch nicht genau, ob diese Erscheinung bei allen Papageien vorkommen kann oder nicht. Vorsicht ist also angebracht.

Tabelle 1. Die wichtigsten Bestandteile in Futtermitteln in Prozent.
Der jeweils an 100% fehlende Anteil ist Wasser.
Asche = Mineralstoffe
Rohfaser wird von Vögeln unvollständig oder überhaupt nicht verdaut. Je geringer der Rohfasergehalt eines Futtermittels ist, um so größer ist seine Verdaulichkeit. Rohfaser kann als Ballaststoff im Muskelmagen bei der Verdauung eine Funktion haben.

Sämereien

	Rohprotein	Rohfett	Rohfaser	Kohlenhydrate	Asche
Erdnüsse					
geschält	26	41,5	5,5	10,8	2,4
Glanz	15	5	9,1	53	6,2
Hanfsamen	22,6	31	11,7	18,7	4,1
Hafer					
geschält	14,5	6,9	2	63	1,9
Rispenhirse	12,5	3,6	9	59	3,6
Kolbenhirse	11,5	4,1	7,2	62	3,0
Kürbiskerne	26	35	17,5	5,6	3,7
Leinsamen	23	33	7,4	21	4,0
Mais	9,5	4,1	2,5	70	1,6
Mohnsamen	19,1	40,2	5,4	16,2	6,3
Negersaat	18,3	41	13,5	12,6	3,7
Reis					
geschält	7	0,4	0,1	80	0,5
Rohreis	8,5	2,3	8,4	63	5,5
Sonnenblumenkerne					
geschält	20,4	54,3	4,1	6	2,7

Frisches Obst, Früchte usw.
Die in der folgenden Tabelle angegebenen Werte sind Zirkawerte. Der Anteil an Kohlenhydraten setzt sich aus Stärke und Zucker zusammen. Während des Reifungsprozesses wird der größte Teil der Stärke in Zucker umgewandelt.

	Rohprotein	Rohfett	Rohfaser	Kohlenhydrate	Asche
Äpfel	0,3	0,3	2,4	13,5	0,4
Birnen	0,2	0,1	2,6	12,8	0,4
Bananen	1,5	0,6	0,7	29,6	1,0
Apfelsinen	0,9	0,2	0,4	10,5	0,4
Weintrauben	0,3	–	0,3	9,4	0,5
Kirschen	1,2	0,1	0,7	11,2	0,7
Pflaumen	1,4	0,3	2,1	12,5	0,6
Mohrrüben	1,2	0,2	1,1	9,4	1,0
Tomaten	1,0	0,3	0,7	3,5	0,6
Gurken	0,2	0,1	0,7	4,1	0,7

Mineralfutter Bei Mineralfuttermischungen ist zu beachten, daß das Verhältnis Kalzium : Phosphor etwa 2,7 : 1 beträgt.

Körnermischung (Hauptfutter) für größere Papageien wie Kakadus, Aras, Amazonenpapageien, Graupapageien und ähnliche Arten
70% Sonnenblumenkerne, die restlichen 30% sollen sich aus folgenden Sämereien zusammensetzen: Hafer (oder, falls gefressen wird, Rohreis), Mais, Erdnüsse, Kürbiskerne, Hirse und Glanz (die beiden zuletzt genannten Sämereien nur für die kleineren Arten dieser Gruppe).

Körnermischung (Hauptfutter) für Unzertrennliche, Sperlingspapageien und ähnliche Arten
40% Hirse (Rispen- und Kolbenhirse etwa zu gleichen Teilen), 20% Glanz, 10% geschälter Hafer, 20% Sonnenblumenkerne, 5% Negersaat, 5% Hanfsamen. Bei ausschließlicher Verfütterung an Sperlingspapageien kann der Hanfsamenanteil gegen Mohnsamen ausgetauscht werden.

Körnermischung (Hauptfutter) für größere Sittiche
25% Sonnenblumenkerne, 25% geschälter Hafer, 25% Silberhirse, 20% Glanz, 5% Hanfsamen.

Körnermischung (Hauptfutter) für Wellensittiche
30% Silberhirse, 20% Senegalhirse, 30% Glanz, 10% geschälter Hafer, 10% der Futtermischung sollten aus Ölfrüchten bestehen (Negersaat, Mohnsamen, Leinsamen, Hanfsamen). Werden Wellensittiche zusammen mit größeren Sittichen in einer Voliere gehalten, lernen sie als typische Nachahmer meist auch Sonnenblumenkerne zu öffnen.

Die obengenannten Futtermischungen sollten lediglich als allgemeine Hinweise aufgefaßt werden. Einzelne Sämereien können also ohne weiteres gegen etwa gleichwertige ausgetauscht werden, falls es der Geschmack der Vögel (einzelne Vögel können mitunter die Aufnahme eines bestimmten Samens absolut verweigern) oder die Qualität der Sämereien notwendig machen.

Fütterung von Loripapageien

Das Grundfutter der Loripapageien besteht aus gekochten Sämereien, die mit Honig oder Traubenzucker gesüßt werden. Außerdem sollten sie täglich in Milch aufgequollenen Zwieback und zerschnittene weiche Früchte wie Bananen, Birnen, Weintrauben usw. erhalten. Kleinere Beeren wie Blaubeeren, Himbeeren, Johannisbeeren und Holunderbeeren können wir im ganzen reichen. An gekochten Sämereien werden meist Reis oder Mais verwendet, doch können wir zur Abwechslung ruhig einmal andere gekochte Sämereien geben. Manche Edelpapageien fressen auch gekochte Hülsenfrüchte wie Erbsen oder Linsen gerne. Loris erhalten darüberhinaus täglich eine spezielle Nährlösung, die jeden Tag frisch zubereitet werden sollte. Diese Lösung besteht aus einem Teil Kindermehl (wie es zur Ernährung von Kleinkindern verwendet wird), einem Teil Honig und einem Teil Kondensmilch. Ratsam ist es, dieser Nährlösung einige Tropfen eines guten Vitaminpräparates zuzusetzen. Vitaminzusätze sollten wir aber nie „über den Daumen gepeilt" reichen. Wir halten uns am besten an die vorgeschriebenen Mengen, die entsprechend dem ungefähren Gewicht der Vögel umzurechnen sind. Fettlösliche Vitamine, darunter besonders Vitamin D, können in allzugroßen Mengen gegeben gefährlich sein. Manche Vogelliebhaber setzen der Nährlösung für Loris außerdem noch Fleischextrakt zu. Auf Fleischextrakt können wir jedoch verzichten, wenn wir den Loris und Edelpapageien regelmäßig kleine Mengen von tierischem Eiweiß geben. Ob dieses Eiweiß in Form von Insektenpuppen oder Insektenlarven (Mehlwürmer, Wachsmotten, Larven, Ameisenpuppen) gereicht wird, in Form von hartgekochtem und gehacktem Ei oder in Form eines erstklassigen Insektenfresserfutters, ist nicht so wichtig. Wir müssen in jedem Fall ausprobieren, was die Vögel vorziehen und Einseitigkeit vermeiden. Manche Loris fressen auch kleinere Sämereien wie Hirse, Glanz und Hafer. Halbreife Sämereien sind für alle diese Vögel Leckerbissen, und auch Grünfutter sollten wir regelmäßig reichen.

Besonders müssen wir darauf achten, daß bei diesen Vögeln eine strenge Futterhygiene eingehalten wird. Gekochtes Futter und die Nährlösung sind jeden Tag frisch zuzubereiten, und alle Futtergefäße müssen vor jeder Fütterung gründlich gereinigt werden.

Papageien als Hausgenossen

Geschichte

Die Sitte, zahme Vögel als Hausgenossen zu halten, ist unter Kulturvölkern sehr alt, aber auch bei manchen Naturvölkern nicht unbekannt. Vögel wie Tauben, Singvögel, Pfauen und anderes Ziergeflügel wurden von Indern, Chinesen, Assyrern, Babyloniern und Ägyptern gehalten. Auch in den antiken Kulturen Griechenlands und Roms war die Vogelhaltung in begüterten Kreisen weitverbreitet. Eine größere Vogelsammlung im Besitz des Edelmannes LAENIUS STRABO, der ca. 100 v. Ch. in Brundisium lebte, ist historisch belegt.

Wo zum ersten Mal Papageien als Hausgenossen gehalten wurden, wissen wir nicht genau. Wir können aber annehmen, daß es in Indien oder China war. Papageien waren besonders den Indern gut bekannt, und sie spielen bereits in der frühen indischen Mythologie als Sinnbild des Mondes eine Rolle. Als Symbol für die Treue wird der Papagei in Sanskritschriften erwähnt. Unter anderem gibt es eine rührende Erzählung, die das innige Verhältnis zwischen einem Papagei und seinem Wohnbaum schildert. Der Abschluß dieser Erzählung sei hier zitiert: „Als der Baum, der ihn sein ganzes Leben lang genährt und geschützt hatte, vertrocknete und starb, ergriff den Papagei tiefe Trauer, und er faßte den Entschluß, ebenfalls zu sterben".

Wir können annehmen, daß auch den Ägyptern Papageien bekannt waren, denn ihre Handelsverbindungen erstreckten sich während der Blütezeit ihrer Hochkultur in Afrika weit nach Süden. Aus dieser Zeit sind jedoch keine bildlichen Darstellungen von Papageien bekannt, und auch im Alten Testament sind sie nirgendwo erwähnt. Sicher ist dagegen die Haltung zahmer indischer Papageien in Ägypten etwa 200 v. Chr. und die Haltung afrikanischer Papageien (Graupapageien) um ca. 30 n. Chr. nachgewiesen. Die Kulturen des Mittelmeerraumes lernten Papageien durch den mißglückten indischen Feldzug ALEXANDER DES GROSSEN 326 v. Chr. kennen. Sein Feldherr ONESIKRITOS berichtete, daß er zahme Papageien als Haustiere in Indien angetroffen hatte, und er brachte solche Vögel auch lebend mit (Alexanderpapagei). Alexanderpapageien kamen etwas später auch nach Rom, und einige Arten aus dem indischen Raum folgten bald nach. OVID (43 v. Chr. – 17 n. Chr.) fand einen solchen Vogel so bemerkenswert, daß er ihm ein Gedicht widmete. Erstaunlich genau werden Papageien später von GAJUS PLINIUS (23 – 79 n. Chr.) in der „Encyclopaedia Historia naturalis" beschrieben. Aus dieser Beschreibung geht auch hervor, daß bis dahin in Rom nur indische Papageien bekannt waren. Erst nach der Regierungszeit NEROS, etwa um 80 n. Chr., tauchen auch afrikanische Papageien in Rom auf. Die Haltung von Papageien war in Rom jedoch lediglich ein Vergnügen von reichen Leuten, denn der Preis für einen sprechenden Papagei überschritt den Handelswert eines Sklaven bei weitem.

Wann zum ersten Mal auch Papageien nach Mittel- und Nordeuropa kamen, ist nicht genau bekannt. Da aber Papageien oft als Geschenke unter den Mächtigen ihrer Zeit ausgetauscht wurden und vom 6. Jahrhundert an zahlreiche Handelsverbindungen aus dem Mittelmeerraum nach Norden angeknüpft wurden, dürften die ersten Papageien schon während dieser Zeit nach Mitteleuropa gekommen sein. In größerer Zahl wurden sie mit Sicherheit während der Kreuzzüge mitgebracht (1096 – 1204). Von diesem Zeitpunkt an gibt es zahlreiche Zeugnisse dafür, daß zumindest an Fürstenhöfen und in anderen begüterten Kreisen Papageien gehalten wurden. Auf einem Gemälde von LUCAS CRANACH aus dem Jahre 1520 ist ein Graupapagei abgebildet. Die ersten amerikanischen Papageien brachte schon KOLUMBUS 1492 von seiner ersten Reise mit. Die Bekanntschaft der spanischen Konquistadoren mit diesen Vögeln war durchaus nicht immer positiv. Als die Spanier unter NICUESA und HOYEDA im Jahre 1509 den Indianerort Yurbeco überfallen wollten, warnten die in den Baumwipfeln sitzenden Papageien durch ihr lautes Geschrei und ermöglichten so den Bewohnern die Flucht. Daß überall in den Indianerdörfern zahme Papageien gehalten wurden, berichteten auch spätere Forschungsreisende wie VON HUMBOLDT und SCHOMBURGK. Dieser Brauch hat sich bis heute, wenn auch oft mit stark kommerziellem Einschlag, erhalten.

In den Indianersiedlungen spielen die Papageien ungefähr dieselbe Rolle wie die Wachhunde bei uns. Mit lärmendem Geschrei warnen sie vor allem Unbekannten, das sich der Siedlung nähert. Die Indianer beschaffen sich Papageien, indem sie halbentwickelte Jungvögel von Aras und Amazonenpapageien aus den Nisthöhlen herausholen. Die Jungvögel werden dann besonders von den Frauen mit vorgekautem Futter aus dem Mund gefüttert. So aufgezogene Vögel werden natürlich sehr zahm und schließen sich eng an den Menschen an. Verhaltensforscher sagen, „diese Vögel sind auf den Menschen geprägt".

Die Papageien der Sunda-Inseln, Neuguineas und Australiens wurden erst im 17. Jahrhundert in Europa bekannt. Die ersten Kakadus brachten höchstwahrscheinlich holländische Ostindienfahrer mit. Spanische, französische, holländische und englische Forschungsreisende erschlossen die bis dahin unbekannten Gebiete des australisch-papuanischen Raumes und die unzähligen Inseln Ozeaniens und trugen so zur Kenntnis der dort lebenden Papageien bei. Erwähnt seien hier die Reisen des Spaniers LUIS DE VAES DE TORRES (1606), der Holländer ABEL TASMAN (1642–43) und JACOB ROGGEVEN (1721–22) und des Engländers JAMES COOK (1768–79). Wieviel man über Papageien schon zu Anfang des 18. Jahrhunderts wußte, geht daraus hervor, daß der schwedische Naturforscher CARL VON LINNÉ („Systema naturae", 1735 Leiden) bereits 41 verschiedene Papageienarten wissenschaftlich beschreiben konnte. Unter den beschriebenen Arten befanden sich fünf Aras, acht Amazonenpapageien, der afrikanische Graupapagei und, was bemerkenswert ist, auch Arten aus dem australisch-papuanischen Raum und von den Philippinen. Auch zwei inzwischen ausgestorbene Arten (*Conuropsis carolinensis* und *Mascarinus mascarinus*) hat LINNÉ beschrieben.

Auch im Mittelalter, bis in die Mitte des vorigen Jahrhunderts, waren Papageien als Haustiere nur für wenige begüterte Menschen erschwinglich. Auch die vielerorts – etwa von 1500 an – in sogenannten Hofmenagerien gehaltenen Vögel blieben der Allgemeinheit unbekannt. Diese Menagerien waren lediglich den Fürsten und ihrem Hofstaat zugänglich. Der erste wirklich öffentliche Tierpark entstand erst während der Französischen Revolution in Paris (Jardin des Plantes).

Bei der Beschaffung von Papageien war man ausschließlich auf importierte Vögel angewiesen. Der Transport auf den langsamen Segelschiffen dauerte oft Monate, und viele der an Bord genommenen Vögel starben während der Reise. Dementsprechend war das Angebot bescheiden, und die Preise blieben hoch. Erst als zur Mitte des vorigen Jahrhunderts schnellsegelnde Klipper und später Dampfschiffe die Reisezeiten erheblich verkürzten, wurde das Angebot größer, und die Preise fielen. Unter den importierten Vögeln waren zum größten Teil südamerikanische Papageien, vor allem Amazonenpapageien und Aras. Dank der von den Indianern betriebenen Ammenaufzucht waren sie lange Zeit die am leichtesten zu beschaffenden Papageien, und ihre Aufzucht entwickelte sich stellenweise dank der starken Nachfrage zu einer richtigen Industrie. Durchaus nicht alle Importe wurden im größeren Umfang geplant. Wahrscheinlich wurden die meisten Vögel einzeln oder in kleineren Mengen von Seeleuten mitgebracht, die so ihre bescheidene Heuer aufbesserten. In den Überseehäfen wie Hamburg, Rotterdam, Southampton und Kopenhagen tauchten jetzt die sogenannten „Vogelgauner" auf: Händler, die das von Seeleuten mitgebrachte Kleingetier aufkauften und mit hohem Gewinn weiterveräußerten. Wie umfangreich dieser Handel zu Ende des vorigen Jahrhunderts war, geht daraus hervor, daß etliche Reedereien besondere Bestimmungen erließen, um ihn einzudämmen. Viel Erfolg hatten die Verbote nicht, denn auf einem Schiff gab es so manchen Platz, wo sich die Konterbande verstecken ließ.

Ab 1850 wurden auch große Mengen von Wellensittichen nach Europa gebracht. Es gelang zwar schon bald, diese reizenden Kerle nachzuzüchten, aber bis um die Jahrhundertwende waren die meisten gehandelten Wellensittiche Wildfänge aus Australien. Der Wellensittichfang nahm solche Ausmaße an, daß sich die australische Regierung gezwungen sah, Exportverbote zu erlassen (das erste wurde 1896 ausgesprochen). Von etwa 1880 an etablierten sich auch in den Ursprungsländern europäische und einheimische Tierhändler, die größere Sendungen nach Europa exportierten. Diese Vogelimporte waren – und sind es teilweise heute noch – eine traurige Angelegenheit. Preiskonkurrenz, sonst eine Notwendigkeit für einen gesunden Handel, fördert beim Tierhandel leicht eine „Sklavenhändlermentalität". Bleibt auch nur die Hälfte der Tiere am Leben, so ist es immer noch ein Geschäft. Zwar hat das Flugzeug als Transportmittel die Reisezeit stark verkürzt, und mancherorts wird der Tierhandel auch überwacht, es kommt aber trotzdem beim Tierhandel und Tiertransport noch immer vieles vor, was als Tierquälerei bezeichnet werden muß. Erfreulicherweise werden heute im Handel neben Importvögeln immer mehr in Europa nachgezogene Papageien angeboten. So stammen heute alle in den Handel kommenden Wellen- und Nymphensittiche aus europäischen Zuchten. Auch die meisten Unzertrennlichen, die heute gehalten werden, sind in Europa aus dem Ei geschlüpft. Bei den durch äußerst strenge Ausfuhrbestimmungen geschützten australischen Sittichen, wie z. B. den Rosellas, hat das geringe Angebot an Importvögeln dazu geführt, daß diese Tiere in steigendem Maße bei uns nachgezüchtet werden. Nachzuchten von Großpapageien dagegen sind auch heute noch selten; relativ regelmäßig werden solche Vögel nur in einigen Zoologischen Gärten vermehrt.

Verhalten in Gefangenschaft

Wenn wir an Papageien als Hausgenossen auf die Dauer Freude haben wollen, so müssen wir einiges über ihr Verhalten wissen. Wenn wir nur einen einzigen Vogel halten wollen, müssen wir uns darüber im klaren sein, daß eine Einzelhaltung nur bei Großpapageien möglich ist und auch nur dann, wenn man sehr viel Zeit zur Verfügung hat. Der für eine Einzelhaltung in Frage kommende Vogel muß mit viel Sorgfalt ausgewählt werden, und es sollte sich möglichst um ein handaufgezogenes Exemplar oder zumindest um ein sehr junges Tier handeln. Da Papageien von Natur aus sehr gesellig sind, muß bei einem einzelngehaltenen Vogel der Mensch (oder die ganze Familie) die Artgenossen ersetzen. Bei handaufgezogenen Papageien ist das kein Problem. Sie betrachten den Menschen als Artgenossen. Auch sehr junge Vögel schließen sich in der Regel an den Menschen an, wenn Artgenossen fehlen. An solchen Vögeln können wir sehr viel Freude haben, vorausgesetzt, wir haben für sie die nötige Zeit. Gesellschaft ist für Papageien unbedingt notwendig. Bei einzelngehaltenen Vögeln besteht auch noch am ehesten die Aussicht, daß sie sprechen lernen. Wir sollten uns aber keine Illusionen machen, ein solches Verhältnis bleibt nur dann gut, wenn der Papagei die längste Zeit des Tages Menschen um sich hat. Lassen wir ihn zu oft alleine und sperren wir ihn womöglich in einen zu kleinen Käfig, so ist er sehr unglücklich. Vögel, die sich für die Einzelhaltung eignen, findet man vorzugsweise unter Amazonen- und Arapapageien, aber auch einzelne Graupapageien und Kakadus können geeignet sein.

Haben wir nicht die erforderliche Zeit, möchten aber trotzdem Großpapageien halten, schaffen wir besser gleich zwei Vögel an. Dabei muß es sich nicht unbedingt um Vögel derselben Art handeln. Auch zwischen Angehörigen verschiedener Arten können innige Freundschaften entstehen, z. B. zwischen Amazonenpapageien und Kakadus. Graupapageien können in dieser Hinsicht problematisch sein, da sie durchaus nicht mit jedem anderen Papagei Freundschaft schließen. Wir müssen uns einfach darüber im klaren sein, daß das Alleinsein für jeden Papageien eine unnatürliche und deprimierende Situation ist. Diese Ratschläge sollten wir auch bei der Wellensittichhaltung beherzigen. Von jung an daran gewöhnt, kann auch ein einzelner Wellensittich durchaus zufrieden sein, wenn man nur die notwendige Zeit für ihn übrig hat. Haben wir diese Zeit nicht, so schaffen wir uns am besten gleich ein Pärchen an. Das gilt selbstverständlich auch für die übrigen Sittiche und Kleinpapageien. Zwar werden diese Vögel nicht so häufig allein gehalten, doch sei hier dringend vor der Einzelhaltung gewarnt.

Natürlich kann es vorkommen, daß ein erfahrener Vogelfreund einmal durch Zufall einen erst halberwachsenen Jungpapagei in die Hand bekommt. Zieht er einen solchen Vogel mit viel Geduld auf, so wird dieser vollständig unabhängig von seiner Artzugehörigkeit weitgehend auf den Menschen geprägt. Ein solcher Vogel wird in den meisten Fällen außerordentlich zahm und kann auch mit anderen im Hause gehaltenen Tieren Freundschaft schließen. Einer meiner Kollegen zog einmal ein Rosenköpfchen (*Agapornis roseicollis*), also einen Unzertrennlichen auf, dessen Eltern verunglückt waren. Dieser kleine Papagei lebte über ein Jahrzehnt in seiner Familie in inniger Freundschaft mit einem Boxer. Als der Hund starb, begann auch der Papagei zu kränkeln, war deprimiert und folgte dem Hund bald nach.

Bei der Anschaffung von Papageien sollten wir auch ihre Lautstärke beachten. Ausgesprochen lärmempfindliche Personen sollten Papageien sehr sorgfältig auswählen, denn nur ganz wenige Arten schreien überhaupt nicht. Die größeren Arten können fast alle sehr laut sein, schreien aber nicht so häufig wie manche der kleineren Arten. Halten wir mehrere Papageien zusammen, so müssen wir damit rechnen, daß zwei oder mehrere Vögel ausprobieren, wer von ihnen am lautesten schreien kann, das heißt, sie versuchen, sich gegenseitig zu übertreffen.

Wohnt man nicht im eigenen Haus, so sollte man sich schon der Nachbarn zuliebe vor der Anschaffung eines Papageies über die Lautstärke der betreffenden Art informieren. Unterschiede bestehen hier aber nicht nur zwischen den einzelnen Arten, sondern auch zwischen einzelnen Individuen derselben Art. Arapapageien sind häufig anfänglich schreckhaft und schreien fürchterlich, wenn sie erschreckt werden. Einmal eingewöhnt, lassen sie aber kaum noch störende Laute hören. Soweit wie möglich wird bei den Artbeschreibungen auf spezielle Eigenheiten in dieser Hinsicht noch besonders hingewiesen.

Was wir beim Erwerb eines Papageien und über die Möglichkeiten seiner Unterbringung wissen sollten, darüber wird in den folgenden Kapiteln berichtet.

Einkauf und Eingewöhnung

Der Kauf lebender Tiere ist in weit höherem Grade als der Kauf toter Dinge Vertrauenssache, und daher sollten wir Vögel in erster Linie beim Fachhandel kaufen. Wir sollten uns aber darüber im klaren sein, daß es im Zoohandel, wie in anderen Branchen auch, gute und weniger gute Fachgeschäfte gibt, Geschäftsinhaber mit guten, weniger guten oder fehlenden Fachkenntnissen und weiterer oder engerer Geschäftsmoral. Bei einem guteingeführten Fachgeschäft besteht jedoch eine gewisse Gewähr, daß man zumindest fachgerecht bedient wird. Erschwerend ist beim Handel mit lebenden Tieren, daß Qualität oft schwieriger zu beurteilen ist als bei anderen Waren. Auch der beste Zoohändler erhält mitunter Tiere, die höchsten Qualitätsansprüchen nicht genügen, und auch diese Tiere muß er natürlich verkaufen. Wir können also nicht grundsätzlich von einem Zoohändler erwarten, daß er nur „Spitzentiere“ verkauft. Verlangen können wir aber, ehrlich auf eventuelle Mängel aufmerksam gemacht zu werden.

Sehen wir einmal von Wellensittichen ab, so sind in der Regel von den im Fachhandel geführten Papageien Unzertrennliche, Nymphensittiche und manche australische Sittiche (hauptsächlich Rosellas und Grassittiche) in Europa nachgezüchtet. Andere Papageien sind also, von ganz wenigen Ausnahmen abgesehen, Wildfänge.

Einfuhrbestimmungen und Quarantäne

Da Papageien Krankheiten übertragen können, unterliegt ihre Einfuhr in allen europäischen Ländern mehr oder weniger strengen Kontrollbestimmungen. In der Bundesrepublik Deutschland sind diese Bestimmungen durch die Papageien-Einfuhrverordnung vom 3. 3. 1975 (BGBl IS 653) geregelt. Einfuhrgenehmigungen erteilen die Länderministerien für Landwirtschaft und Umwelt. In der Schweiz gelten die Bestimmungen des Eidgenössischen Veterinäramtes vom 21. 1. 1975 (Do/re-210-11). Einfuhrgenehmigungen erteilt das Eidgenössische Veterinäramt in Bern. In Österreich gilt die veterinärbehördliche Einfuhr- und Durchfuhrverordnung vom 19. 7. 1955 (BGBl. Nr. 200/1955). Einfuhrgenehmigungen erteilt das Bundesministerium für Gesundheit und Umweltschutz. Allgemein besagen alle diese Bestimmungen, daß die Einfuhr von Papageien von der zuständigen Veterinärbehörde im voraus genehmigt werden muß. Eine Einfuhrgenehmigung wird nicht erteilt, wenn die aktuelle Seuchenlage im Ausfuhrland zu Bedenken Anlaß gibt oder die betreffende Papageienart geschützt ist. Die Gesundheit der Vögel muß von einem beamteten Tierarzt des Ausfuhrlandes bescheinigt werden. Weitere Einzelheiten können in der Einfuhrgenehmigung angegeben sein, z. B. daß die Echtheit mitgesandter Atteste vom Konsulat des Empfängerlandes bescheinigt werden muß usw.

Nach der Ankunft werden Papageien in besonders dafür vorgesehenen Quarantäneräumen untergebracht. Die vorgeschriebene Quarantänezeit beträgt in Österreich 4 Wochen, in der Bundesrepublik Deutschland und in der Schweiz mindestens 8 Wochen. Beim Grenzübertritt, d. h. in der Regel auf den Flughäfen oder auch direkt nach Ankunft in der Quarantäne, werden sowohl in der Bundesrepublik Deutschland als auch in der Schweiz alle importierten Vögel mit einem amtlichen Fußring mit laufender Nummer versehen. Ausgenommen von dieser Bestimmung sind nur einige der allergrößten Arten (es gibt einfach kein Ringmaterial, das den Schnäbeln der größten Papageien widersteht). Der amtliche Ring am Fuß des Papageien ist also der Beweis dafür, daß der betreffende Vogel legal importiert worden ist. Bei einem nichtberingten Papageien kann es sich sehr wohl um einen geschmuggelten Vogel handeln. Sollte es einmal aus medizinischen Gründen, z. B. bei einer Fuß- oder Beinverletzung notwendig sein, den Ring zu entfernen, so sollte man den Ring aufheben.

Während der Quarantänezeit werden die Vögel auf das Vorkommen von Geflügelpest, Pseudogeflügelpest (atypische Geflügelpest oder Newcastle-Krankheit) und Papageienkrankheit (Ornithose, Psittakose) untersucht. In der Bundesrepublik Deutschland werden die Tiere außerdem über einen Zeitraum von 30 – 45 Tagen prophylaktisch mit Antibiotika behandelt.

Eine ordnungsgemäß durchgeführte Quarantäne gewährt also einen weitgehenden Schutz gegen gefährliche Infektionskrankheiten bei Mensch und Haustieren; sie bietet jedoch, und das sollte der Vogelfreund wissen, keine allgemeine Gesundheitsgarantie. Ein aus der Quarantäne kommender Vogel kann sehr wohl krank sein oder sich in schlechter Verfassung befinden. Selbst vereinzelte Fälle der Papageienkrankheit kann, wie die Erfahrung gezeigt hat, auch die konsequenteste Quarantäne nicht 100%ig ausschließen.

Soviel allgemein über die Einfuhrbestimmungen; weitere Einzelheiten sind nur für den Importeur wichtig. Einige Sonderbestimmungen dagegen können wohl auch für Papageienfreunde interessant sein: Reist man z. B. als Privatmann von der Bundesrepublik Deutschland ins Ausland, so darf man bis zu drei Papageien aus- und wieder einführen, ohne daß die Vögel in Quarantäne müssen. Wir müssen allerdings für diese Vögel ein amtstierärztliches Gesundheitsattest besitzen. Diese Ausnahmebestimmungen sind unter § 1 der Papageien-Einfuhrverordnung angegeben, können aber nur von Privatpersonen, also nicht von gewerblichen Tierhändlern oder Züchtern, in Anspruch genommen werden. Bei Auslandsreisen mit Papageien sollten wir jedoch auf jeden Fall beim Konsulat des betreffenden Landes anfragen, ob Papageien mitgeführt werden dürfen. Auch die schweizerischen Einfuhrbestimmungen können bei der Einfuhr einzelner Vögel, z. B. durch Liebhaber, erleichtert werden. Diese Ausnahmen sind jedoch in den Bestimmungen nicht näher erläutert; in den „Eidgenössischen Einfuhrbedingungen für Papageien und Sittiche" heißt es unter Punkt 16 lediglich: „Für Private, welche Einzelvögel quarantänieren, können erleichternde Bestimmungen verfügt werden". Die betreffenden österreichischen Bestimmungen erlauben unter Punkt 10 ausdrücklich die Einfuhr von höchstens zwei Papageien, falls diese vom Reisenden direkt mitgeführt werden, auch ohne vorherige Einfuhrgenehmigung. Man muß für die Vögel lediglich ein Gesundheitsattest des Ursprungslandes besitzen, das in deutscher, englischer oder französischer Sprache abgefaßt sein muß, und ihre Einfuhr muß dem zuständigen Grenztierarzt gemeldet werden. Alle diese Sonderbestimmungen gelten nicht für gewerbliche Tierhändler und -züchter.

Wir kaufen einen Papagei

Nach diesen allgemeinen Informationen über Einfuhrbestimmungen wollen wir uns dem eigentlichen Kauf zuwenden. Wir sollten uns beim Kauf von Papageien grundsätzlich sehr viel Zeit lassen, besonders dann, wenn wir noch wenig Erfahrung haben. Größere Papageien kauft man ja oft, um einen drolligen und netten Hausgenossen zu bekommen. Es ist also nicht nur wichtig, daß der Vogel gesund ist, er sollte auch seinem Charakter nach für die Haltung im Heim geeignet sein. Andere Gesichtspunkte müssen wir beim Kauf von Vögeln berücksichtigen, mit denen wir züchten wollen. Zur Zucht sind ausgesprochen zahme Vögel nämlich nicht geeignet. Bei den kleineren Arten sind Wildfänge oft sehr scheu, legen jedoch diese Scheu bei vernünftiger Haltung meist schnell ab, ohne je ausgesprochen zahm zu werden. Bei scheuen Großpapageien ist das jedoch oft nicht der Fall. Vor dem Kauf ausgesprochen schreckhafter Vögel sei hier ausdrücklich gewarnt. Bei diesen Vögeln kommt es sogar bisweilen, und zwar durch einen Schock, auch zu geistigen Störungen, die sich nicht mehr beheben lassen. Einen Vogel, der sofort zu schreien beginnt, wenn wir ihn ansehen, oder der sich sogar in Panik auf den Rücken wirft, sollten wir nicht kaufen. Die Aussicht, daß ein solcher Vogel zu einem normalen Benehmen zurückfindet, ist minimal. Besonders häufig ist derartiges Schreckverhalten bei Graupapageien, seltener bei Amazonenpapageien, sehr selten bei Aras und Kakadus. Vollständig normal ist es jedoch, daß ein Vogel anfänglich zurückweicht, sowie wir die Hand nach ihm ausstrecken, auch wenn sich zwischen ihm und der Hand ein Gitter befindet.

Gesundheitszustand

Zu welchem Zweck wir einen Papageien auch kaufen, gleichgültig ob es ein größerer oder kleinerer Vogel ist, in jedem Falle sollten wir versuchen, uns vor dem Kauf über seinen Gesundheitszustand zu informieren. Häufig sind bei neu importierten Vögeln Erkrankungen der Atmungsorgane, meist als Erkältung oder Schnupfen bezeichnet. Während der Quarantäne werden die Vögel meistens nicht nur warm, sondern häufig auch bei allzu trockener Luft untergebracht. Kommen sie nach Abschluß der Quarantäne in Räume mit anderer Temperatur und Luftfeuchtigkeit, so erkranken sie sehr leicht. Meist äußert sich eine Infektion der Atemwege in Form eines Schnupfens, doch kann die Erkrankung mitunter auch auf Bronchien und Lunge übergreifen. Beim Kauf sollten wir also darauf achten, daß der Vogel nicht niest und daß seine Nasenlöcher frei von Schleim bzw. Schleimablagerungen sind. Nicht selten treten bei Neuimporten auch Verdauungsstörungen auf. Meist sind sie zwar eine Folge von Kostumstellung und Nervosität und gehen bald vorüber, doch können diese Störungen, die sich meist in Form von Durchfällen äußern, auch ernstere Ursachen haben. So kommt es besonders bei Loripapageien gar nicht selten vor, daß die vorbeugende Antibiotikabehandlung während der Quarantäne schlecht vertragen wird. Antibiotika schalten nämlich die normalerweise im Darm und Magen lebenden Mikroorganismen, zum größten Teil Bakterien und Protozoen, weitgehend aus. Bei ausgesprochenen Fruchtfressern wie den Loripapageien scheint nun die Darm- und Magenflora eine

Bild 8. Federfresser (Gelbbrustara *Ara ararauna*). Aufnahme H. Pinter

weitaus größere Rolle zu spielen als bei Vögeln mit anderen Nahrungsgewohnheiten. Aber gleichgültig, um welche Papageienart es sich handelt, Vögel die an Durchfall leiden, sollten wir nicht kaufen.

Genau so wie bei Säugetieren die Beschaffenheit des Haarkleides ein ausgezeichneter Maßstab für den Allgemeinzustand ist, sagt auch die Beschaffenheit des Gefieders viel über den Allgemeinzustand eines Vogels aus. Ein Vogel mit glattem und glänzendem Gefieder ist wahrscheinlich nicht ernstlich krank. Wir können aber nur Papageien nach dem Gefiederzustand beurteilen, die schon länger im Lande sind. Aus der Quarantäne kommende Papageien haben nicht selten ein etwas zerschlissenes und zerzaustes Federkleid. Bis alle Federn erneuert sind, können 8 – 12 Monate vergehen. Das gilt – und das ist wichtig – aber nur für das Gefieder im Ganzen und nicht für das Gefieder an einzelnen Körperstellen. Bei Vögeln mit federlosen Stellen, besonders am Unterhals und Brust, kann es sich sehr wohl um „Federfresser“ handeln, und die Aussichten, daß ein Federfresser sich seine Untugend abgewöhnt, sind minimal. Beim Verkauf von Federfressern behaupten weniger gewissenhafte Vogelhändler mitunter auch, es wäre ein ganz junger und noch nicht vollständig befiederter Vogel.

Nach dem Gefiederzustand kontrollieren wir Augen, Schnabel und Füße. Die Augen sollten klar sein und die Augenränder bzw. die Augenlider frei von Wunden oder entzündeten Stellen. Fast alle Augenentzündungen äußern sich zunächst darin, daß die Augenlider zusammenkleben und es dem Vogel sichtlich schwerfällt, die Augen zu öffnen. Später kommt es dann zu Wund- und Schorfbildungen. Augenentzündungen sollten wir immer ernstnehmen, denn nicht selten sind schwerere Krankheiten die Ursache. Wir kaufen also keinen Vogel, dessen Augenlider und -ränder nicht ganz sauber sind. Beim Schnabel kontrollieren wir, ob Ober- und Unterschnabel so übereinandergreifen, wie es Bild 9 zeigt. Dabei müssen wir beachten, daß die Schnabelstellung bei den einzelnen Arten unterschiedlich ist. Zum Glück sind Schnabeldeformationen bei Wildfängen sehr selten, häufiger aber bei größeren Papageien, die von Privatleuten gehalten werden. Die Ursache ist fast immer ein Mangel an „Knabbermöglichkeiten“. Sollte ein uns angebotener Papagei aber doch einen verdrehten oder schiefgewachsenen Schnabel haben, so sehen wir besser von seinem Kauf ab. Es ist nämlich schwer, wenn nicht sogar unmöglich, die Schnäbel derartiger „Schiefbeißer“ zu korrigieren. Fehlerhafte Schnäbel können nicht selten beim Fressen hinderlich sein, was dem Allgemeinzustand des Vogels nicht gerade för-

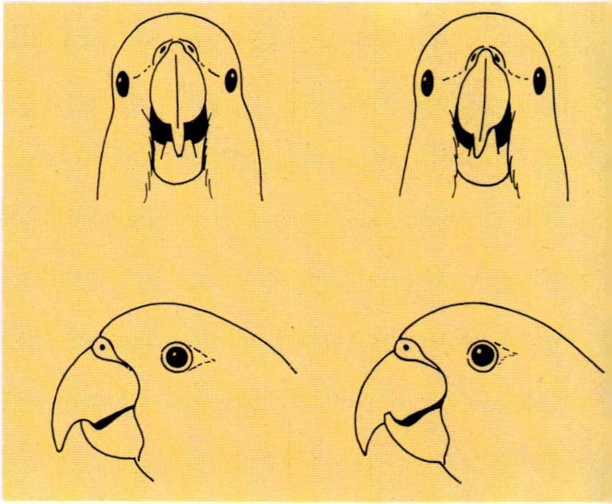

Bild 9. Schiefbeißer. Links normaler Schnabel, rechts deformierter Schnabel.

Bild 10. Schiefbeißer (Molukkenkakadu *Cacatua moluccensis*). Aufnahme H. Pinter

derlich ist. Eine verhältnismäßig harmlose abnormale Schnabelform ist lediglich der an seiner Spitze übermäßig ausgewachsene Oberschnabel, den wir aber leicht mit einer Krallenschere oder Krallenzange zurechtstutzen können.
Bei den Füßen kontrollieren wir zunächst, daß alle Zehen und Krallen vorhanden sind. Verdrehte Krallen, wie z. B. solche, die korkenzieherartig wachsen, deuten auf ältere, verheilte Schäden hin. Fehlende Krallen oder auch fehlende Zehen sind, besonders bei größeren Papageien, gar nicht so selten. Streitende Papageien versuchen nämlich ihrem Gegner in die Füße zu beißen. Dabei kommt es leicht vor, daß eine Kralle oder ein Zeh abgebissen wird. Das passiert auch leicht in Transportkäfigen, da die Vö-

Tabelle 2. Normalgewichte einiger größerer Papageien
Zu beachten ist, daß innerhalb einer Art das Gewicht gewissen Unterschieden unterliegen kann, ohne daß eine Untererernährung bzw. Abmagerung vorliegt. Bei der Gesamtbeurteilung soll Länge und Körperbau mit berücksichtigt werden. Männchen sind in der Regel bei gleicher Körperlänge etwas schwerer als Weibchen. Bei Graupapageien und bei manchen größeren Arapapageien kann der Gewichtsunterschied je nach Geschlecht beträchtlich sein. Die angegebenen Gewichte sind der Gewichtsschnitt mehrerer gewogener Vögel in normalem Körperzustand.

Glanzloris (*Calcopsitta*) wie Schwarzloris, Duivenbodeis Lori u. ä.	240 – 290 g
Rotloris (*Eos*)	180 – 210 g
Weißbürzelloris (*Pseudoeos*)	170 – 220 g
Kleine Gelbhaubenkakadus (*Cacatua sulphurea*), Rosenkakadus (*Eolophus roseicapillus*) u. ä.	250 – 340 g
Große Gelbhaubenkakadus (*Cacatua galerita*)	800 – 900 g
Molukkenkakadus (*Cacatua moluccensis*)	750 – 950 g
Weißhaubenkakadus (*Cacatua alba*)	550 – 700 g
Edelpapageien (*Electus roratus*)	350 – 420 g
Halsbandsittich (*Psittacula krameri*) und vergleichbare Arten	110 – 140 g
Alexanderpapagei (*Psittacula eupatria*) und vergleichbare Arten	200 – 250 g
Graupapageien (*Psittacus erithacus*)	320 – 500 g
Sehr große Männchen bis	550 g
Mohrenkopfpapageien (*Poicephalus senegalus*)	160 – 220 g
Großer Hyazinthara (*Anodorhynchus hyacinthinus*)	900 – 1400 g
Grünflügel-Aras (*Ara chloroptera*)	900 – 1200 g
Sehr große Männchen bis	1400 g
Hellrote Aras (*Ara macao*), Gelbbrustaras (*Ara ararauna*), Große Soldatenaras (*Ara ambigua*)	800 – 1000 g
Kleine Soldatenaras (*Ara militaris*) und vergleichbare Arten	600 – 700 g
Gelbnackenaras (*Ara auricollis*) und vergleichbare Arten	220 – 300 g
Arasittiche (*Rhynchopsitta*)	280 – 320 g
Weißbauchpapageien (*Pionites*)	150 – 190 g
Kleinere Pionusarten wie Veilchenpapageien (*Pionus fuscus*), Glatzkopfpapageien (*Pionus senilis*) und vergleichbare Arten	160 – 210 g
Größere Pionusarten wie Schwarzohrpapageien (*Pionus menstruus*), Glanzflügelpapageien (*Pionus chalcopterus*) und vergleichbare Arten	200 – 250 g
Kleine Amazonenpapageien wie Weißstirnamazone (*Amazona albifrons*), Schwarzschnabelamazonen (*Amazona agilis*) und vergleichbare Arten	200 – 250 g
Venezuelaamazonen (*Amazona amazonica*) und vergleichbare Arten	320 – 370 g
Surinamamazonen (*Amazona ochrocephala ochrocephala*) und vergleichbare Arten	340 – 420 g
Blaustirnamazonen (*Amazona aestiva*) je nach Größe	400 – 550 g
Große Amazonenpapageien wie Mülleramazonen (*Amazona farinosa*), Große Gelbkopfamazonen (*Amazona ochrocephala oratrix*) u. ä.	650 – 850 g

gel beim Transport oft erregt und aggressiv sind. Besonders wertvolle Papageien versendet man deswegen auch bei langen und teuren Transporten einzeln verpackt. Ist ein solcher Fußschaden gut verheilt, so braucht eine fehlende Kralle oder auch ein fehlender Zeh einen Vogel nicht nennenswert zu behindern. Wollen wir dagegen Papageien nachzüchten, so sind einwandfreie Füße zumindest beim Männchen notwendig. Männchen mit Fußfehlern sind oft nicht in der Lage, sich mit dem Weibchen zu paaren.
Normalerweise untersucht man Vögel beim Einkauf durch Abtasten näher auf ihre körperliche Beschaffenheit. Bei Papageien können wir aber nur kleinere Arten und sehr zahme Vögel ohne große Schwierigkeiten genauer untersuchen. Kleinere Vögel nehmen wir, die Hand unter Umständen durch einen Handschuh geschützt, so in die Hand, daß der Rücken des Vogels gegen die Handfläche liegt. Dann blasen wir, von der Aftergegend ausgehend über Bauch und Brust das Gefieder gegen den Strich, so daß die Haut sichtbar wird. Gesunde Haut sollte glatt und frei von sichtbaren Fettablagerungen sein. Die Pigmentierung der Papageien ist dagegen je nach Art so verschieden, daß sie keineswegs leicht rötlich sein muß, wie man es von den meisten Stubenvögeln her gewöhnt ist. Eine Rötung der Afterpartie oder gar verschmutzte Federn in dieser Gegend deuten auf Durchfall hin. Die Brust soll voll oder rund sein, das Brustbein darf nicht hervortreten. Ein deutlich hervortretendes Brustbein ist ein Zeichen schlechten Ernährungszustandes. Die Untersuchung der Körperbeschaffenheit größerer Papageienarten erfordert dagegen einige Routine, und der Laie läßt besser die Finger davon, da er empfindlich gebissen werden kann. Es besteht auch die Gefahr, daß der zwangsweise untersuchte Vogel diese „Handgreiflichkeit" sehr übelnimmt. Aber auch bei den größeren Vögeln können wir uns ziemlich sicher über deren Körperverfassung informieren, indem wir den Vogel wiegen. Das ermittelte Gewicht vergleichen wir mit den Angaben der Tabelle 2 über „Normalgewichte" (s. vorige Seite). Diese Tabelle umfaßt aber lediglich die gewöhnlichsten größeren Arten. Die Gewichte sind hier nicht nach der Art, sondern nach Typ und Körpergröße angegeben. Beim Wiegen stellen wir zunächst den leeren Käfig auf die Waage und messen sein Gewicht. Anschließend wird der Käfig einschließlich des darin sitzenden Papageien gewogen.
Für den Laien ist das die einfachste Methode, sich vor dem Ankauf eines mehr oder weniger ausgemergelten Tieres zu schützen. Für das ungeübte Auge ist es nämlich gar nicht so einfach, einem Vogel eine Abmagerung anzusehen. Die Beurteilung fällt durch das darüberliegende Gefieder sehr schwer, und für den Laien erscheint nicht selten ein abgemagerter Vogel besonders wohlgenährt, da ein kranker Vogel – und stark abgemagerte Vögel sind meistens krank – oft mit aufgeplustertem Gefieder herumsitzt, während ein gesunder und schlanker Vogel eher etwas mager aussieht. Da kann man dann mitunter den Kommentar hören: „Sieh nur, wie dick und vollgefressen der ist". Ruhend plustert jedoch jeder Vogel sein Gefieder etwas auf. Mitten am Tage halten sehr viele Papageien ihre „Siesta", d. h. sie machen eine Ruhepause. Es ist also normal, wenn wir Papageien am Tag einmal ruhend oder auch schlafend antreffen.
Wenn irgend möglich sollten wir beim Kauf eines Papageien ein Rückgaberecht innerhalb einer gewissen Frist vereinbaren. Wir müssen neben kranken Vögeln auch mit solchen rechnen, die über einen gewissen Wortschatz verfügen, aber wegen der Umstellung und der ungewohnten Umgebung erst einmal den Schnabel halten. Stellt es sich dann nach einiger Zeit heraus, daß der Vogel zwar nicht „Guten Tag" sagen kann, aber diesen Mangel an sprachlicher Fertigkeit durch Beherrschung zahlreicher spanischer Flüche ausgleicht, so ist das vielleicht nicht erwünscht, wenn man häufig spanische Freunde zu Gast hat. Dies nur als Beispiel. Vorsicht ist angebracht, wenn man sich vor peinlichen Überraschungen schützen will.

Alter und Geschlecht

Zwei Fragen, die beim Kauf von Papageien auch noch von Interesse sind, betreffen das Alter und das Geschlecht des zu erwerbenden Vogels. Eine exakte Altersbestimmung ist bei Papageien nur bei ganz wenigen Arten und dann nur bei ganz jungen Tieren, etwa bis zum Alter von einem Jahr möglich. Bei etwas älteren Tieren lassen lediglich die Hornbekleidung der Beine und Füße und die Struktur des Schnabels einen ungefähren Schluß auf das Alter zu. Die Hornstruktur wird mit zunehmendem Alter gröber, und die Ränder der Bein- und Fußplatten werden oft etwas erhöht. Genauere Angaben kann man aber nur mit viel Übung und vielen Vergleichsmöglichkeiten machen. Besteht aber die Möglichkeit, aus einer etwas größeren Zahl von Vögeln ein Exemplar herauszusuchen, das sich von seinen Artgenossen durch besonders feine Strukturen der Hornplättchen an den Füßen unterscheidet, dann können wir ziemlich sicher sein, daß bei den größeren Arten ein solcher Vogel nicht älter ist als 5 Jahre. Bei afrikanischen Graupapageien und bei Mohrenköpfen können wir ganz junge Vögel an der Augenfarbe von älteren Tieren unterscheiden. Bei diesen Vögeln sind die Augen ganz junger Exemplare dunkelgrau bzw. dunkelgrau-orangefarben. Zwischen dem 7.–9. Lebensmonat färben sie sich dann hellgrau um. Bei den heute geltenden langen Quarantänezeiten kommen aber nur ganz selten Jungvögel, bei denen die Augenumfärbung noch nicht abgeschlossen ist, in den Handel.

Bei manchen Arten gibt es farbliche Unterschiede zwischen den Geschlechtern, besonders bei Sittichen und anderen kleinen Papageienarten. Diese Unterschiede, die also eine Geschlechtsbestimmung möglich machen, sind jeweils in den Artbeschreibungen angegeben. Schwieriger ist die Unterscheidung der Geschlechter bei Arten, die sich in der Farbe nicht unterscheiden und das sind fast alle Großpapageien. Um die Geschlechtsbestimmung dieser Vögel zu erleichtern, folgen anschließend einige Angaben. Sie beschränken sich auf die am häufigsten gehaltenen größeren Arten und einige häufig anzutreffende Sittiche. Von Wert sind diese Angaben aber nur, wenn man mehrere Vögel derselben Art vergleichen kann. Ohne entsprechende Vergleichsmöglichkeiten ist selbst für den Fachmann eine Geschlechtsbestimmung unmöglich.

Bei allen hellen Kakadus lassen sich die Geschlechter ziemlich sicher an der Färbung der Augeniris unterscheiden. Sehr gut ausgeprägt ist dieser Farbunterschied beim Großen Gelbhaubenkakadu und beim Inkakakadu: Bei diesen Arten ist die Augeniris beim Männchen schwarz, beim Weibchen braun. Bei anderen hellen Kakadus sind die Unterschiede ähnlich, aber nicht so ausgeprägt, d. h. die Augeniris ist bei den Männchen dunkler und bei den Weibchen heller gefärbt. Bei manchen Arten, wie z. B. bei Kleinen Gelbhaubenkakadus oder Molukkenkakadus sind diese Unterschiede geringer, so daß sie sich mit Sicherheit nur feststellen lassen, wenn man mehrere Vögel miteinander vergleichen kann. Bei afrikanischen Graupapageien gibt die Kopfform einen ziemlich sicheren Hinweis auf das Geschlecht. Der Kopf des Männchens ist etwas gröber, die Stirn etwas flacher, während der Kopf des Weibchens mehr gerundet ist (Bild 11). Als weiteres Geschlechtsmerkmal wird für Graupapageien auch noch angegeben, daß sich die Flügelspitzen beim Männchen vor, beim Weibchen erst nach dem Schwanzende kreuzen. Unterschiede in der Kopfform lassen sich auch bei manchen Rotsteißpapageien (*Pionus*) und Amazonenpapageien feststellen, doch sind sie weniger ausgeprägt als bei Graupapageien. Wissen sollte man auch, daß sich diese sekundären Geschlechtsmerkmale erst mit zunehmendem Alter ausbilden und bei Jungvögeln nicht zu erkennen sind. Nützlich ist die Kenntnis dieser Unterschiede erst dann, wenn man sich aus einer größeren Anzahl von Vögeln ein „typisches Weibchen" oder ein „typisches Männchen" heraussuchen kann. Das gilt fast immer auch für die bei den Arbeschreibungen erwähnten Farbunterschiede, die oft aber erst im 2., ja mitunter sogar erst im 3. Lebensjahr deutlich hervortreten (z. B. bei Mohrenköpfen). Hat man die Gelegenheit, einmal brütende Arapapageien (also garantiert Paare) zu beobachten, so wird man feststellen, daß das Männchen fast immer der größere Vogel ist. Suchen wir also aus einer größeren Anzahl von Aras derselben Art das größte Tier heraus, so können wir ziemlich sicher sein, daß es ein Männchen ist.

Bei Sittichen mit gleichgefärbten Geschlechtern,

Bild 11. Beim Graupapagei (*Psittacus erithacus*) lassen sich die beiden Geschlechter durch Unterschiede in der Kopfform voneinander unterscheiden. Links Weibchen, rechts Männchen.

wie z. B. den Keilschwanzsittichen, sowie für die Geschlechtsunterscheidung bei gleichgefärbten Unzertrennlichen gilt allgemein folgendes: Die Weibchen sitzen im Vergleich zu den Männchen etwas breitbeiniger, also mit etwas größerem Fußabstand. Bedingt wird diese Beinstellung durch den etwas breiteren Hüftknochen, ein Unterschied, der sich zumindest bei Unzertrennlichen auch durch einen Griff über den Rücken hinweg abtasten läßt. Noch ein kleiner Tip: Weibchen beißen bei solchen Untersuchungen weitaus herzhafter zu als Männchen.
Eine Unterscheidung anhand der Geschlechtsorgane ist bei Papageien schwierig. Zwar kann man bei großen Papageien mitunter den Penis aus der Analöffnung herausdrücken, genauso wie es bei Schwänen und Gänsen möglich ist. Da aber ein penisähnliches Gebilde bei beiden Geschlechtern vorhanden ist, muß man außerdem auch noch die genauen Unterschiede zwischen weiblichem und männlichem Organ kennen. Hinzu kommt noch, daß diese Organe außerhalb der Paarungsperiode stark zurückgebildet werden. Für einzelne, besonders wertvolle Vögel besteht neuerdings die Möglichkeit, das Geschlecht sicher durch eine Endoskopie zu ermitteln. Bei dieser Methode, die am Institut für Geflügelkrankheiten der Tierärztlichen Hochschule Hannover entwickelt wurde, werden die Eierstöcke bzw. die Hoden durch direktes Betrachten untersucht. Der Vogel muß für diese Untersuchung kurzfristig narkotisiert werden, was aber mit modernsten Narkosemitteln ziemlich einfach ist. Untersucht wird mit Hilfe eines Kaltlichtendoskops, dessen knapp 3 mm starke Sonde in den Vogelkörper eingeführt wird. Bei einigen seltenen Sittichen wurde diese Untersuchung schon erfolgreich durchgeführt.

Eingewöhnung

Neuerworbene Vögel bleiben zunächst einige Tage im Käfig, um ihren Kot untersuchen zu können, auch wenn wir sie später auf einem Ständer oder Kletterbaum halten möchten. Einen passenden Käfig sollten wir immer zur Verfügung haben. Auch Vögel, die in einer Voliere gehalten werden sollen, bringen wir nur dann direkt in die Voliere, wenn sich dort keine anderen Vögel befinden. Im eigenen Interesse und im Interesse unserer Pfleglinge sollten wir bei allen neuerworbenen Vögeln davon ausgehen, daß sie krank sein können. Eine genaue Überwachung ist deshalb immer angebracht. Ruhige Vögel mit beschnittenen Flügeln können wir nach ein paar Tagen auf den Ständer oder Kletterbaum setzen. Es ist aber durchaus nicht sicher, daß sie sofort dort bleiben, nicht einmal dann, wenn die Vögel aus Privathand kommen und schon jahrelang unter ähnlichen Bedingungen gehalten wurden. Eine Überwachung ist auch hier anfangs notwendig. In der Nähe des Kletterbaumes oder Ständers dürfen sich keine Gegenstände befinden, die der Papagei erreichen kann. Falls er den Baum oder Ständer verlassen will, muß er den Boden aufsuchen, was er in ungewohnter Umgebung nur äußerst ungern macht. Die Überwachung ist wirklich nötig; wenn nämlich ein größerer Papagei einmal seinen Platz verläßt, und anfängt, an Tapeten und Möbeln zu knabbern, dann ist gleich ein bedeutender Schaden angerichtet.
Vögel mit unbeschnittenen Flügeln sollten wir erst nach längerer Eingewöhnung und erstmals am Abend bei Kunstlicht frei fliegen lassen. Die meisten Vögel lernen sehr schnell Glas von „freier Passage“ zu unterscheiden, aber ein nicht eingewöhnter Vogel fliegt sofort in die Richtung des einfallenden Lichtes, also gegen die Fensterscheibe. Bestimmte langschwänzige Arten, wie z. B. Chinasittiche oder Alexandersittiche erreichen schon nach wenigen Flügelschlägen eine hohe Geschwindigkeit und durchschlagen beim Aufprall ohne weiteres gewöhnliches Fensterglas.
Wir füttern nur dort, wo der Vogel seinen festen Wohnplatz hat, also nur im Käfig, auf dem Ständer oder Kletterbaum. Sind Neuankömmlinge schreckhaft, so sollten wir anfangs nicht in ihre unmittelbare Nähe kommen. Mit etwas Geduld gewöhnen sich doch fast alle Papageien schnell ein, lernen die Mitglieder der Familie von Fremden zu unterscheiden und kümmern sich nach einiger Zeit nicht einmal mehr um den Hund der Familie.

Unterbringung

Papageien können wir in Käfigen oder Volieren oder frei auf einem Ständer oder Kletterbaum halten. Drahtkäfige handelsüblicher Größe sind nur für kleinere Arten geeignet, für größere Arten müssen wir größere Käfige anfertigen lassen oder selber bauen. Für die Papageienhaltung verwendet man fast ausschließlich Metalldrahtkonstruktionen, da die Vögel Holzkäfige bald zerbeißen und zerknabbern. Neues Synthetikmaterial erlaubt aber auch den Bau von Kastenkäfigen, die bei der Haltung empfindlicher Arten und bei der Zucht manche Vorteile bieten.

Volieren oder Flugkäfige können sowohl innerhalb des Hauses (Zimmervolieren, Innenvolieren) oder auch außerhalb des Hauses (Außenvolieren, Freivolieren) eingerichtet werden. Zwischen diesen Volierentypen gibt es natürlich Kombinationsmöglichkeiten. So kann man die kleine Innenvoliere am Balkonfenster mit einer Außenvoliere auf dem Balkon kombinieren. Oder man kombiniert Freivolieren mit einem nicht heizbaren oder heizbaren Schutzhaus und entsprechender Innenvoliere. In der ersten Kombination können wir bei klimatisch günstiger Lage härtere Arten das ganze Jahr über halten. Die zweite Kombination läßt das ganze Jahr hindurch auch die Haltung empfindlicher Arten zu.

Die Freihaltung auf einem Kletterbaum oder Klettergestell kommt hauptsächlich für zahme Großpapageien in Frage und ist besonders bei langschwänzigen Arten wie Arapapageien innerhalb des Hauses die beste Haltungsform. Diese Art der Freihaltung ist aber auch für Graupapageien, Amazonenpapageien und Kakadus bestens geeignet. Auf einem Kletterbaum können wir einen Einzelvogel genauso gut unterbringen wie mehrere Exemplare. Ein Papagei auf dem Kletterbaum oder Ständer wirkt sehr dekorativ, denn wir sehen den Vogel ja ohne störendes Gitter. Vorteilhaft ist auch, daß sich das Gefieder, besonders bei langschwänzigen Arten wie Arapapageien, sehr gut entwickeln kann, da sich die Tiere nicht die Schwänze beschädigen, was sich bei der Käfighaltung nicht vermeiden läßt. Wollen wir aber auf die Dauer Freude an dieser Art der Haltung haben, so müssen wir verhindern, daß die Vögel ihren Platz verlassen können. Der Kletterbaum kommt also nur für ausgesprochen zahme Papageien in Frage. Auf den folgenden Seiten wollen wir die hier beschriebenen Möglichkeiten der Unterbringung einmal näher betrachten.

Käfige

Handelsübliche Drahtkäfige können wir ab einer Größe von 60×40 cm an aufwärts für die Haltung kleinerer Arten wie z. B. für Unzertrennliche, Sperlingspapageien usw. verwenden. Die „Mode" hat sich heute leider auch der Vogelkäfige bemächtigt, und es werden Käfige im Handel angeboten, die alles andere als zweckmäßig sind. Den Vögeln ist die Käfigform gleichgültig, wenn sie nur nicht in ihren Bewegungsmöglichkeiten beengt sind. Für den Pfleger aber sieht es anders aus, denn er muß ja den Käfig wöchentlich säubern, und jede besondere Verzierung bedeutet mehr Arbeit. Besonders unzweckmäßig sind Käfige, deren Bodenfläche kleiner ist als der obere Käfigteil. Kleinpapageien sind oft sehr lebhaft und streuen beim Fressen ständig leere Samenhüllen herum. Ist der Boden kleiner als der Oberkäfig, so landet viel Abfall neben dem Käfig. Auch vor „nostalgi-

Bild 12. Die Sitzstangen für Papageien müssen einen solchen Durchmesser haben, daß die Vögel die Stange mit dem Fuß nur zu etwa zwei Dritteln umspannen. Oben richtig, unten falsch.

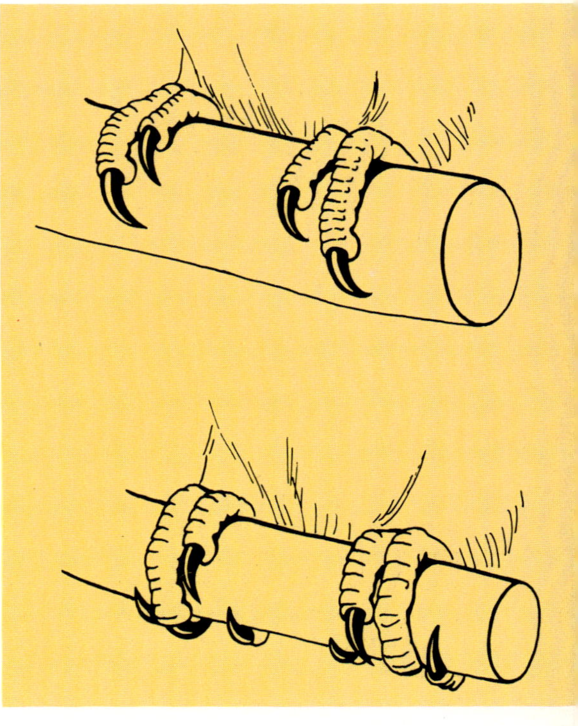

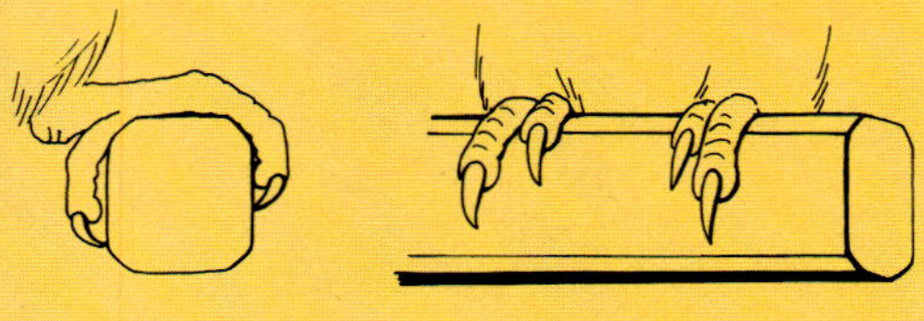

Bild 13. Eine bessere Krallenabnützung ergibt sich durch viereckige Sitzstangen, deren Kanten etwas abgerundet werden.

schen“ Käfigmodellen aus Messingdraht sollten wir uns hüten, hier lauern Grünspan- und Metallvergiftungen. Am zweckmäßigsten sind Modelle aus verzinktem Stahldraht mit geraden Seiten. Längs der unteren Hälfte sollten Drahtkäfige mit in Nuten laufenden Glasscheiben versehen sein, damit nicht soviel Unrat aus dem Käfig herausfällt. Die Sitzstangen im fertiggekauften Käfig sind für Kanarienvögel oder Wellensittiche vorgesehen und für die meisten Papageien zu dünn. Wir müssen sie gegen Sitzstangen mit größerem Durchmesser austauschen. Hier richten wir uns immer danach, daß der Vogelfuß die Sitzstange nur etwa zu zwei Dritteln umspannen soll. Bei zu dünnen Sitzstangen wachsen die Krallen zu stark aus, da sich ihre Spitzen nicht abnützen. Eine bessere Krallenabnützung gewähren vierkantige Sitzstangen, deren Kanten lediglich etwas abgerundet werden. Die Sitzstangen liegen in einer Nutenvertiefung zwischen zwei einander gegenüberliegenden Gitterstäben. Sie sollten bei jeder Käfigreinigung herausgenommen und mit heißem Wasser abgebrüht werden, da die Nuten oft Schlupfwinkel für Ungeziefer sind. Futternäpfe aus Steingut oder hartem Plastik (nur für kleiner Arten geeignet) sollten möglichst in Bodennähe angebracht sein und sich von außen leicht herausnehmen lassen. Der Boden sollte mit einer herausziehbaren Schublade aus galvanisiertem oder rostfreiem Blech versehen sein.

Größere Käfige können wir nach eigenen Angaben bauen lassen (es gibt Zoohandlungen, die Bestellungen auf solche nach Maß gebauten Käfige entgegennehmen). Billig sind auf Bestellung gefertigte Käfige aber nicht. Falls wir einen Handwerker kennen, der kleine Schweißarbeiten ausführen kann, so können wir uns leicht Käfige jeder gewünschten Größe oder auch Volierenkonstruktionen selbst bauen und zwar mit wesentlich geringeren Kosten. Als Grundmaterial verwenden wir punktgeschweißtes, verzinktes Eisengitter. Dieses Material kann man über den Eisenhandel beziehen. Es gibt Gewebe mit dünnerem Draht und kleineren Maschen und gröberem Draht und größeren Maschen, so daß wir für jeden Papageientyp das passende Gitter finden können. Der große Vorteil dieses Materials liegt neben dem verhältnismäßig niedrigen Preis darin, daß jede einzelne Drahtkreuzung verschweißt ist und somit äußerst aus- und einbruchssicher ist. Für kleinere Käfige lassen wir dieses Gitter auf Rahmen von 6 mm Rund- oder Vierkanteisen schweißen; für größere Käfige oder Volierenkonstruktionen verwenden wir am besten Stahlrohr; sogenanntes Vierkantrohr ist dafür sehr geeignet. Wollen wir derartige mit Gitter bespannte Rahmen im Freien verwenden, müssen wir Rahmen und Drahtenden (an denen durch die Erwärmung beim Schweißen der galvanisch aufgebrachte Zinkbelag zerstört wurde) mit einem guten Zweikomponentenlack isolieren. Aus auf diese Weise hergestellten Gitterrahmen können wir Käfige und Volieren ganz nach Wunsch zusammenbauen und sie in Sektionen verkleinern oder auch vergrößern. Wichtig ist nur, daß wir uns vom ersten hergestellten Gitterrahmen an an ganz bestimmte Standardmaße halten. Die Rahmen werden mit durchgehenden, verzinkten Schrauben zusammengefügt. Kleinere Käfige bis etwa 1 m Länge erhalten eine Bodenschublade, bei größeren Käfigen müssen wir die Bodenfläche in mehrere Schubladen unterteilen. Sehr große Käfige versieht man meist nur mit einem Blechboden und entsprechendem Sockel und versorgt ihn genau wie eine Voliere durch die Tür. In größeren Käfigen sollten wir stets mehrere Türchen vorsehen, die uns die Reinigung erleichtern und es auch gestatten, Nistkästen an den Käfig anzuhängen. Auch Vogelbäder, sogenannte Badehäuschen, können wir von außen an den Käfig anhängen.

Kleinere Drahtkäfige, die ja nach allen Seiten offen sind, sind für die Vogelhaltung keineswegs ideal. In einem allseitig offenen Käfig sind Vögel oft unsicher und nervös und außerdem nicht vor Zugluft geschützt. Für empfindlichere Arten wählt man deshalb oft einen Kastenkäfig, der nur an einer Seite mit einem Gitter versehen ist. Einen Drahtkäfig sollten wir nie frei im Raum aufstellen, sondern ihn immer mit der Rückwand gegen eine Wand stellen oder ihn daran aufhängen. Beschädigungen der Tapete oder Wandverkleidung verhindert man mit einer Platte „Resopal“. Diese Melaminharzplatte wird normalerweise als Schutzauflage für Küchenmöbel und ähnliches verwendet und ist in jeder größeren Holzhandlung zu haben. Da sich die Platten nur äußerst schlecht sägen lassen, ist es ratsam, sie beim Kauf gleich in der gewünschten Größe zuschneiden zu lassen. Mit Resopal beschichtete Holzfaserplatten oder Sperrholzplatten werden im Fachhandel in verschiedenen Stärken angeboten, ein ideales Material für selbstgebaute Kastenkäfige. Diese Kastenkäfige für Papageien gibt es im Fachhandel nicht, wir sind also auf den Selbstbau angewiesen. Die meisten Fachhandlungen können jedoch auf Bestellung Gitter-Vorderseiten für Kastenkäfige liefern. Wollen wir für Papageienvögel Kastenkäfige bauen, die ihren Schnäbeln wirklich auf die Dauer standhalten, so müssen wir sehr sorgfältig arbeiten. Ein aus Sperrholz gebauter Kastenkäfig wird mit genau zugeschnittenen Resopalscheiben ausgeklebt. Geklebt wird mit einem guten Kontaktleim. Hier ist größte Genauigkeit äußerst wichtig, denn die Vögel dürfen keine freie Kante mit ihrem Schnabel zu fassen kriegen. Freie Vorderkanten schützen wir durch Profilleisten aus Aluminium oder rostfreiem Stahl. Bei mir sind Käfige aus Holzfaserplatten mit einer Resopalschicht sogar für Amazonen schon länger als 10 Jahre in Gebrauch, und Resopal hält sogar bei größeren Papageien, solange es vollständig fehlerfrei ist. Ein weiterer Vorteil von Resopal ist, daß es sich sehr leicht und effektiv säubern läßt, keine Feuchtigkeit annimmt und selbst gegen ätzenden Vogelkot unempfindlich ist. Resopal gibt es heute in vielen Farben, und wir können es auch gut als Wandschutz bei der Freihaltung von Großpapageien, als Rückenwandbekleidung von Zimmervolieren und an allen anderen Stellen verwenden, an denen wir etwas besonders schützen müssen.

Der übliche Drahtkäfig für größere Papageien wie Graupapageien, Amazonen, Kakadus usw. hat eine entweder quadratische oder runde Bodenfläche mit 30 – 40 cm Seitenlänge bzw. Durchmesser und eine Höhe von 40 – 60 cm. Es muß hier ausdrücklich betont werden, daß solche Käfige auch für einen Einzelvogel zu klein sind, wenn man den Vogel dauernd darin sitzen

Bild 14. Großer Gelbhaubenkakadu (*Cacatua galerita*) und Weißhaubenkakadu (*Cacatua alba*) frei im Wohnraum. Aufnahme H. Pinter

läßt. Es ist einfach Tierquälerei, einen Papagei ständig in einen so kleinen Käfig zu sperren. Vögel, die lange so gehalten werden, werden oft nervös oder bösartig, fangen an, Federn zu fressen und zeigen nach einiger Zeit mitunter sogar Bewegungsstörungen. Wollen wir einen Papagei auf Dauer in einem solchen Käfig halten, so muß er ihn oft verlassen können, wenn er gesund bleiben soll. Am besten bringt man zunächst auf dem Dach des Käfigs eine zweite Sitzstange an und läßt den Vogel heraus, sobald man selbst im Hause ist. Wenn wir dann konsequent immer nur im Käfig füttern, so wird der Vogel ganz von selbst wieder in den Käfig zurückgehen.
Größere Drahtkäfige für einzelne Arapapageien und große Kakadus müssen wir anfertigen lassen. Im Hinblick auf die Schnabelkraft dieser Vögel wählen wir am besten rostfreien Stahldraht mit 4 mm Durchmesser und regelmäßigen Querverschweißungen. Wir halten diese großen Arten aber besser auf einem Kletterbaum.

Zimmervolieren

Zimmervolieren legen wir in einer Zimmerecke an, so daß wir zwei feste Seitenwände zur Verfügung haben; bei einer Anlage, die nur an einer Wand steht, benötigen wir eine Gitterseite mehr. Die Zimmerwände müssen zunächst geschützt werden, zumal sich größere Arten keineswegs mit den Tapeten begnügen. Als Wandschutz wählen wir entweder dünnes, galvanisiertes Blech (Dachdeckerblech) oder auch das bereits erwähnte Resopal. Resopal ist zwar wesentlich teurer, braucht aber nicht gestrichen zu werden, ist leichter zu reinigen und dazu in vielen Farben erhältlich. Bei Zimmervolieren läßt man die Gitterseiten am besten bis an die Zimmerdecke gehen, muß aber diese sowie die Wände schützen. Die Gitterseiten bestehen am besten und einfachsten aus den schon beschriebenen Rahmensektionen. Der Boden erhält ein Blech, dessen Kanten man längs der Gitterseiten zu einem wenigstens 20 cm hohen Sockel nach oben abwinkelt. An der Oberseite wird der Sockel durch ein Metallprofil verstärkt. Schleusentüren, wie bei Freivolieren üblich, sind bei Zimmervolieren nicht notwendig und würden auch zu viel Platz in Anspruch nehmen. Wir können sehr gut ohne diese Türen auskommen, wenn wir uns nur daran gewöhnen, vor dem Öffnen der Volierentüre

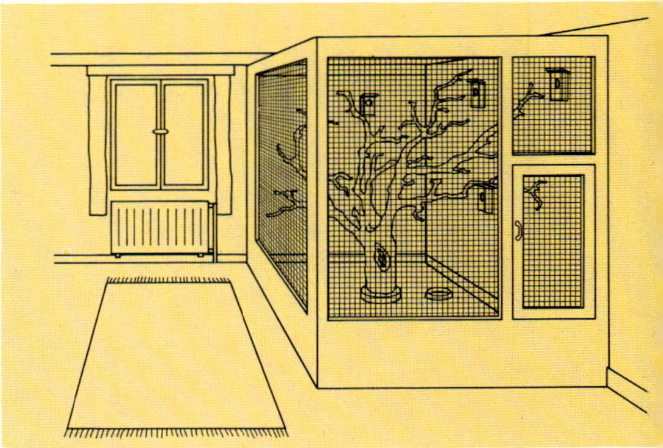

Bild 15. Beispiel einer Innenvoliere im Wohnraum.

die Fenster zu schließen. Die Höhe der Tür sollte in einer Zimmervoliere nicht mehr als einen Meter betragen. Zwar müssen wir uns dann bücken, wenn wir einmal in die Voliere hinein müssen, aber die Gefahr ist auch geringer, daß ein Vogel beim Öffnen der Volierentür entkommt, da Vögel meist nach oben ausweichen. Im übrigen sollten wir die ganze Einrichtung kleinerer Zimmervolieren so planen, daß sich alle täglichen Routinearbeiten wie Füttern, Wasserwechseln, Bodenreinigung usw. von der Tür aus erledigen lassen. Wichtig ist dabei, daß diese Routinearbeiten immer auf dieselbe Weise ausgeführt werden, und zwar besonders bei scheueren Volierenbewohnern. Handlungen, die sich in bestimmten Abständen wiederholen, werden von den Vögeln nicht als Gefahr betrachtet. Bei kleineren Volieren sollten wir auch in der oberen Hälfte einige kleinere Türchen anbringen, vor die wir Nistkästen hängen können.
Außenvolieren auf einem Balkon können wir genauso wie Zimmervolieren aufbauen, sie müssen aber gegebenenfalls ein Gitterdach erhalten. Für eine Schleusentüre ist auch hier in der Regel kein Platz vorhanden, ein guter Schutz ist jedoch ein lose über die Tür gehängtes Netz, unter das man kriecht, bevor man die Tür öffnet. Die Gefahr, daß ein Vogel, besonders einer schnellfliegenden Art, entweicht, ist am Anfang in einer Voliere immer groß. Bei einmal eingewöhnten Tieren ist diese Gefahr geringer.

Freilandvolieren

Eine Freilandvoliere im Garten bietet die in jeder Hinsicht besten Haltungsmöglichkeiten, und es besteht hier auch am ehesten die Möglichkeit, auch schwierigere Arten erfolgreich zu vermehren. Eine Freilandvoliere wird diesen Erwartungen aber nur dann gerecht, wenn sie von Anfang an richtig angelegt wird. Freilandvolieren für exotische Vögel sollten bei unseren Klimaverhältnissen immer mit einem Schutzhaus und einer zweiten geschlossenen Seitenwand versehen sein. Die zweite geschlossene Seitenwand kann aus Drahtglas bestehen, oder wir bringen außerhalb eines Gitters eine Schutzwand aus mit Glasfibermaterial armiertem Plastik an. Normalerweise sollten Schutzhaus und geschlossene Seitenwand an der Nord- bzw. Ostseite liegen, so daß die Voliere vor den kalten Winden aus diesen Richtungen geschützt ist. Hier müssen wir jedoch beachten, daß in hügeligem Gelände oder in der Nähe der Küsten andere Windverhältnisse bestehen können, d. h. daß störende Winde dort durchaus nicht immer aus dem Norden oder Osten zu kommen brauchen. Wollen wir unsere Vögel aber lediglich während der warmen Jahreszeit in der Freilandvoliere halten, so genügt ein zur Voliere hin offenes Schutzhaus. Einige wenige, besonders klimaharte Papageien können wir in klimatisch günstigen Lagen auch

Bild 16. Kleine transportable Voliere mit geschütztem Innenraum für Kleinpapageien (nach Enehjelm).

das ganze Jahr hindurch in einer Freilandvoliere halten.

Versehen wir das Schutzdach mit einer vierten Wand und isolieren die Wände so, daß wir im Winter heizen können, dann lassen sich alle Arten auch über den Winter in der Voliere halten. Die Wände isolieren wir am einfachsten durch Verdoppelung und eine Zwischenlage von 10 cm Mineralwolle. Sehr dünne, aber hervorragend isolierende Wände erhalten wir, wenn wir anstelle von Mineralwolle Styropor als Isoliermaterial verwenden. Bretterwände mit einer Zwischenlage von 4 cm dickem Styropor haben einen höheren Isolierwert als Wände mit 10 cm Mineralwolleinlage. Den etwas höheren Preis für dieses Isoliermaterial sparen wir durch die schwächere Rahmenkonstruktion leicht wieder ein. Selbstverständlich können auch bereits vorhandene Schutzhäuser, ob sie nun aus Holz, Ziegeln oder einem anderen Material gebaut sind, nachträglich mit Styropor isoliert werden.

Kleinere und gut isolierte Schutzhäuser lassen sich oft mit erstaunlich geringem Energieaufwand heizen. Meist reicht ein Infrarotstrahler, bisweilen kommt man sogar mit einer oder zwei Kohlenfadenlampen aus. Die Heizung mit elektrischem Strom hat den Vorteil, daß sie mit Hilfe zwischengeschalteter Thermostaten sehr wirtschaftlich und außerdem wartungsfrei ist. Jede andere Form der Heizung erfordert mehr Wartung, es sei denn, man wohnt im eigenen Haus und hat die Voliere gleich nebenan. Dann kann man nämlich im Schutzhaus einen Heizkörper an die Warmwasserheizung anschließen. Das Schutzhaus wird innen so eingeteilt, daß der Raum direkt hinter der Tür gleichzeitig als Schleuse dient. Zwischen Außentür und Volierentür sollte soviel Platz vorhanden sein, daß man sich dort bequem herumdrehen kann. Gut ist es auch, wenn dieser Raum so groß ist, daß hier die notwendigen Gerätschaften, Futter usw. aufbewahrt werden können. Außenvolieren ohne Schutzhaus sollten wir in jedem Fall mit einer Schleusentür versehen.

Alle Freilandvolieren müssen auf einem Betonfundament errichtet werden, das wenigstens 1 m tief in die Erde reicht, es sei denn, man kommt schon eher auf natürlichen Felsboden. Ein Betonsockel ist nicht nur für das Schutzhaus notwendig, sondern auch für die Volierenwände, um das Eindringen von Raubzeug zu verhindern. Bei allen schwereren und schlecht wasserdurchlässigen Böden ist außerdem anzuraten, den Bodenbelag in der Voliere 30 – 40 cm tief auszuschachten und mit einer Dränageschicht aus Schotter, Schlacke oder ähnlichem zu versehen. Auf diese Unterlage kommt eine etwa 10 cm hohe Sandschicht.

Sind mehrere Volieren vorgesehen, so legt man diese zweckmäßigerweise nebeneinander an. Die nebeneinanderliegenden Volieren haben dann ein gemeinsames Schutzhaus mit mehreren Innenvolieren und einem Wartungsgang. Bei allen nebeneinanderliegenden Volieren für Papageien müssen wir jedoch beachten, daß diese Vögel sich besonders während der Brutperiode durch das Gitter gegenseitig befehden, wobei Fußschäden leider häufig vorkommen. Am einfachsten können wir das durch die Verwendung von Doppelgittern vermeiden, zwischen denen sich aber sehr oft Schmutz ansammelt, der so leicht nicht zu entfernen ist. Besser, aber auch teurer, ist als Trennwand Drahtglas. Wohnt man in einer Gegend, in der Eulen häufig sind, besteht auch die Gefahr, daß kleinere Papageien durch das Gitter hindurch geschlagen werden, zumal manche Arten am Gitter hängend schlafen. Diese Gefahr besteht in der Regel während der ersten Tage in der Voliere, da die Vögel, wenn sie sich erst einmal eingewöhnt haben, meist im Schutzhaus schlafen. Einen wirksamen Schutz gegen Eulen erreicht man nur durch ein zweites grobmaschiges Gitter, das man etwa 10 cm außerhalb des Volierengitters anbringt.

Für alle Anstriche dürfen wir nur absolut giftfreie Farben verwenden. Das ist bei Papageien, die ja an allem herumknabbern, besonders wichtig. Besonders vorsichtig müssen wir mit allen Holzimprägnierungsmitteln sein, da diese meist Giftstoffe wie Kupfersalze oder Arsenik enthalten. Dasselbe gilt auch für druckimprägniertes Bauholz. Die Innenräume werden zum Schutz gegen Ungeziefer gekalkt; dieser Kalkanstrich sollte jedes zweite Jahr erneuert werden. Schutzhausdächer sollten genauso wie die Wände isoliert werden. Bei nicht isolierten Dächern kommt es zu empfindlichen Wärmeverlusten und bei niedriger Außentemperatur auch zu Kondenswasserbildung und unerwünschter Feuchtigkeit. Bei der Haltung größerer Papageien in Volieren, aber auch bei der Haltung mancher Keilschwanzsittiche, müssen Bretterwände durch eine Blech- oder Eternitauflage geschützt werden. Die Fenster von Schutzhäusern sollten, wenn dies räumlich möglich ist, zum Wartungsraum bzw. Wartungsgang zu öffnen sein. Öffnen sie sich direkt zur Innenvoliere, so müssen sie

a

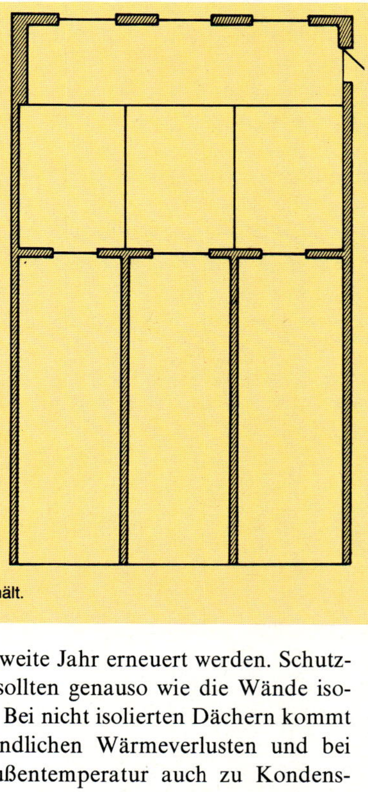
b

Bild 17. Freivolieren mit Schutzhaus, das Innenvolieren und einen Wartungsgang enthält.

mit einem Zwischengitter versehen sein. Da möglichst große Fenster erwünscht sind, empfiehlt sich die Verwendung von Isolierfenstern mit doppelten Scheiben. Diese Fenster sind zwar wesentlich teurer als einfach verglaste, man spart aber die Mehrkosten schnell durch die niedrigeren Heizungskosten ein. Falls ein elektrischer Anschluß vorhanden ist, sollten Leuchtstofffröhren angebracht werden, damit man im Winter einige Stunden zusätzlich beleuchten kann. Bei größeren Anlagen ist ein Wasseranschluß für die Reinigung sehr nützlich.

Die Inneneinrichtung, d. h. Sitzstangen und Kletterbäume, ist den zu haltenden Arten anzupassen. Bei großen, stark nagenden Arten wie z. B. Kakadus sollten wir nur sehr harte Hölzer wie Eiche, Buche, Esche verwenden. Ein sehr gutes Holz für Sitzstangen, das den meisten Papageienschnäbeln standhält, aber leider nicht überall zu beschaffen ist, sind luftgetrocknete Stämme von Wachholderbüschen. Nicht ganz so fest, aber ebenfalls gut geeignet, sind entsprechend große Stamm- oder Aststücke der Hülse (Stechpalme). Erstaunlich lange halten mitunter auch die Gipfeläste alter und stark verkienter Föhren. Natürlicher Pflanzenwuchs in Form von lebenden Büschen ist selbst in großen Volieren nur bei ganz wenigen kleineren Arten möglich und auch nur dann, wenn die Volieren schwach besetzt sind. Dagegen schätzen es viele australische Sittiche sehr, wenn man in ihren Volieren verschiedene Gräser aussät. Sinn hat dies aber nur, wenn nicht allzuviele Vögel in der Voliere leben.

Für die räumlich fast immer sehr begrenzten Innenräume von Freilandvolieren gilt schließlich noch, daß alle täglichen Routinearbeiten vom Wartungsraum bzw. Wartungsgang aus erledigt werden können.

Volieren im Hause und Volieren im Freien können natürlich auf vielfältige Weise konstruiert werden und jede denkbare Form und Größe haben. Der eigene Geschmack, die eigenen Möglichkeiten, die örtlichen Verhältnisse, die klimatische Lage und nicht zuletzt die Papageienart, die gepflegt werden soll, spielen hier eine große Rolle. Die hier gemachten Angaben sind deshalb nur als allgemeine Richtlinien aufzufassen. Ganz gleich, wie man eine Voliere baut, ihre Höhe sollte 2,5 m nicht übersteigen. Ab und zu müssen nämlich Vögel eingefangen werden, und das ist in höheren Volieren oft sehr schwierig.

Auch der Papageienfreund, der keine Voliere zur Verfügung hat, und auch derjenige, der nur einen einzelnen Großpapagei hält, sollte seinen Pflegling während der warmen Jahreszeit an die frische Luft bringen und von der Sonne bescheinen lassen, denn frische Luft und Sonne sind für Papageien das beste Lebenselixier. Wohnt man in einer ruhigen Gegend, so kann man vielleicht für kleinere Arten am Fenster eine „Innen- und Außenvoliere im Kleinformat“ anbringen. Für einzelne Großpapageien kann man im Hof oder Garten einen fluchtsicheren Kletterbaum anlegen, was allerdings voraussetzt, daß dem Vogel vorher die Flügel beschnitten werden. Eine andere Möglichkeit ist die provisorische Aufstellung eines einfachen Sommerkäfigs aus grobem Drahtgewebe, in dem der Vogel den Tag verbringen kann.

Kletterbaum und Klettergestell

Zum Schluß noch einige Angaben über die mehrfach erwähnte Möglichkeit der Unterbringung von Großpapageien auf einem Kletterbaum oder Klettergestell. Als Kletterbaum verwenden wir am besten einen sehr groben Ast oder auch ein Gipfelstück von Bäumen mit hartem Holz wie z. B. Eichen, Buchen, Eschen oder ähnlichen. Die Größe bzw. der Umfang müssen der Aufstellungsmöglichkeit angepaßt werden. Überflüssige Enden sägt man ab. Die ganze Konstruktion erhält eine genügend große und vor allem ausreichend schwere Bodenplatte aus einer groben Planke, so daß sie fest auf dem Boden steht. An geeigneten Stellen bringen wir Futter- und Wasserbehälter an, und der Kletterbaum ist fertig. Der traditionelle Papageienständer besteht lediglich aus einer Grundplatte mit einer aufrechten Stange und einer Sitzstange. Da diese Anordnung recht dürftig aussieht und kaum die Bewegung des Papageien fördert, empfiehlt es sich, diesen Ständer durch einige zusätzliche Sitzstangen zu einem Klettergestell auszubauen (siehe Bild 18). Auch dieses Klettergestell wird mit Wasser- und Futterbehältern versehen. Papageien, die wir auf einem Kletterbaum oder Klettergestell unterbringen wollen, müssen die Flügel beschnitten werden, so daß sie, wenn sie ihren Platz verlassen wollen, gezwungen sind, auf den Boden herunter zu steigen, was ein Papagei, vor allem in ungewohnter Umgebung,

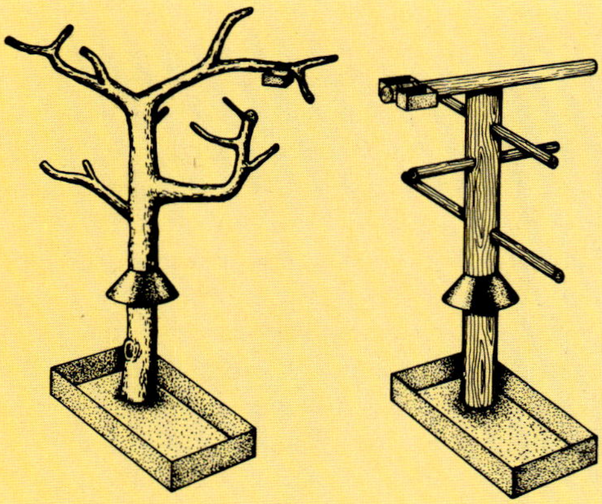

Bild 18. Klettergestell und Kletterbaum.

vermeiden wird. Wollen wir ganz sicher sein, daß der Vogel den für ihn vorgesehenen Platz nicht verlassen kann, so können wir den Fluchtweg über den Boden durch eine Sperre verlegen. Bei einem Klettergestell ist das sehr einfach, es genügt ein etwas konischer Blechschirm an der aufrecht stehenden Stange. Kleinere Kletterbäume können wir ähnlich sichern, bei größeren ist es aber ratsam, ein Stück des Bodens miteinzubeziehen und das Ganze durch eine glatte, nach innen abgewinkelte, 40 – 60 cm hohe Schutzwand einzuzäunen. In diesem Fall wird der Kletterbaum am besten in einer Zimmerecke untergebracht, die dahinter liegenden Wände werden mit Resopal gesichert und der „Zaun" so angebracht, wie das Bild 18 zeigt. Nach einiger Eingewöhnungszeit bleiben sehr viele Papageien auch dann auf ihrem Kletterbaum, wenn ihre Flügel nachgewachsen sind und sie wegfliegen könnten. Bei dieser Art der Haltung ist es aber anzuraten, den Vögeln entsprechende Fußringe anzulegen, so daß wir sie im Bedarfsfall einmal anketten können. Ein vorübergehendes Anketten nehmen gut eingewöhnte Vögel kaum übel, und es gibt heute sehr leichte und dünne Stahlkettchen von großer Festigkeit. Das wirkliche Problem ist der Verschluß; lernen doch die meisten Papageien, wie man einen Karabinerhaken öffnet, wenn man sie zu oft an die Kette legt.

Fußringe zum Anketten sollten, um Verletzungen zu vermeiden, aus rundem Material hergestellt sein und so angelegt werden, wie Bild 19 zeigt.

Bild 19. Fußring aus rundem Material zum Anketten des Papageien.

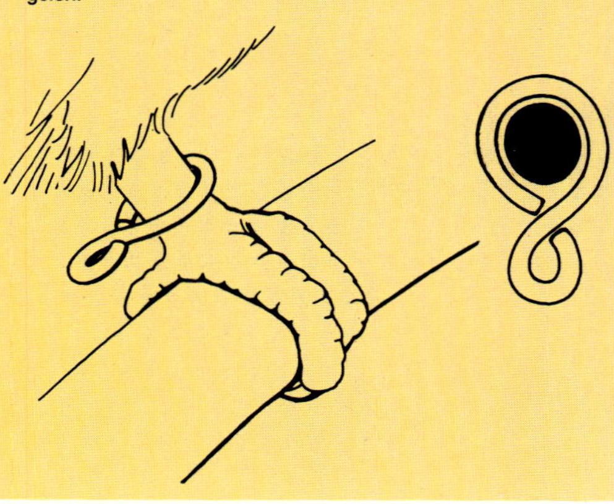

Die Pflege

Nachdem die Frage der Unterbringung geklärt ist, müssen wir uns mit den Notwendigkeiten der laufenden Pflege von Papageien vertraut machen und einige andere Dinge lernen, die zur Papageienpflege unerläßlich sind. Wichtig ist zunächst, daß Papageien niemals Zugluft ausgesetzt werden dürfen. Abkühlung schadet in gewissen Grenzen richtig eingewöhnten Papageien kaum, Zugluft kann dagegen auch bei eingewöhnten Vögeln Erkältungen und damit zusammenhängende Infektionen hervorrufen. Bei der Aufstellung des Käfigs oder der Voliere müssen wir immer darauf achten, daß der Wohnraum gelüftet werden kann, ohne daß der Käfig oder die Voliere der Zugluft ausgesetzt ist.

Neben der täglichen Versorgung mit Futter und Wasser sollten wir es uns zur Gewohnheit machen, Großpapageien und kleinere Arten aus tropischen Regenwäldern täglich zu duschen. Nur wenige Papageien, wie z. B. Loris und manche südamerikanischen Sittiche, baden wie unsere einheimischen Spatzen oder Stare. Manche Arten aber machen doch, wenn wir ihnen die Gelegenheit dazu geben, „Katzenwäsche", d. h. sie planschen etwas im Wasser und machen Kopf und Flügel naß. Bei einzelnen Arten, die normalerweise nicht baden, kommt es vor, daß gegen Ende der Brutperiode gebadet wird. Besonders die Weibchen gehen dann ins Wasser und anschließend direkt auf die Eier. Instinktiv

erhöhen sie so die Luftfeuchtigkeit in der Bruthöhle und schaffen damit bessere Schlupfbedingungen für ihre Nachkommen. Auch wenn wir eine Badegelegenheit zur Verfügung stellen, sollten wir die Vögel regelmäßig duschen. Am Anfang duschen wir vorsichtig mit einem Zerstäuber, wie er z. B. zur Blumenpflege benutzt wird. Papageien schätzen meist diese Dusche so sehr, daß sie bald alle Scheu vor dem unbekannten Gegenstand verlieren, sich zurechtsetzen und die Flügel ausbreiten, damit alle Federn richtig naß werden. Haben sich größere Arten an das Besprühen gewöhnt, dann können wir sie auch einmal richtig abduschen. Zahme Vögel kann man mit ins Badezimmer nehmen und mit der Handdusche abbrausen. Im Freien sitzende Papageien kann man mit dem Gartenschlauch duschen, wenn man einen Zerstäubervorsatz verwendet. Die regelmäßige Dusche trägt viel dazu bei, das Gefieder sauber und geschmeidig zu halten und verhindert übermäßige Ansammlungen von Puderdunenstaub. Viele Papageien haben also ein echtes Duschbedürfnis. Dem hat man in manchen Zoologischen Gärten durch Einbau von zeitgesteuerten Sprinkleranlagen Rechnung getragen. Die Papageien gewöhnen sich bald an den vorprogrammierten Rhythmus und versammeln sich pünktlich unter der Dusche.
Kleinere Käfige reinigen wir wöchentlich und erneuern bei dieser Gelegenheit das Sandlager. Für größere Papageien ist der handelsübliche Vogelsand in der Regel zu fein, sie schätzen etwas gröberen Grus. Im Fachhandel ist fast immer auch gröberer Sand zu haben, der als Aquariensand verwendet wird. Wasserbehälter sollten wir täglich gründlich auswaschen, sonst bilden sich festsetzende Beläge, die das Wasser besonders an warmen Tagen schnell in eine „Bakterienbrühe" verwandeln. In den Volieren entfernen wir Samenhülsen und anderen Unrat mit einem weichen Laubrechen; gut sind hier Laubrechen aus Bambusrippen geeignet. In Zimmervolieren müssen wir von Zeit zu Zeit den ganzen Sandbelag erneuern; wie oft, hängt von der Größe der Voliere und vom Vogelbesatz ab. Erfolge bei der Vogelhaltung und Vermehrung sind weit mehr von Ordnung und Sauberkeit abhängig, als man allgemein glaubt. Nur während der Brutzeit müssen wir bei störungsempfindlichen Papageienarten mitunter Kompromisse schließen.

Flügel beschneiden

Halten wir Papageien frei in der Wohnung, so sollten wir ihnen die Flügel beschneiden. Dabei werden lediglich einige Schwungfedern an beiden Schwingen gekürzt, welche und wieviele, das hängt von der Art und Verfassung des Vogels ab. Die abgeschnittenen Federn wachsen nach einiger Zeit nach, so daß wir die Beschnei-

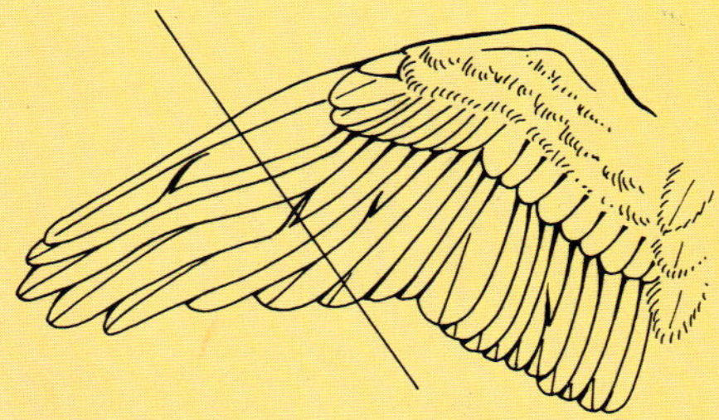

Bild 20. Am einfachsten lassen sich beim Flügelbeschneiden die äußersten Schwungfedern kürzen.

Bild 21. Hier wird ein Teil der Arm- und Handschwingenfedern gekürzt.

dung ein- bis zweimal im Jahr wiederholen müssen. Bei neuimportierten Großpapageien sind die Flügel in der Regel bereits beschnitten, denn so kann man mit den Vögeln beim Transport, bei Quarantänekontrollen usw. leichter umgehen. Leider sind diese Beschneidungen nur selten fachgerecht durchgeführt, meist sind lediglich an einer Seite alle längeren Federn einer Schwinge abgeschnitten. Versucht ein Papagei mit einseitig beschnittenem Flügel zu fliegen, so fällt er zur Seite und überschlägt sich. Ganz gleich wie wir die Flügel beschneiden, stets sollten beide Schwingen beschnitten werden, damit der Vogel sich bei einem eventuellen Startversuch nicht überschlagen kann. Die Bilder 20 und

21 zeigen, wie Flügel richtig beschnitten werden. Am leichtesten sind die Flügel nach Bild 20 zu beschneiden. Hier werden lediglich die äußersten Schwungfedern gekürzt; man sieht aber beim sitzenden Vogel, wo die Schwinge gekürzt worden ist. Besser, aber auch ein wenig schwieriger, werden die Flügel nach Bild 21 beschnitten. Hierzu wird an jedem Flügel ein Teil der Arm- und Handschwingenfedern gekürzt, die äußersten Handschwingenfedern werden aber nicht abgeschnitten. Bei sehr schwerfälligen und schlecht fliegenden Arten, wie z. B. den Amazonenpapageien, genügt es, 8 – 10 Federn in der Mitte der Schwinge zu kürzen. Bei besser fliegenden Arten, wie Graupapageien oder Kakadus, müssen wir mehr Federn abschneiden. eine kurze, aber kräftige Schere zur Hand. Der Vogel gewöhnt sich bald an die Schere und nimmt sie nicht mehr ernst. Bei Papageien bis zu mittlerer Größe (Typ Amazonenpapagei) können wir mit einiger Übung die Flügel schneiden, ohne den Vogel am Körper zu halten. Dazu bringen wir den Papagei in einen Raum mit möglichst kleiner Bodenfläche, etwa in ein Bad, in eine Küche oder einen ähnlichen Raum. In einer Hand hält man die Schere, die andere Hand erfaßt die äußersten Spitzen der Handschwinge auf einer Seite. Man zieht nun die Schwungfedern etwas schräg nach oben und streckt so die Schwinge aus. So lassen sich die gewünschten Federn gut kürzen. Ganz exakt kann man zwar so die Federn nicht kürzen, man

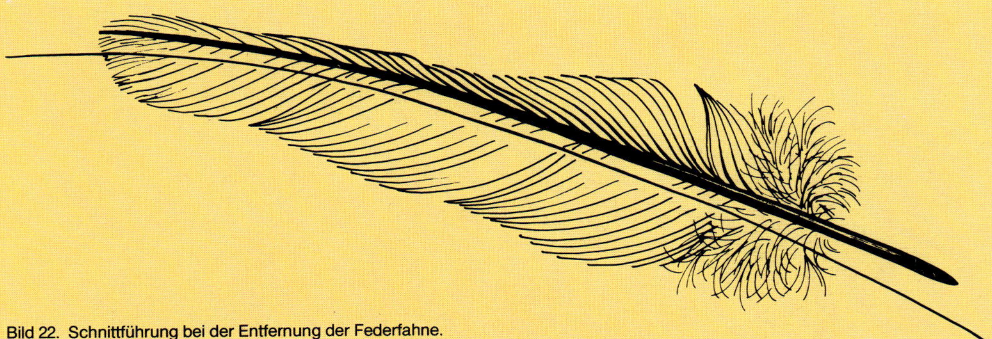

Bild 22. Schnittführung bei der Entfernung der Federfahne.

Bei Graupapageien, die in sehr guter körperlicher Verfassung sind, und auch bei Aras lassen wir nur die äußersten drei Handschwingenfedern stehen. Es kommt vor, daß einzelne Vögel auch mit diesen wenigen Federn noch eine kurze Strecke fliegen können. Sollte dies der Fall sein, entfernen wir an den verbliebenen Federn die Fahne, wie Bild 22 zeigt. Wenn jetzt der Vogel trotzdem zu fliegen versucht, so fällt er nicht, sondern landet nach einem ganz kurzen Flug auf dem Boden.

Die Flügel lassen sich recht einfach beschneiden, und man kann dabei auch nicht viel falsch machen. Weitaus schwieriger ist es, den Vogel bei dieser Prozedur richtig zu halten, schätzen es doch die meisten Papageien gar nicht, wenn man sie festhält. Bei sehr zahmen Papageien können wir mitunter sozusagen im Spiel nach und nach die entsprechenden Federn kürzen. Man beschäftigt sich mit dem Vogel und nimmt dabei kommt aber bei einigermaßen an den Menschen gewöhnten Vögeln gut zurecht, ohne das Tier allzusehr zu verängstigen. Handschuhe sollten wir möglichst nicht anziehen, doch kann ein Handschuh bei Vögeln mit sehr schnellem Reaktionsvermögen nötig sein.

Ein Paar kräftige Lederhandschuhe und einen Helfer braucht man beim Beschneiden von Flügeln größerer, nicht zahmer Vögel. Bei Aras und großen Kakadus sollte man auch einen 60 – 70 cm langen Rundholzstab bereithalten. Man ergreift den Papagei und legt ihn mit dem Rücken auf einen Tisch, wobei die linke Hand über der Brust des Vogels liegt und ihn festhält. Danach zieht der Helfer den Handschuh von der rechten Hand und reicht die Schere. Er ergreift dann die äußersten Federn einer Schwinge, streckt diese aus, und man kann mit dem Schneiden beginnen. Nun darf man natürlich nicht erwarten, daß sich der Papagei das ohne Gegenwehr gefallen

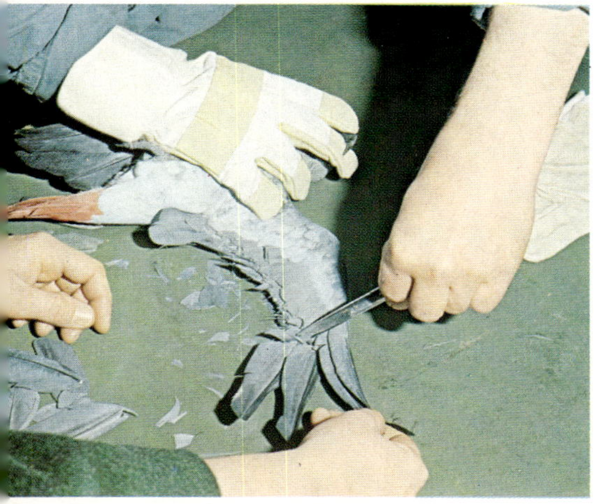

Bild 23. Richtiges Halten beim Flügelschneiden nicht zahmer Vögel. Aufnahme H. Pinter

Bild 24. Hier wird der kunstgerechte Flügelbeschnitt an einer vollständig zahmen Blaubartamazone (*Amazona festiva*) demonstriert. Aufnahme H. Pinter

läßt. Er wird wahrscheinlich versuchen, in die haltende Hand zu beißen und die Schere bzw. die rechte Hand mit dem Fuß festzuhalten. Dabei können schon Amazonen oder Graupapageien so kräftig zubeißen, daß trotz der Lederhandschuhe blaue Flecken und Quetschwunden zurückbleiben. Wenn ein Vogel besonders intensiv beißt, und bei allen sehr großen Papageien, brauchen wir den etwa besenstieldicken Holzstab. Man hält ihn dem Vogel vor den Schnabel, worauf er hineinbeißt. Dann hält man den Stab so, daß der Kopf des Vogels sanft gegen die Tischfläche gedrückt wird.

Sehr große Vögel und wilde Vögel, wie neuimportierte Aras und große Kakadus, muß man anders halten. Entweder wird der Kopf des Vogels von einem geschickten Helfer, der ihn von hinten ergreift, so festgehalten, daß der Vogel nicht zubeißen kann oder man wickelt den Vogel in ein Handtuch oder eine Decke ein und zieht nur die zu beschneidende Schwinge heraus. Man kann auch einen kleinen Fischkescher verwenden, den man über den Kopf des Vogels stülpt. Besser ist aber für diesen Zweck eine durchlöcherte Konservenbüchse mit sauber geglätteten Kanten. Falls es nötig ist, einen Papagei beim Flügelschneiden mit Handschuhen festzuhalten, sollte das Tier möglichst von einer dritten Person gehalten werden. Sonst besteht die Gefahr, daß der Vogel das unangenehme Erlebnis mit seinem Pfleger verbindet.

Das Schneiden der Flügel geht mit einiger Übung sehr schnell und erspart bei freigehaltenen Großpapageien manches Mißgeschick und manchen Ärger. Die Flügel kleinerer und beweglicherer Arten sollte man nie beschneiden.

Kürzen von Krallen und Schnäbeln

Nicht selten kommt es bei Papageien vor, daß die Krallen schneller nachwachsen als sie abgenutzt werden. Möglicherweise kann auch eine Überfütterung mit bestimmten Nährstoffen einen unnormalen Hornzuwachs zur Folge haben. Zu lange Krallen müssen aber beschnitten werden. Hierzu benützen wir am besten eine Krallenzange (Klauenzange), wie man sie zum Schneiden von Hundekrallen benutzt. Solche Zangen schneiden von allen Seiten gleichzeitig, so daß auch bei sehr alten Vögeln nicht die Gefahr besteht, daß eine Kralle splittert. Das Blutgefäß im Inneren der Kralle (Krallenpulpa) kann man nur bei kleineren Arten, die Krallen von heller Hornsubstanz besitzen, im Gegenlicht erkennen. Bei größeren Arten müssen wir nach Augenmaß arbeiten. Die Bilder 4 und 5 geben hier einige Hinweise. Sollte es beim Schneiden trotz aller Vorsicht zu einer Blutung kommen, so läßt sich diese mit Eisenchloridwatte schnell stillen. Bei nicht vollständig zahmen Vögeln benötigen wir zum Krallenschneiden einen Helfer, der den Vogel festhält. Dabei hält einer den Körper des Vogels, über Rumpf und Flügeldecken greifend, während die andere Hand den Fuß ausstreckt. Wir müssen jedoch damit rechnen, daß der Vogel den Fuß krampfartig zusammenzieht, so daß es mitunter schwerfällt, die Kralle zu ergreifen.

In guten Spezialgeschäften können wir in der Regel Flügel und Krallen beschneiden lassen. Häufig helfen sich Papageienfreunde bei solchen Gelegenheiten auch gegenseitig und vermeiden so, daß der eigene zahme Vogel vergrämt wird.

Schwieriger als das Schneiden der Krallen ist das Beschneiden verwachsener Schnäbel. Ohne größere Schwierigkeiten läßt sich lediglich die Spitze eines zu lang ausgewachsenen Oberschnabels stutzen, wie es Bild 25 zeigt. Zum Schneiden verwendet man eine Krallenzange. Hier ist es besonders wichtig, eine gute, allseitig schneidende Krallenzange zu besitzen. Andere Schnabelverwachsungen sind schwieriger zu behandeln, und man sollte vor dem Eingriff einen Fachmann, möglichst einen Tierarzt mit Vogelpraxis, zu Rate ziehen.

Das beste Mittel gegen ein zu starkes Wachsen von Krallen und Schnabel sind ausreichend dikke Sitzstangen und genügend Knabbergelegenheiten in Form von frischen Zweigen und Ästen. Sehr gut haben sich vierkantige Sitzstangen mit abgerundeten Kanten bewährt. Halten wir Papageien in Volieren, so gibt es kaum eine bessere Knabbergelegenheit, als ein im Inneren hohlwerdender Pappel-, Weiden- oder Lindenstamm bzw. ein Stück davon. Bei einer gröberen, seitlichen Verwachsung des Schnabels nützt aber meist alles Knabbern nichts mehr, dann muß beschnitten werden. Als Werkzeuge zur Schnabelkorrektur dienen hier neben der Krallenzange ein kurzes Messer mit breitem Rücken und eine kleine, flache Metallfeile.

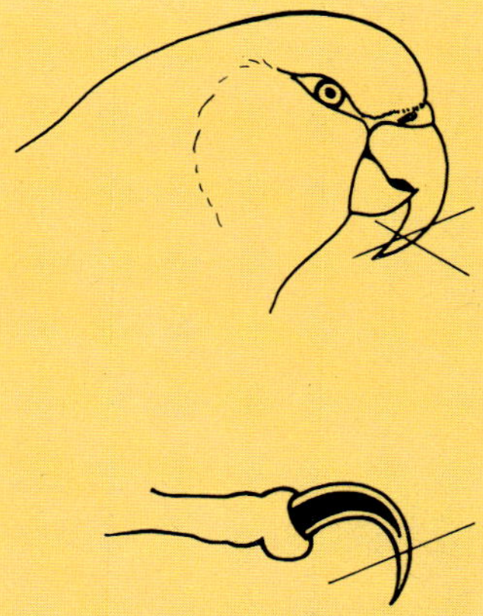

Bild 25. Schnittführung beim Kürzen von Oberschnabel und Krallen.

Zahme Papageien, sprechende Papageien

Wir wünschen uns natürlich einen zahmen Vogel, wenn wir nicht gerade Papageien züchten wollen. Wir sollten deshalb wissen, was Zahmheit ist. Zahmheit, wie wir sie bei handaufgezogenen Vögeln erleben, ist eine Fehlprägung, d. h. auf den Menschen geprägte Vögel betrachten den Menschen als Artgenossen, und als soziallebende Tiere pflegen sie Umgang mit Menschen, wie sie Umgang mit ihren eigenen Artgenossen pflegen. Das heißt auch, daß sie eine bestimmte Person einer anderen vorziehen, genauso wie auch ihr Verhältnis zu ihren Artgenossen (wenn sie nicht fehlgeprägt wären) differenziert sein würde. Verliert dagegen ein von seinen natürlichen Eltern aufgezogener Vogel seine Scheu vor den Menschen, so ist dies das Zustandekommen eines Vertrauensverhältnisses. Ein solches Vertrauensverhältnis entsteht nicht von einem Tag auf den anderen, sondern wächst langsam. Es ist wichtig, daß der Mensch dabei das ihm entgegengebrachte Vertrauen nicht enttäuscht. Lernt der Jungvogel schon von Anfang an den Menschen als einen Teil seiner Umgebung kennen, z. B. bei Käfig- oder Volierenzuchten, so ist es oft leichter, ein Vertrauensverhältnis aufzubauen, als bei Wildfängen. Bei jungen Vögeln ist es einfacher als bei älteren, und schließlich kann man aus Erfahrung sagen, daß größere Arten meist schneller zahm werden als kleinere. Von den größeren Arten werden nach einiger Zeit die meisten mehr oder weniger zahm, wenn man sie mit einigem Verständnis behandelt. Keinerlei Probleme hat man mit handaufgezogenen Vögeln, wie man sie mitunter unter den im Handel angebotenen Amazonen- und Arapapageien antrifft. Kommt ein neuimportierter Papagei ohne Umschweife auf die Hand und läßt sich, was wichtig ist, auch mit den Händen am Körper, z. B. am Rücken oder Nacken berühren, so handelt es sich ziemlich sicher um einen handaufgezogenen Vogel.

Wie wir noch sehen werden, ist es nicht sonderlich schwer, einen auch nur halbwegs zahmen Papageien dazu zu veranlassen, auf die Hand zu klettern, aber auch dann dauert es immer noch eine Weile, bis man den Vogel auch mit der Hand anfassen kann. Einzelne Vögel, besonders Graupapageien, bleiben ihr ganzes Leben hindurch etwas reserviert und weichen einer direkten körperlichen Berührung aus. Wie schnell ein Papagei zahm wird, hängt neben Alter und Artzugehörigkeit natürlich auch von dem Verständnis ab, das ihm seine Umgebung entgegenbringt. Mit der Einschränkung, daß einzelne Exemplare vollständig anders reagieren können, kann allgemein gesagt werden, daß Arapapageien und Amazonenpapageien in der Regel am schnellsten zahm werden. Kakadus benötigen eine längere Zeit der Gewöhnung; ganz neuimportierte Vögel sind fast immer sehr scheu und vorsichtig, werden aber, einmal richtig eingewöhnt, fast alle zahm und sehr anhänglich. Bei den Kakadus ist es auch typisch, daß die größten Arten am ehesten zahm werden. Bei Mohrenköpfen gibt es fast nie Probleme, dagegen können Graupapageien recht schwierig sein. Bei dieser Art kann es jahrelang dauern, bis Wildfänge Vertrauen zum Menschen fassen – manche Vögel werden nie zahm. Andererseits gibt es kaum einen anderen Papageien, der so liebenswürdig und drollig sein kann wie ein wirklich zahmer Graupapagei, ganz abgesehen davon, daß man den Graupapageien auch die besten Sprecher findet.

Vergesellschaftet man einen neuerworbenen, noch nicht zahmen Papagei mit einem bereits zahmen Vogel, so ist die fehlende Scheu des zahmen Vogels für den Neuankömmling sehr lehrreich. Und Papageien sind gelehrige Vögel. Andererseits müssen wir aber auch damit rechnen, daß der zahme Vogel jetzt gegenüber seinem Pfleger reservierter auftritt, denn oft ziehen zahme Papageien (d. h. nicht handaufgezogene) die Gesellschaft von Artgenossen der Gesellschaft von Menschen vor. Hält man einen einzelnen Papageien sozusagen als Familienmitglied, so kann es vorkommen, daß der Vogel ein bestimmtes Mitglied der Familie den übrigen vorzieht. Es kann auch durchaus so sein, daß der Papagei mit einem Familienmitglied sehr befreundet ist, anderen gleichgültig gegenübersteht und Dritte vielleicht sogar ablehnt.

Handaufgezogene Papageien zeigen in ihrem Verhältnis zum Menschen auch häufig ein äußerst typisches Benehmen, das schon zu manchem Mißverständnis Anlaß gab. Gegenüber Frauen sind diese Vögel fast immer sehr freundlich, und sie ziehen oft Frauen als Umgang vor. Die Ursache dieses Verhaltens ist darin zu suchen, daß sie fast immer von Frauen aufgezogen worden sind. Etliche Papageien haben außerdem auf ihrem Weg nach Europa mit Männern weniger gute Erfahrungen gemacht. Diese Neigung, Frauen vorzuziehen, ändert sich nur ganz selten,

Bild 26. Handaufgepäppelte Vögel werden vollständig zahm, wie zum Beispiel diese Blaubartamazonen (*Amazona festiva*). Aufnahme H. Pinter

kann aber selbstverständlich bei bestimmten Exemplaren deutlicher sein als bei anderen. Werden solche Vögel geschlechtsreif, so „verloben“ sie sich als auf den Menschen geprägte Individuen, die sie ja sind, mit dem Menschen, den sie am liebsten mögen, also in der Regel mit der Frau oder mit der Tochter des Hauses. Hieraus schließt man fälschlicherweise, daß dieses Verhalten geschlechtsbezogen ist, zumal der Vogel gegenüber seinem Verlobungspartner dieselben geschlechtsbezogenen Gewohnheiten (Fütterungsversuche, Balzspiele) zeigt, wie nicht handaufgezogene Vögel Artgenossen gegenüber. Hier muß man jedoch wissen, daß Papageien ein äußerst wenig differenziertes Balzverhalten haben. Es handelt sich bei dem beschriebenen Verhalten um dasselbe Phänomen der Fehlprägung, das der Verhaltensforscher Konrad Lorenz erstmalig bei Dohlen beobachten konnte. Aus diesem Verhalten kann man also keinerlei Rückschlüsse auf das Geschlecht des Vogels ziehen.

Auch kleinere Arten können vollständig zahm werden, wenn sie als Einzelvögel sehr jung mit Menschen in Kontakt kommen. Unzählige handzahme Wellensittiche sind hierfür der beste Beweis. Richtig zahm werden solche Vögel in der Regel aber nur dann, wenn man einen gerade flügge gewordenen Vogel erhält und sich sehr viel mit ihm beschäftigt. Man sollte es sich aber immer sehr gut im voraus überlegen, ob man einen Jungvogel auf diese Weise zähmen will. Im Gegensatz zu größeren Arten ist es ja bei kleineren Papageien einfacher, sie paarweise zu halten, und oft hat man mehr Freude an den Vögeln, wenn man ein Pärchen zusammen pflegt. Dann ist es auch nicht so schlimm, wenn man nicht die nötige Zeit für die Vögel hat. Wildgefangene Sittiche und selbst solche Vögel, die in großen Volieren erbrütet wurden, werden selten richtig zahm. Von Art zu Art gibt es hier jedoch Unterschiede. So werden z. B. einige Vertreter der Gattung *Brotogeris* (z. B. Kanarienflügelsittich und Tovisittich) verhältnismäßig zahm, und das gilt auch für Wildfänge. Auch beim Springsittich werden selbst Wildfänge recht bald sehr zutraulich, wenn auch nicht gerade handzahm. Dasselbe gilt auch für die meisten Loriarten, die sich sehr schnell an den Menschen gewöhnen, wenn sie es auch nicht gerade schätzen, angefaßt zu werden. Selbstverständlich werden wir aber unter allen Papageien immer wieder Tiere finden, die sich genau umgekehrt verhalten, als man es von ihnen erwartet. Diese Vögel sind nun einmal ausgesprochene Individualisten.

Sobald sich neuerworbene Vögel einige Tage lang mit ihrer neuen Umgebung vertraut gemacht haben, können wir versuchen, mit ihnen in näheren Kontakt zu kommen. Wichtig ist, daß wir uns während der ersten Zeit in der Nähe der Vögel oder des Vogels langsam und ruhig bewegen. Wird der Vogel unruhig, so sprechen wir mit leiser Stimme beruhigend auf ihn ein. So seltsam dies auch klingen mag, die menschliche Stimme kann auf nervöse Papageien beruhigend wirken. Wir sollten jetzt versuchen, ob der Papagei begehrte Leckerbissen wie Weintrauben, Fruchtstückchen, Erdnüsse und ähnliches aus der Hand nimmt. Nimmt der Vogel so angebotenes Futter ohne Scheu an, können wir versuchen, ihn daran zu gewöhnen, auf die Hand zu gehen. Haben wir gleichzeitig mehrere Vögel erworben, so sollten wir uns zunächst auf den ruhigsten von ihnen konzentrieren. Für derartige Zähmungsversuche müssen die Flügel beschnitten sein. Mit

Bild 27. Einmal richtig eingewöhnt, werden fast alle Kakadus sehr zahm und anhänglich. Kleiner Gelbhaubenkakadu (*Cacatua sulphurea*). Aufnahme H. Pinter

unbeschnittenen Flügeln kann der Papagei sonst allzu leicht flüchten. Zunächst setzen wir den Vogel auf den Boden und halten ihm einen Rundstab von etwa der Dicke der Sitzstange vor die Füße. Dieser Stab sollte 60 – 70 cm lang sein, so daß wir eine gewisse Distanz zwischen uns und dem Papagei halten können. Klettert der Vogel nicht auf den vorgehaltenen Stab, dann bewegen wir den Stab auf ihn zu. Normalerweise ist dem Papagei, verunsichert wie er ist, der Aufenthalt auf dem ebenen Boden nicht gerade angenehm, und mit etwas Geduld sitzt er nach einiger Zeit auf dem Stab. Jetzt führen wir den Stab mit dem darauf sitzenden Vogel schräg nach oben bis etwa in Brusthöhe gegen unseren eigenen Körper. Am Anfang wird der Vogel, durch die Bewegung erschreckt, zu fliegen versuchen. Da aber seine Flügel beschnitten sind, landet er wieder auf dem Boden. Nach einigen mißlungenen Versuchen bleiben auch scheuere Vögel sitzen, wenn sie nur erst einmal begriffen haben, daß die ganze Sache nicht gefährlich ist. Auch bei dieser Gelegenheit können wir mit leiser Stimme beruhigend auf den Vogel einreden. Wir merken es am Benehmen des Vogels bald, ob „gut zureden" Erfolg hat oder nicht.
Mit einiger Übung gewöhnen sich fast alle größeren Papageien daran, auf den vorgehaltenen Stab zu klettern. Sind wir erst so weit, dann ist der Weg auf die Hand nur noch ein kleiner Schritt. Dazu lassen wir den Stab so durch die Hand gleiten, daß das Ende, das dem Papagei zur Verfügung steht, immer kürzer wird. Zum Schluß bleibt ihm dann kein anderer Ausweg, als auf die Hand zu klettern oder wegzufliegen. Halten wir den Stab aber dicht an den Körper, dann bleibt zum Abflug gar kein Platz. Wie bald man mit diesen Zähmungsversuchen beginnen kann und wie schnell man von einer Stufe zur anderen übergehen kann, ist natürlich von Vogel zu Vogel verschieden. Bei der Zähmung sollten wir uns immer sehr viel Zeit lassen; Eile ist hier nie angebracht. Wir dürfen auch keineswegs den Fehler machen und vorsichtshalber Handschuhe anziehen. Fast alle Papageien haben Angst vor Handschuhen, denn beim Import (Verpacken, Quarantäneproben usw.) wird meist mit Handschuhen gearbeitet. Selbst ruhige Papageien verbinden oft den Anblick von Handschuhen mit „Ergriffen werden" und reagieren ängstlich oder aggressiv. Wenn wir uns Zeit lassen und uns dem Vogel gegenüber ruhig verhalten, ist die Gefahr, bei diesen Zähmungsversuchen gebissen zu werden, gering. Besonders die größten Arten wie Aras und große Kakadus sind meist erstaunlich gutmütig. Bei lebhaften Amazonenpapageien und bei Graupapageien ist die Gefahr, gebissen zu werden, etwas größer. Einen Biß sollten wir aber immer so deuten, daß wir es mit der Zähmung zu eilig gehabt haben. Wunden müssen sofort mit einer Desinfektionslösung gründlich gewaschen werden.
Fast alle Papageien können mehr oder weniger gut Laute nachahmen, die sie häufig hören. Das Lernvermögen für artfremde Laute ist aber bei den einzelnen Arten recht verschieden und nimmt außerdem mit zunehmendem Alter ab. Von einem bestimmten Zeitpunkt an lernt kein Papagei mehr etwas Neues hinzu. Einen Papageien zum Sprechen abzurichten, bedeutet also, seinen natürlichen Nachahmungstrieb in bestimmte Bahnen zu lenken. Wie stark dieser Nachahmungstrieb bei einigen Arten ist, können wir daraus ersehen, daß man bei gewissen, in Volieren erbrüteten Sittichen hören kann, ob gleichzeitig andere Arten in Rufweite gehalten wurden oder nicht. Hört ein Papagei, besonders als Jungvogel, häufig andere Laute als die arteigenen, so nimmt er oft Teile dieser Laute in sein eigenes Repertoire auf. Vögel, die artfremde Laute nachahmen, bezeichnet man auch als Spötter, und auch bei unseren einheimischen Singvögeln kommen solche Spötter vor (Star, Gelbspötter und einige andere Arten). Auch Papageien sind Spötter. Papageien wissen nicht, was sie sagen, auch wenn das den einen oder anderen Papageienfreund enttäuschen wird. Von anderen Spöttern unterscheiden sich Papageien aber dadurch, daß sie durchaus nicht immer nur etwas Gehörtes nachplappern, sondern sehr wohl einen bestimmten Laut oder eine bestimmte Handlung mit einem bestimmten Wort (Wörtern) verbinden können. Ein erlerntes Wort oder ein erlernter Satz kann so stark an einen solchen „Auslöser" (Laut oder Handlung) gebunden sein, daß der Papagei eingelernte Wörter scheinbar wieder vergißt, wenn der entsprechende Auslöser nicht erfolgt. Hierzu einige Beispiele:
Der Käfig eines sprechenden Papageien wird jeden Abend mit einem schwarzen Tuch zugedeckt, und dabei sagt man jedesmal laut und deutlich „Gute Nacht". Nach einer gewissen Zeit

wird der Papagei „Gute Nacht" sagen, sobald er das schwarze Tuch entdeckt, und zwar auch um die Mittagszeit. Der Auslöser ist also eine bestimmte Handlung, die vom Auge erfaßt wird (optischer Auslöser). Ein anderes Beispiel: In einer Familie meldet man sich beim Klingeln des Telefons mit „Hallo". Es wird wahrscheinlich nicht lange dauern, bis der Papagei auch „Hallo" sagt, wenn er das Telefon läuten hört. Lebt er in einer Familie, die sich beim Läuten des Telefons mit ihrem Namen meldet, und ist er außerdem ein gut sprechender Papagei, dann antwortet er natürlich mit Namen und Anschlußnummer, wie etwa „Lehmann, 27338". Hier ist der Auslöser ein bestimmter Laut (akustischer Auslöser). Der Umstand, daß Papageien auf diese Weise Laute und Geschehnisse ihrer Umgebung kommentieren, erweckt den Eindruck, als wüßten sie genau, was sie sagen. Ja, sie können den passenden Kommentar mitunter stellvertretend für den Menschen zum Besten geben, wenn er aus dem einen oder anderen Grund einmal unterbleibt. So passierte es einem meiner Bekannten, in dessen Haus ein sehr gut sprechender Graupapagei lebte, daß ihm eine Kristallschale entglitt, zu Boden fiel und zerbrach. Den auf seiner Zunge liegenden Fluch unterdrückte er mit Rücksicht auf seine kleine Tochter, die im Nebenzimmer spielte. Der Graupapagei aber wußte genau, was dem Laut von zerbrechendem Glas zu folgen hatte und sagte laut und deutlich „verdammte Sch. . . .".

Überhaupt sollten wir während der ersten Einlernungsphase mit Kraftausdrücken vorsichtig sein, denn gerade solche behalten Papageien vorzugsweise im Gedächtnis. Am Anfang findet man es vielleicht noch drollig, wenn ein Papagei so richtig auf bayrisch Götz von Berlichingen zitieren kann, aber zitiert er ihn zu oft, dann ist das weniger angenehm. Ein gut sprechender Papagei sagt nämlich viel über den Umgangston seiner Familie aus. Erwirbt man einen Papagei aus Privathand, so erlebt man mitunter Überraschungen: angenehme, unangenehme oder auch wirklich peinliche. Richtiges Pech hatte ein mir bekannter Zoohändler, der an einem Sonnabend kurz vor Geschäftsschluß von einem etwas angetrunkenen Mann eine Gelbnackenamazone erwarb. Die Trunkenheit des Verkäufers hatte er natürlich weidlich ausgenutzt und den Papagei für ein Spottgeld erworben. Seines guten Geschäftes erfreute er sich aber nur wenige Tage, denn bis dahin hatte sich der Vogel soweit an seine neue Umgebung gewöhnt, daß er zu sprechen begann. Es zeigte sich, daß er ein guter Sprecher war und sehr viele Worte sagen konnte. Nur leider stammten sie fast alle aus dem Vorrat der sexualbezogenen Slangausdrücke und wurden mit wirklicher Vehemenz vorgetragen. Der Zoohändler mußte diesen Vogel aus seinem Geschäft verbannen.

Bild 28. Die Vertreter der Gattung *Brotogeris* werden in der Regel sehr zahm: Kanarienflügelsittich (*Brotogeris versicolurus*). Aufnahme H. Pinter

Wir müssen auch damit rechnen, daß ein neuerworbener Papagei nach längerer Zeit Worte oder Laute aus seinem Gedächnis hervorholt, vielleicht, weil der dazugehörende Auslöser gegeben wurde. Auch Tierstimmen werden von manchen Papageien treffend und mitunter auch lautstark nachgeahmt. Ich selbst pflegte einmal während einer Quarantäneperiode eine Blaubartamazone, die zwar kein menschliches Wort nachahmen konnte, dafür aber einen ganzen Geflügelhof mit Hühnern, Enten, Gänsen, Puten usw. An der Lautwiedergabe fehlte nichts. Da gab es die Glucke, die ihre Küken lockte, die Henne, die gerade ein Ei gelegt hatte, die schnatternden Enten, die schreienden Gänse, den kollernden Puter und den krähenden Hahn, und außerdem schlug zwischendurch der Hofhund an. Alles in allem war das etwas zu viel des Guten. Als aber dann der Vogel aus den Tiefen seines Gedächtnisses das Gekreisch einer großen Kreissäge hervorholte, war das Maß voll. Nach Abschluß der

Quarantäne wurde er an einen Zoologischen Garten abgegeben. Dort „verheiratete“ man ihn mit einem Artgenossen, und von da an sprach er hauptsächlich „amazonisch“.
Auch längst vergessene menschliche Worte tauchen in der Erinnerung wieder auf, wenn ein sprechender Papagei etwas hört oder sieht, das seine Erinnerung weckt. In Frankreich traf ich Anfang der 60er Jahre in einem Bistro einen Graupapagei, der mit typischer Unteroffiziersstimme deutsche militärische Kommandos wie z. B. „Achtung, präsentiert das Gewehr“ sagen konnte. Bei einem Gespräch mit dem Besitzer stellte sich heraus, daß der Vogel diese Kommandos nicht etwa während des Zweiten Weltkrieges, sondern schon vor dem Ersten Weltkrieg gelernt hatte. Der Vater des Besitzers hatte den Vogel 1919 als „Kriegsbeute“ aus Kamerun mitgebracht, wo dieser bei der „Kaiserlichen Schutztruppe“ das Kommandieren gelernt hatte. Das Interessante an dieser Geschichte war, daß die Kommandos dann zum Besten gegeben wurden, wenn sich deutschsprachige Gäste etwas zu laut unterhielten. Hier haben wir es also wieder mit einem akustischen Auslöser zu tun.
Ein Beispiel, bei dem optische Auslöser denselben Effekt hervorbrachten, ging sogar durch die Weltpresse. Anfang der 50er Jahre erschienen zum Frühlingspresseempfang des Kölner Zoos nicht nur Vertreter der Lokalpresse, sondern auch einige Offiziere der in Köln stationierten britischen Einheiten und in ihrer Begleitung ein britischer Journalist. Durch das plötzliche Auftauchen von Uniformen glaubte sich ein Großer Gelbhaubenkakadu in das „Tausendjährige Reich“ zurückversetzt, und er begrüßte die britischen Offiziere mit einem deutlichen „Heil Hitler, Kamerad“. Diesem Kommentar folgte sicher ein äußerst betretenes Schweigen, die ganze Angelegenheit war etwas peinlich, besonders da Journalisten dabei waren. Der Kakadu mit seiner höchst unpassenden Begrüßung ging durch die Weltpresse, und die Leitung des Kölner Zoos löste das Problem, indem sie den Kakadu an einen anderen Zoo „verheiratete“. Hält man nämlich Artgenossen zusammen, so unterhalten sich die Vögel meist in ihrer „eigenen Sprache“. Menschliche Worte werden dann seltener verwendet.
Hält man mehrere Papageien gleichzeitig, so ist es auch nichts Ungewöhnliches, wenn sie sich gegenseitig zu übertönen versuchen. Bei dem Stimmvolumen mancher Papageien kann das ein ganz schöner Lärm werden. Papageien versuchen aber nicht nur Laute anderer Papageien zu übertönen, sie können auch versuchen, lauter zu schreien als die Musik aus dem Radio oder als der Staubsauger.
Unter welchen Arten trifft man nun gute Sprecher am häufigsten an? Diese Frage ist verhältnismäßig einfach zu beantworten, sind doch ausgesprochen gute Sprecher nur unter einigen Arten häufig. Das bedeutet aber nicht, daß gute Sprecher unter anderen Arten nicht auftauchen, oder daß gewisse Papageien überhaupt nie sprechen. Sehr gut erinnere ich mich z. B. an eine kleine Episode mit einem Mönchspapagei. Während eines Vortrages sagte ich einmal: „Ich habe noch nie einen Mönchspapagei sprechen hören“. Anschließend wurde ich von einer älteren Dame aufgesucht, die mir etwas entrüstet erzählte, sie habe einen Mönchspapagei, der über 100 Worte beherrsche. Mit eigenen Ohren habe ich mich dann von der Richtigkeit des Gesagten überzeugen können, wenn ich auch nicht die Worte gezählt habe, und seit diesem Erlebnis sage ich bei Papageien nie mehr „niemals“.
Die besten Sprecher findet man unzweifelhaft unter den Graupapageien. Diese Vögel können nicht nur einen sehr großen Wortschatz erreichen, ihre Stimme übertrifft an tongerechter Wiedergabe alle anderen Papageien. Graupapageien sprechen nicht nur Worte nach, sondern sie ahmen auch Stimme und Tonfall einer oder mehrerer Personen täuschend ähnlich nach. In unserem Hause lebte über viele Jahre hinweg ein Graupapagei, der nicht nur die Stimmen von vier Familienmitgliedern und zwei Hunden so täuschend ähnlich wiederzugeben vermochte, daß dieses oft zu Mißverständnissen Anlaß gab, sondern darüberhinaus so ziemlich alle anderen Laute beherrschte, die regelmäßig im Haus zu hören waren. Nahm jemand die Gießkanne zur Hand, um die Zimmerpflanzen zu gießen, so hörte man schon, bevor man überhaupt anfing, „gluck, gluck, gluck“. Wurden Fenster geputzt, so ahmte er das Quietschen des Fensterleders gegen die Scheiben nach. Bellte der Dackel an der Türe, weil jemand geklingelt hatte, so sagte er mit Frauchens Stimme „Sei still und geh in die Küche“. Keines der menschlichen Familienmitglieder lernte jemals die Stimme des Papagei-

en von der nachgeahmten Stimme zu unterscheiden. Dagegen unterschieden bald beide Hunde Original von Kopie und ließen sich nicht mehr kommandieren. Dieser Vogel ahmte auch ganze Telefongespräche nach, ohne einen Ton auszulassen. Das fing mit der Wahl der Nummer an, wobei man exakt hören konnte, wie sich die Nummernscheibe sechsmal drehte, dann folgte das Gespräch mit Abbrüchen und Kunstpausen, und zum Schluß wurde deutlich vernehmbar der Hörer aufgelegt. Wie exakt dieser Papagei gehörte Laute wiederholte, geht daraus hervor, daß er ein im Nebenzimmer geführtes Gespräch genau lautrichtig wiedergeben konnte, d. h. als unverständliches Gemurmel mit nur wenigen verständlichen Ausrufen, ganz genau so wie er es durch die geschlossene Tür gehört hatte.
Auch unter den Amazonenpapageien gibt es einige sehr gut sprechende Arten. Besonders seien

Bild 29. Zahmer Molukkenkakadu (*Cacatua moluccensis*). Aufnahme H. Pinter

hier die Gelbnackenamazone und die Surinamamazone genannt, doch auch unter Panamaamazonen und Weißstirnamazonen gibt es gute Sprecher. Dagegen ist die oft in der Literatur genannte Sprachbegabung der Blaustirnamazonen nach meinen Erfahrungen etwas übertrieben. Einzelne Amazonen können einen genauso großen Wortschatz besitzen wie Graupapageien, sind diesen aber in Bezug auf die exakt lautgerechte Wiedergabe weit unterlegen. Bei Amazonen hört man immer, daß es ein Papagei ist, der spricht. Sehr exakt können auch Mohrenköpfe gehörte Laute oder Worte wiedergeben, doch bleibt ihr Wortschatz fast immer sehr begrenzt. Arapapageien lernen meist nur wenige Worte und sprechen selbst diese krächzend aus. Dasselbe gilt für Rotsteißpapageien. Wirklich gute Sprecher findet man dagegen unter den Kakadus, besonders unter den größeren Arten.
Wir sollten uns aber darüber klar sein, daß nur schon jung in Menschenhand gekommene Papageien wirklich gute Sprecher werden können. Dabei ist jedoch nicht ausschlaggebend, ob ein Papagei von Menschen aufgezogen wurde oder nicht. Auch sein Geschlecht spielt keine wesentliche Rolle, denn auch Weibchen können sprechen lernen, wenn auch allem Anschein nach ausgesprochene Sprachbegabungen unter Männchen häufiger zu sein scheinen. Schließlich muß der Papagei während seiner ersten Lernphase so gehalten werden, daß er möglichst keine älteren Artgenossen hört. Wenn man gerade flügge gewordene Jungvögel aus Käfig- oder Volierenzuchten erhalten kann, so geben selbst etliche Sittiche gute Sprecher ab. Bei den kleineren Arten, wie z. B. beim Wellensittich, sind aber die Stimmchen sehr „dünn“, so daß man genau hinhören muß, um das Gesagte zu verstehen. Es ist aber erstaunlich, wie groß der erworbene Wortschatz sein kann.
Ein sehr gutes Beispiel dafür, wie wichtig der menschliche Kontakt schon in sehr jungem Alter für das Sprechenlernen ist, gibt auch der Alexandersittich. Seine Sprachbegabung war schon in der Antike bekannt. Papageienfreunde heute kennen diese Art dagegen lediglich als etwas langweiligen und mitunter auch stürmischen Vogel, der sich nur für die Haltung in der Voliere eignet. In sehr frühem Alter an Menschen gewöhnte Alexandersittiche werden – davon konnte ich mich überzeugen – sehr zahm und spre-

chen deutlicher als die meisten Amazonen. Unter den importierten Wildfängen befinden sich aber keine Jungvögel, und die Möglichkeit, einmal aus einer Volierenzucht einen Vogel zu erhalten, ist gering. So kommt man zu der falschen Auffassung, daß die alten Erzählungen über die Sprachbegabung dieser Vögel übertrieben, wenn nicht gar erlogen sein müssen.
Die eigentliche Technik der Spracheinlernung ist denkbar einfach. Mehrere Male im Laufe des Tages und besonders während der Abendstunden sprechen wir dem Papagei deutlich und sehr gut artikuliert die gewünschten Worte vor. Dabei sollten wir uns am Anfang auf ganz wenige und möglichst vokalreiche Worte beschränken. Wir dürfen nun nicht erwarten, daß der Vogel gleich damit beginnen würde, das Gehörte nachzusprechen. Meistens vergehen einige Wochen, bis er das erste Wort sagt. Ist er aber begabt, dann kann es sehr schnell weitergehen. Beginnt der Papagei erst einmal richtig zu sprechen, so kann man den Rest ruhig ihm überlassen. Seinen weiteren Wortvorrat baut er dann, ob wir das wünschen oder nicht, aus all dem auf, was ihm zu Ohren kommt. Können wir einem sprechenden Papageien Namen und Adresse beibringen, so kann das sehr nützlich sein, wenn er einmal abhanden kommen sollte.

Lebenserwartung

Wie alt werden Papageien? Stimmt es, daß sie mehrere 100 Jahre alt werden können? Werden sie mehr als 100 Jahre alt? Lebt vielleicht heute noch ein Papagei vom Hofe Napoleons? Nun, Papageien werden verhältnismäßig alt, wie übrigens viele andere Vögel auch. Aber so alt, wie man ihnen nachsagt, werden sie nicht. Es fehlt zwar nicht an Berichten über 100jährige Papageien, nur haben diese Berichte denselben Fehler wie ähnliche Berichte über sehr alte Menschen: Sie halten einer exakten Prüfung nicht stand. Bevor wir uns konkreten Zahlen zuwenden, sei in diesem Zusammenhang folgendes vermerkt: Eine gute Pflege vorausgesetzt erreichen Vögel in Gefangenschaft im Durchschnitt ein wesentlich höheres Alter als in der Natur. Ein in menschlicher Obhut lebender Vogel braucht keine Nahrung zu suchen, sich vor keinen Feinden zu schützen, bzw. sich zu verteidigen, und das Risiko, einem Unfall zum Opfer zu fallen, ist gering. Weiterhin kann man bei Vögeln innerhalb einer bestimmten Gruppe (z. B. Familie) das mögliche Alter ungefähr nach der Größe der betreffenden Art staffeln, wobei die größten Arten das höchste Alter erreichen. Diese Grundregel stimmt auch bei Papageien, soweit einigermaßen zuverlässige Angaben von Vögeln in Gefangenschaft vorliegen. So werden z. B. die meisten Wellensittiche nur selten älter als 10 Jahre, wenn auch einzelne Tiere 15 Jahre und noch älter werden können. Auch bei Sperlingspapageien sind mehr als 15 Jahre alte Vögel sehr selten. Unzertrennliche dagegen können bis zu 20 Jahre alt werden, sogar einige noch ältere Tiere sind bekanntgeworden. Etwa dasselbe Alter erreichen auch die meisten Sittiche, doch sind bei den größeren Arten einzelne Vögel bekannt, die weit über 30 Jahre alt geworden sind (z. B. Alexandersittiche, Chinasittiche, Jendayasittiche usw.). Die großen Arapapageien werden im allgemeinen nicht besonders alt, die meisten leben nicht wesentlich länger als 30 Jahre. Hierbei müssen wir jedoch bedenken, daß Arapapageien „bluffen“: Sie sind gar nicht so groß, sie haben nur lange Schwanzfedern. Kakadus dagegen werden sehr alt, und wahrscheinlich findet man unter den größeren Kakadus auch die Papageien, die das höchste Alter erreichen können.
Der älteste Papagei, dessen Alter wirklich belegt ist, war ein Großer Gelbhaubenkakadu, der 96 Jahre in einer dänischen Artistenfamilie lebte (PLAZIKOWSKI 1970). Man kennt mehrere andere Kakadus größerer Arten, die über 80 Jahre alt wurden, und selbst kleinere Kakadus wie Kleiner Gelbhaubenkakadu und Rosenkakadu, die über 50 Jahre alt wurden. Ein ähnliches Alter erreichen auch Amazonenpapageien, wenn die meisten auch selten älter als 35 Jahre werden. Sehr alt können Graupapageien werden; einzelne Exemplare können durchaus dasselbe Alter erreichen wie die großen Kakadus. Von ihnen sind etliche Exemplare bekanntgeworden, die nachweislich ein Alter von 80 Jahren erreicht haben. Ich hatte selber das Vergnügen, solch einen alten Graupapagei kennenzulernen, der schon in der dritten Generation derselben Familie lebte. In seiner Jugend war er mit dem Großvater, der Kapitän eines Vollschiffes war, auf großer Fahrt gewesen. Er hatte Australien besucht und Kap

Horn umrundet, er konnte alle Segelkommandos und fluchte wie ein richtiger Seebär. Drehte man den Wasserhahn kräftig auf, so rief er richtig aufgeregt „Alle Mann an die Pumpen". Während der letzten 30 Jahre hatte er nichts dazugelernt, sondern brachte nur das alte, vor vielen Jahren eingelernte Repertoire. Körperlich war dieser Vogel in einer erstaunlich guten Verfassung, wenn man auch ihm ansah, daß er sehr alt war.
Die hier gemachten Angaben sind natürlich lediglich Näherungswerte. Wahrscheinlich gibt es den einen oder anderen Papagei, der älter wurde (bzw. ist) als hier angegeben.

Vermehrung

Wilde Tiere vermehren sich auch in Gefangenschaft, wenn man ihnen zusagende Bedingungen bietet; das gilt auch für Papageien. Daß die Vermehrung vieler Papageienarten in Gefangenschaft trotzdem auch heute noch als ausgesprochen schwierig angesehen wird, hat nichts mit ihrer Haltung zu tun, sondern hängt mit einigen für Papageien spezifischen Schwierigkeiten zusammen. Diese Schwierigkeiten wollen wir etwas näher betrachten.
Gelingt die Vermehrung einer in Gefangenschaft gehaltenen Art über viele Generationen hinweg, so entstehen Populationen, die bereits den ersten Schritt auf dem Wege der Domestikation getan haben. Unter Domestikation versteht man den Prozeß, der nach und nach ein Wildtier in ein Haustier verwandelt. Dieser Prozeß kann schneller oder langsamer vor sich gehen, ja er kann eventuell auch vollständig unterbleiben. Von den als Stubenvögeln gehaltenen Papageien kann man den Wellensittich als domestiziert betrachten. Nicht ganz so weit – aber auf dem Wege zur Domestikation – sind auch manche Zuchtstämme von Nymphensittichen, Unzertrennlichen, Rosellas und einigen anderen Arten. Vögel aus solchen Populationen vermehren sich normalerweise ohne größere Schwierigkeiten, wenn ihnen nur die elementarsten Voraussetzungen geboten werden. Die nötigen Voraussetzungen können zwar von Art zu Art recht verschieden sein und mehr oder weniger großen Aufwand erfordern, aber sie sind in allen wesentlichen Grundzügen bekannt. Das bedeutet aber nicht, daß es bei der Vermehrung solcher Vögel keine Probleme gäbe. So sind z. B. bei der fortlaufenden Vermehrung von Volieren- und Käfigpopulationen echte Degenerationserscheinungen auf Grund schlechter bzw. fehlender Zuchtauswahl gar nicht selten. Diese äußern sich durch einen unverhältnismäßig hohen Anteil an schwachen oder sonstwie fehlerhaften Nachzuchttieren. Die wirklichen Ursachen solcher Erscheinungen werden von den Züchtern leider oft nicht richtig erkannt. Häufig lastet man diese Erscheinungen, ohne nähere Prüfung, der vorgekommenen Inzucht an, was meist recht grob vereinfacht ist und durchaus falsch sein kann. Bei jeder Zucht mit Volieren- oder Käfigvögeln ist es daher wichtig, daß sich der Züchter mit den Vererbungsregeln vertraut macht und die praktischen Nutzanwendungen aus diesen Regeln nicht nur dann beherzigt, wenn es um die Vererbung bestimmter Farbanlagen geht, sondern auch bei weniger augenfälligen Erbanlagen. Auf die Vererbungsregeln können wir nicht näher eingehen, Interessenten seien auf die Spezialliteratur verwiesen.

Zusammenstellung von Zuchtpaaren

Bei der Vermehrung bzw. bei Zuchtversuchen mit Wildfängen oder der ersten oder zweiten Nachzuchtgeneration von Wildfängen liegen die Probleme ganz anders. Hier kann es manchmal schon recht schwierig sein, ein Zuchtpaar zusammenzustellen. Zunächst müßte man ja bei diesen äußerlich oft nicht geschlechtsdifferenzierten Arten die Geschlechter unterscheiden können. Mit der Unterscheidung der Geschlechter alleine ist aber noch nicht viel gewonnen, denn ein Weibchen und ein Männchen sind durchaus nicht immer auch ein Zuchtpaar. Wir haben bereits gesehen, daß Papageien in Einehe leben, und daß einer „Eheschließung" eine längere „Verlobungszeit" vorausgeht. Bei Wildfängen wurden alle eventuell vorhandenen sozialen Bindungen beim Fang abgebrochen. Ob solche Verbindungen erneut geschlossen werden, ist von einer ganzen Anzahl verschiedener Faktoren abhängig. Je jünger die Vögel sind, um so besser sind auch die Aussichten für eine erneute Paarbildung. Bei Nachzuchttieren von Wildfängen sind die Schwierigkeiten etwas geringer. Oft muß man aber, wenn man direkte Geschwisterverpaarungen vermeiden will, die Nachzucht erneut mit Wildfängen verpaaren. Wenn man in diesem Falle wirklich wählen kann, so verpaare man jetzt Nachzuchtweibchen mit Wildfangmännchen. Da auch bei Papageien trotz der guten Zusammenarbeit beider Geschlechter bei der Brut das Weibchen dominiert, sind die Aussichten für einen Erfolg größer, wenn das Weibchen schon an die Verhältnisse gewöhnt ist.

Bei selteneren Arten kann es nach gelungenen Nachzuchten auch durchaus vorkommen, daß sich geeignete Partner nicht beschaffen lassen. In solchen Fällen sollte man auch ruhig Geschwister miteinander verpaaren. In der Praxis hat es sich nämlich gezeigt, daß in der ersten Generation negative Folgen kaum zu befürchten sind. Für die nächste Generation benötigt man dann aber fremde Partner. Bei allen Verpaarungen von Nachzuchttieren, auch denen in der ersten Generation, weiß man zumindest, daß die zusammen gesetzten Tiere wenigstens altersmäßig zusammenpassen. Bei Wildfängen ist man mehr oder weniger auf Vermutungen angewiesen. Bei größeren und seltener nachgezüchteten Arten ist aber schon die Frage „alt oder jung“ schwierig genug. Oft kennt man ja nicht einmal die fertile (fruchtbare) Periode im Leben der betreffenden Art. So weiß man nicht genau, nur um ein Beispiel zu nennen, in welcher Altersphase Amazonenpapageien zuchttauglich sind. Vermehren sie sich zwischen ihrem 4. bis 20. Lebensjahr? Oder zwischen ihrem 3. und 25. oder 30. Lebensjahr? Wir wissen es nicht genau. Wir können lediglich versuchen, durch Vergleiche mit regelmäßiger nachgezüchteten Arten Rückschlüsse zu ziehen. Die größten Aussichten für eine erfolgreiche Nachzucht bestehen in der Regel bei jungen Paaren in den ersten Jahren nach dem Erreichen der Geschlechtsreife. In der zweiten Lebenshälfte sinkt die Fruchtbarkeit, die Vögel brüten in größeren Abständen, und es werden pro Brut weniger Jungvögel aufgezogen, bei Großpapageien oft nur noch einer pro Brut.

Bei der Zusammenstellung von Paaren sollte man sich der Geschlechter wirklich sicher sein, sind doch gleichgeschlechtliche Verbindungen bei Papageien nicht gerade selten. Daß zwei Exemplare derselben Art einen Nistkasten beziehen, Eier legen und auch oft mit dem Brutgeschäft beginnen, bedeutet noch nicht unbedingt, daß es wirklich ein Paar ist; es können auch zwei Weibchen sein. Selbst Paarungsversuche (Treten) sind kein sicheres Zeichen, denn Paarungsversuche können sowohl zwischen zwei Männchen als auch zwei Weibchen vorkommen. Nur einwandfrei beobachtete wirkliche Paarungen, die schon durch die Zeit, die sie in Anspruch nehmen, auffallen, geben in dieser Hinsicht wirkliche Sicherheit. Interessant ist auch, daß solche gleichgeschlechtlichen Verbindungen allem Anschein nach nur bei nicht geschlechtsdifferenzierten Arten vorkommen. Setzt man miteinander unbekannte Partner zusammen, ist Vorsicht geboten, besonders bei Kakadus, Loripapageien und ganz besonders bei Edelpapageien, da es zu bösartigen Streitereien kommen kann.

Harmoniert ein Zuchtpaar wirklich gut miteinander, dann spielt der Platz, der ihnen zur Verfügung steht, keine größere Rolle. Große Kakadus und Graupapageien haben schon in größeren Zimmerkäfigen gebrütet. Die Papageienzucht mit einem einzelnen Paar ist also nicht eine Frage des Platzes. Nur bei sehr scheuen und leicht flüchtigen Arten ist der zur Verfügung stehende Raum wichtiger. Am wichtigsten ist aber wohl, daß die brütenden Vögel nicht gestört werden. Man sollte sie während der Brutperiode am besten weitgehend sich selbst überlassen und auch alle irgendwie vermeidbaren Reinigungsarbeiten hinausschieben. Aber auch von dieser Regel gibt es Ausnahmen. Einzelne Paare können sich so sicher fühlen, daß sie sich um Personen, die sie kennen, nicht kümmern oder, wenn es sich um größere Arten handelt, ihnen sogar agressiv entgegentreten. Ohne zwingenden Grund sollte man jedoch brütende Papageien nie stören.

Nistkästen und Nistmaterial

Abgesehen vom Mönchssittich, der ein Nest aus Zweigen baut und vom Erdsittich, der ein Bodenbrüter ist, sind alle übrigen Papageien Höhlenbrüter. In der Natur besteht die Bruthöhle bei den meisten Arten aus natürlichen Baumhöhlen, andere brüten in Felsspalten oder graben selbst Höhlen in steile Abhänge (z. B. Steilufer). Einzelne Arten hacken und graben sich sogar Nisthöhlen in Termitenstöcke oder große Kakteen. Für Zuchtversuche müssen als Ersatz passende Nistkästen zur Verfügung stehen. Diese Nistkästen fertigt man am zweckmäßigsten aus ungehobelten Brettern von mindestens 2,5 cm Dicke. Bei sehr großen Nistkästen wählt man besser noch stärkere Bretter. Das gilt auch dann, wenn im Freien angebrachte Nistkästen großen Temperaturunterschieden ausgesetzt sind. Dicke Bretter schützen besser gegen Temperaturveränderungen, wenn auch nicht so gut wie natürliche Baumhöhlen. Für sehr große Papageienarten, besonders für größere Kakadus, kann man auch solide Fässer (z. B. Bierfässer) mit einem Inhalt von 70 – 100 l verwenden, deren Spundloch entsprechend vergrößert wird. Die Größe des Nistkastens richtet sich nach der Art, die in ihm brüten soll und kann der Tabelle entnommen werden. Bei langschwänzigen Arten ist es zweckmäßig, den Nistkasten „liegend", d. h. im Querformat anzubringen, wie es ja auch bei Wellensittichen üblich ist. Das Schlupfloch sollte sich immer im oberen Drittel der Vorderwand befinden. Stark nagende Arten wie Kakadus, Keilschwanzsittiche, Aras u. a. zernagen die Nistkästen sehr schnell und beginnen ihr Zerstörungswerk am Schlupfloch. Das kann man verhindern, wenn man die Vorderwand aus Hartholz fertigt oder das Schlupfloch mit einer Metallkante sichert.

Aus Brettern zusammengefügte Nistkästen haben gegenüber den natürlichen Baumhöhlen einen Nachteil, der sich vor allem bei ihrer Verwendung in geheizten Innenräumen bemerkbar macht: In natürlichen Baumhöhlen bildet der aus halbvermodertem Holz bestehende Untergrund ein ausgezeichnetes Feuchtigkeitsreservoir. Das reibungslose Schlüpfen aus dem Ei hängt bei allen Vögeln mehr oder weniger von der Luftfeuchtigkeit ab. In Bretternistkästen fehlt der feuchtigkeitsbewahrende Untergrund, und bei allzu geringer Luftfeuchtigkeit können fast fertig entwickelte Jungvögel direkt vor dem Schlüpfen oder während des Schlüpfens sterben. Bei der Zucht in Freilandvolieren gibt es hier fast nie Probleme, da die Luft im Freien meist feucht genug ist. In Innenräumen aber, besonders wenn während der kälteren Jahreszeit die Zentralheizung läuft, muß man Gegenmaßnahmen treffen. Auch im Freien sollte man Nistkästen stets so anbringen, daß sie nicht der intensivsten Sonnenbestrahlung ausgesetzt sind. Sind die Vögel nicht sehr scheu, dann kann man ein herumgedrehtes Rasenstück oder Torfmull als Bodenlager in den Nistkasten einbringen und diese Unterlage etwas feucht halten. Am einfachsten geschieht das über ein schräg von oben nach unten durch die Seitenwand gebohrtes Loch, durch das man Wasser träufelt. Manche Papageien tragen gegen Ende der Brutzeit auch selbst aktiv dazu bei, die Feuchtigkeit in der Bruthöhle zu erhöhen. Selbst Vögel, die sonst nie baden, plantschen dann plötzlich im Wasser herum und setzen sich anschließend naß auf die Eier. Aber nicht bei allen Arten scheint die Luftfeuchtigkeit gleich wichtig zu sein. Erfahrungsgemäß gibt es z. B. nur ganz selten Schwierigkeiten mit australischen Sittichen, während bei Sperlingspapageien und besonders bei Unzertrennlichen Erfolg oder Mißerfolg direkt von der notwendigen Luftfeuchtigkeit abhängen. Auch die bekannte Tatsache, daß z. B. Rosenköpfchen (*Agapornis roseicollis*) in der heißen Steppenluft Namibias in verlassenen Webervogelnestern brüten können, ändert daran nichts. In diesen Bruthöhlen müßte die Luft ja wenigstens theoretisch sehr trocken sein, aber allem Anschein nach überlisten die wildlebenden Rosenköpfchen ihre natürliche Umgebung, auch wenn wir nicht wissen wie. Versuche mit Eiern von Rosenköpfchen im Brutapparat haben gezeigt, daß der normale Schlupfvorgang nur bei einer Luftfeuchtigkeit von 60% oder darüber gesichert ist.

Sollten bei der Zucht in Innenräumen mit Zentralheizung Schlupfprobleme auftreten, so ist es ratsam, Nistkästen mit doppelten Seitenwänden und doppelter Rückwand zu verwenden. Wie Bild 30 zeigt, befindet sich zwischen den doppelten Wänden (von denen die innere Wand in ihrer oberen Hälfte durchlöchert ist) eine Zwischenlage aus Schaumstoff. Diese Schaumstoffzwischenlage wird durch ein Loch im Dach ständig feucht gehalten. Bei der Zucht von Unzertrennlichen und Sperlingspapageien in Innenräumen haben sich diese Nistkästen gut bewährt. Selbstverständlich müssen diese Nistkästen, wie übrigens alle anderen Nistkästen auch, bei wiederholter Verwendung, zwischen den Bruten gründlich gereinigt werden. Am besten kocht man sie aus.

Für die Zucht von Großpapageien ist, wenn nur irgendwie beschaffbar, ein teilweise hohler und im Inneren bereits vermulmender Baumstamm z. B. von Pappel, Weide, Linde oder ähnlichem der beste Nistkasten. Für diese Vögel gibt es überhaupt keine bessere Brutstimulans, als ihre Bruthöhle selber auszunagen und auszugraben.

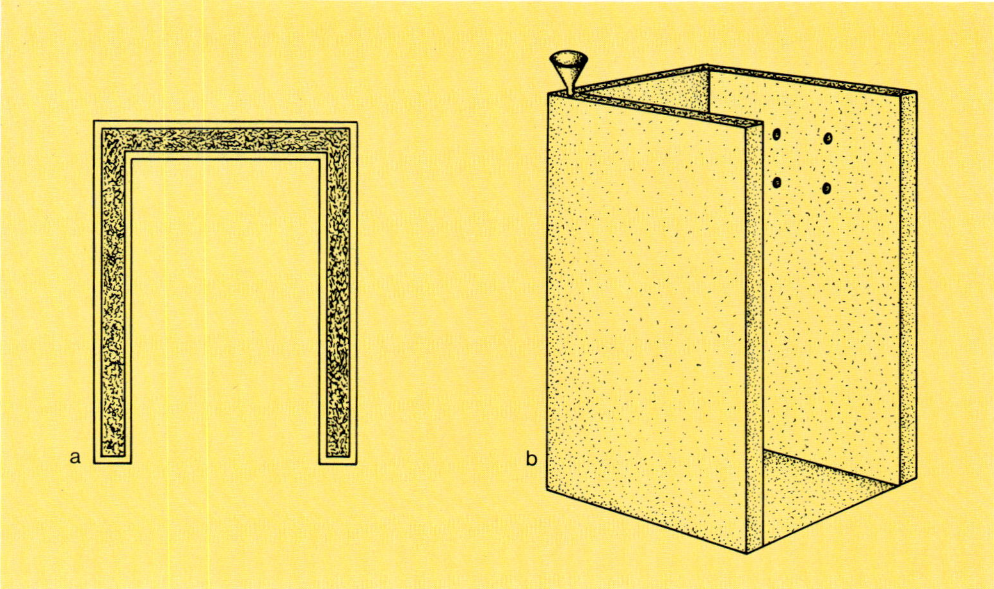

Bild 30. Schema eines Nistkastens mit doppelten, feuchtigkeitsspeichernden Wänden.

Man wundert sich nur immer wieder, wie schnell sie eine Bruthöhle schaffen, ganz besonders bei Kakadus. Leider ist es nicht immer einfach, ein passendes Stammstück zu beschaffen, doch fallen in allen größeren Parkanlagen immer wieder einmal derartige Stämme an. Gute Kontakte mit Stadtgärtnern, Parkarbeitern und Revierförstern können da oft helfen. Auch hohle Stämme von Obstbäumen, die in älteren Beständen von Birnen- und Pflaumenbäumen nicht selten sind, werden von kleineren Arten sehr geschätzt. Überhaupt sollte der Papageienzüchter immer auf der Suche nach hohlen Bäumen sein, denn bessere Nistkästen gibt es nicht.

Nur ganz wenige Papageienarten tragen Nistmaterial in die Bruthöhle ein, und noch seltener wird in der Nisthöhle ein richtiges Nest gebaut. Von den regelmäßig auch in Gefangenschaft vermehrten Arten sind es besonders die Unzertrennlichen, die Baststückchen, Zweigenden, Halme usw. eintragen. Rosenköpfchen stecken sich dabei das Nistmaterial zwischen die Federn der Schwingen und zwischen das Nackengefieder, bevor sie in den Kasten schlüpfen, und sie bauen häufig im Nistkasten eine geschlossene Nistkammer mit seitlichem Eingang. Für alle anderen Papageien, die kein Nest bauen, bringt man ein Lager grober Sägespäne als Unterlage in den Nistkasten ein. Für größere Papageien nimmt man besser kurze Hobelspäne (Maschinenspäne). Überall, wo feuchtigkeitsbewahrendes Einlagematerial angebracht ist (z. B. in geheizten Innenräumen), verwendet man Torf, oder noch besser halbvermulmtes Holz aus hohlen Baumstämmen als Nistkasteneinlage.

Genau festgelegte Balzrituale, wie wir sie von vielen anderen Vögeln kennen, sind bei Papageien selten und kommen in ausgeprägterer Form hauptsächlich bei australischen Sittichen vor. Aneinander gewöhnte Paare kraulen und füttern sich gegenseitig, meist wird dabei das Weibchen vom Männchen gefüttert. Das normale Verhalten der Geschlechter untereinander enthält aber, ganz besonders bei allen kleineren Arten, auch sehr viele aggressive Momente. Beißereien und Keilereien sind nicht selten. Zu einer Papageienehe gehört auch ab und zu etwas Krach, und gar nicht selten bekommt bei solchen Gelegenheiten der Mann die Keile. Bei Unzertrennlichen und bei Sperlingspapageien geschieht das oft sogar direkt nach dem Begattungsakt. Die eigentliche Begattung (Paarung) erfolgt in der Regel, während das Paar frei – z. B. auf einem Ast – sitzt. Nur bei wenigen Arten kommen Paarungen

Tabelle 3. Nistkastengröße und Schlupflochgröße für verschiedene Papageienarten.

Leitart	Nistkastengröße	Schlupfloch Ø
Wellensittich	12×12×25 cm	4 cm
Sperlingspapagei (besser ist ein ausgehöhlter Baumstamm mit 12 – 14 cm Innendurchmesser)	14×14×20 cm	4 cm
Unzertrennliche	20×20×30 cm	6 cm
Goldstirnsittich, Nymphensittich, Pflaumenkopfsittich, und ähnliche Arten	25×25×35 cm	6 cm
Loripapageien	20×30×30 cm	8 cm
Chinasittich, Alexandersittich,	30×30×50 cm	8 cm
Rosellas und ähnliche Arten		
Zwergaras	35×35×60 cm	15 cm
Große Aras	50×50×100 cm	18 cm
Mohrenkopf und ähnliche Arten	20×20×35 cm	9 cm
Graupapageien, Amazonenpapageien, Kleinere Kakadus	25×25×40 cm	11 cm
Große Kakadus	35×35×60 cm	15 cm

auch im Nistkasten vor. Springsittiche paaren sich auf dem Boden.
Auffällig ist bei allen Papageien die Länge des eigentlichen Begattungsaktes, der mit arttypischen Unterschieden eine bis fünf Minuten dauern kann. Für den Pfleger ist das sehr nützlich, denn so ist die Chance, eine Paarung feststellen zu können, verhältnismäßig groß. Die Eier werden häufig mit mehreren Tagen Abstand gelegt. Da viele Weibchen mit dem Brüten beginnen, sobald das erste Ei gelegt ist, schlüpfen auch die Jungvögel oft in beträchtlichen Abständen. Es ist also völlig normal, daß bei Papageien die Jungvögel derselben Brut verschieden groß und verschieden weit entwickelt sind. Bei der Zucht von Papageien ist es natürlich vorteilhaft, wenn man weiß, wie lange bei einer Art die „Schlupfzeit" (Brutzeit für das einzelne Ei) und die „Nestlingszeit" (Zeitraum vom Schlüpfen bis zum Verlassen der Nisthöhle) ist. Angaben über diese Zeiten finden wir, soweit sie überhaupt bekannt sind, bei der zusammenfassenden Beschreibung der betreffenden Gattung und, wo nötig, bei der Artbeschreibung. An dieser Stelle finden wir auch Hinweise über Zusatzfutter, das gereicht werden kann oder muß. Auch auf eventuelle Besonderheiten des Brutverhaltens wird dort hingewiesen.

Künstliche Aufzucht

Die künstliche Aufzucht ist bei Papageien schwieriger als bei den meisten anderen Vögeln, da die Altvögel ihre Jungen aus dem Kropf füttern und dabei den Schnabel des Jungvogels in ihren eigenen Schnabel nehmen. Bei der künstlichen Aufzucht ist es daher zumindest am Anfang oft notwendig, mit dem eigenen Mund zu füttern. Später kann man zumindest die größeren Arten auch vom Löffel füttern, den man zu diesem Zweck in die hohle Hand nimmt. Auch nach vorne trichterähnlich erweiterte Pipetten, die man von einem Glasbläser anfertigen lassen kann, haben sich besonders bei der künstlichen Aufzucht von Loripapageien bewährt. Ammenkinder bringt man in einer zugedeckten Schachtel mit weicher Unterlage unter. Gefüttert wird am besten während des Tages (während der Nacht füttern auch die natürlichen Eltern ihre Jungen nicht) etwa regelmäßig alle zwei Stunden. Bei der künstlichen Aufzucht ist die Gefahr, daß ein Jungvogel an Überfütterung eingeht, größer, als daß er verhungert. Zwar benötigen Vögel bei ihrem schnellen Wachstum viel Nahrung, man überschätzt bei fehlender Übung aber leicht das Gewicht des Jungvogels und unterschätzt die Futtermenge. Einen Futterbrei für die künstliche Aufzucht mischt man aus aufgeweichtem Zwieback, Kindermehl und etwas hartgekochtem Eigelb. Später kann man gekochten Reis zusetzen. Auch Gaben eines Polyvitaminpräparates sind anzuraten. Bei der Verwendung von Vitaminpräparaten muß man sich aber vor einer Überdosierung der Vitamine A und D hüten. Man verwendet am besten flüssige Präparate mit niedriger Konzentration und verdünnt diese, falls notwendig. Am besten nimmt man Vitaminpräparate, die für die Aufzucht kleinerer Tiere, wie z. B. Hausgeflügel, vorgesehen sind und genau dosiert werden können. Sollte dies nicht möglich sein, kann man eine entsprechende Lösung in der Apotheke herstellen lassen.

Kreuzungen

Kreuzungen zwischen verwandten Arten sind bei Papageien nicht gerade selten. Häufig sind sie bei Unzertrennlichen, wenn man mehrere Arten bzw. Unterarten in derselben Voliere zusammenhält. Auch von Aras, Kakadus und Amazonenpapageien sind Kreuzungen bekannt geworden, bei Amazonenpapageien kennt man Kreuzungen auch aus der Natur. Unter größeren Importen aus dem Nordosten Südamerikas findet man gar nicht so selten einzelne Vögel, die ihren Merkmalen nach nicht in eine Art hineinpassen, sondern deutlich Merkmale zweier Arten aufweisen. Offenbar kommen in diesem Raum, in dem sich die Verbreitungsgebiete mehrerer Arten überschneiden, artungleiche Paarbildungen vor. Bei der ausgesprochenen Gattentreue der Großpapageien kann ein solches Paar im Laufe von Jahren recht produktiv sein. Ein sehr gutes Beispiel dafür, daß auch artungleiche Papageienehen sehr produktiv sein können, ist eine in Fachkreisen gut bekannte Ara-Rekordehe. Geschlossen wurde sie 1962 zwischen einem Gelbbrustara (*Ara ararauna*) und einem Grünflügelara (*Ara chloroptera*) am Zoologischen Garten Wuppertal. Aus dieser Verbindung sind bis 1978 fast jedes Jahr zwei Jungvögel hervorgegangen. Die ganze „Kinderschar" wird zusammen mit einigen artreinen Aras auf einem großen Kletterbaum in einer Freianlage gehalten.

Die meisten Kreuzungstiere sind bei Papageien wahrscheinlich nicht fortpflanzungsfähig. Es ist somit auch nicht zu befürchten, daß durch Kreuzungen „Artmerkmale" verlorengehen. Sterile Tiere können kein Erbgut weitergeben, und als Hausgenosse kann ein Kreuzungspapagei genauso nett und drollig sein wie ein anderer. Sehr vorsichtig sollte man dagegen bei sehr nahe verwandten Arten sein (in Wirklichkeit sind derartig nahe verwandte Arten oft nur Unterarten derselben Art). Das gilt für manche australische Sittiche und ganz besonders für die Unzertrennlichen der *Agapornis personata fischeri*-Gruppe, denn diese Nachzuchten sind voll fortpflanzungsfähig. Verwandte Arten (bzw. Formen), die eventuell bastardieren könnten, sollte man nicht in derselben Voliere halten.

Krankheiten der Papageien

Eingewöhnte Papageien sind im allgemeinen harte und unempfindliche Vögel, die aber selbstverständlich auch einmal krank werden können. Für den Papageienpfleger ist es deshalb wichtig, erste Anzeichen einer Erkrankung auch zu erkennen. Der Erfolg einer Behandlung ist umso sicherer, je früher sie einsetzt.

Krankheitserkennung

Die wichtigste Voraussetzung, um eine krankhafte Abweichung im Benehmen eines Vogels erkennen zu können, ist die Kenntnis des normalen Verhaltens. Diese Kenntnis, die der erfahrene Papageienpfleger erworben hat, muß der Anfänger durch andauernde Beobachtungen erst lernen. Er muß dabei darauf achten, daß verschiedene Papageienarten auch sehr verschiedene Temperamente besitzen. Vergleiche mit Vögeln ein und derselben Art (oder nahe verwandter Arten) sind somit oft notwendig.
Vermutet man eine Erkrankung, so beobachtet man zunächst den Vogel, ohne daß dieser davon etwas merkt. In Außenvolieren ist dabei oft ein Fernglas nützlich. Ein Vogel, der sich beobachtet fühlt, ist nicht entspannt und erschwert somit das Erkennen von Krankheitssymptomen. Oft sind erkrankte Vögel gegenüber gesunden Artgenossen ungewöhnlich ruhig. Ein kranker Vogel schläft mehr als normal, meist mit beiden Füßen aufsitzend und oft mit aufgeplustertem Gefieder, um einem Wärmeverlust vorzubeugen. Die Atmung kann beschleunigt sein und ist bisweilen so kräftig, daß sich der Vogel bei jedem Atemzug ruckartig bewegt. Auch wenn ein sonst scheuer Vogel plötzlich zahm erscheint, ist eine genaue Beobachtung nötig. Was als Zahmheit gedeutet wird, kann sehr wohl Teilnahmslosigkeit sein, verursacht durch eine Erkrankung. Schlechte Nahrungsaufnahme, übermäßiges Trinken und Durchfälle sind andere Krankheitssymptome, die sich ohne nähere Untersuchung feststellen lassen.

Nähere Untersuchung

Für eine nähere Untersuchung muß der Vogel, wenn er nicht vollständig zahm ist, eingefangen werden. In einer Voliere fängt man ihn am besten mit einem Handnetz (Kescher). Alle Vogelkescher sollten weiche Bügel aus einem elastischen Material haben (z. B. Spanischem Rohr), um Schlagverletzungen zu vermeiden. In kleinen Volieren oder Zimmervolieren können wir einen erkrankten Vogel bei Dämmerlicht auch einfach mit den Händen greifen, wobei bei allen etwas größeren Arten aber Handschuhe notwendig sind. Bei Dämmerlicht darf jedoch nicht gefangen werden, wenn brütende Paare in der Voliere sind. Für eine nähere Untersuchung benötigt man bei allen größeren Vögeln einen Helfer, der das Tier während der Untersuchung festhält.
Der Vogel wird systematisch vom Kopf aus untersucht. Betrachtet werden zunächst Augen und Augenlider. Glanzlose bzw. trockene Augen sind allgemein als Krankheitszeichen zu werten. Gerötete Augenlider, eventuell mit Schorfbildung, können zwar lokale Entzündungen als Ursache haben, doch können sie auch Anzeichen für eine Ornithose-Erkrankung sein. Aufschlußreich ist mitunter die Färbung der Lidbindehaut, die sich bei Vögeln am einfachsten in der Innenseite des unteren Augenlides feststellen läßt. Zur Untersuchung zieht man das untere Augenlid etwas abwärts und nach außen. Ungewöhnliche Rötung kann als Infektionssymptom gewertet werden, ohne jedoch dabei etwas über die Lokalisierung der Infektion auszusagen. Eine allzu

blasse Färbung der Bindehaut deutet auf einen schlechten Ernährungszustand hin, oft verbunden mit einer allgemeinen Blutarmut. Sehr alte Vögel haben jedoch meist blasse Bindehäute. Eine gelbliche Verfärbung zeigt Leberstörungen (Gelbsucht) an.
Durch Abtasten kann man gut feststellen, ob der Kropf gefüllt ist oder nicht. Bei großen Vögeln kann man mitunter sogar fühlen, womit der Kropf gefüllt ist. Auch Geschwülste in Haut und Muskulatur spürt man bei einer vorsichtigen Untersuchung mit den Fingerspitzen gut. Eventuell in der Bauchhöhle vorhandene Geschwülste sind nicht so leicht zu ertasten. Bei kleineren Vögeln (z. B. Wellensittichen) ist es aber meist möglich. Liegt die Vermutung nahe, daß ein Weibchen ein fertig ausgebildetes Ei nicht legen kann (Legenot), so kann man das Ei durch die Bauchdecke fühlen. Hat man aber wenig Erfahrung, dann sollte man sich vor der Untersuchung genau die Lage des Muskelmagens vergegenwärtigen, da sich dieser wie ein Ei anfühlen kann. Schließlich untersuchen wir auch noch die Nähe des Afters. Eine vorgewölbte Kloake und gerötete Schleimhäute lassen auf Ernährungsstörungen, Durchfälle bzw. Infektionen der Verdauungsorgane schließen.
Hat man den Vogel nun schon einmal eingefangen, so kann man auch noch die Füße auf eventuelle Risse im Fußballen oder an der Innenseite der Zehen untersuchen und die Achselhöhlen auf Haut- oder Federparasiten. Beide sind jedoch bei Papageien nicht sonderlich häufig.
Lassen die Untersuchung der Kloake und die Beschaffenheit des abgegebenen Kotes auf eine Infektion der Verdauungswege schließen, so können Kotproben zur bakteriellen und parasitologischen Untersuchung an ein tierärztliches Untersuchungsamt eingesandt werden. Die Untersuchung solcher Proben gibt aber nur dann brauchbare Resultate, wenn genau angegeben wird, wann die Proben entnommen wurden, von welchen Vögeln die Proben stammen und wenn der Transport der Proben auf dem schnellsten Wege erfolgt. Das ist besonders bei Proben für bakteriologische Untersuchungen sehr wichtig. Man achte also beim Postversand von Proben auf den Wochentag, so daß die Probe nicht am Wochenende im Institut eintrifft. Kotproben sollten in gut verpackten und verschlossenen Glas- oder Plastikröhrchen eingesandt werden.

Tierärztliche Untersuchung

Wenn wir durch die eigene Untersuchung die Art der Erkrankung nicht erkennen können, so ist ein Tierarzt zu Rate zu ziehen. Damit wird aber ein Problem angesprochen, das nicht immer einfach zu lösen ist. Die allermeisten Tierärzte sind nämlich keine Vogelspezialisten. Ein Tierarzt behandelt normalerweise erkrankte Nutztiere und häufig gehaltene Heimtiere wie Hunde, Katzen, Meerschweinchen und ähnliches. In der veterinärmedizinischen Standardausbildung nehmen Vogelkrankheiten nur einen kleinen Raum ein. Vogelspezialisten sind unter Tierärzten daher eher die Ausnahme als die Regel. Doch hat sich die Situation der tierärztlichen Versorgung gerade im Hinblick auf Papageien während der letzten Jahrzehnte erheblich verbessert. Die ständig wachsende Zahl von Heimtieren aller Art hat dazu geführt, daß in vielen größeren Städten tierärztliche Praxen entstanden sind, die sich auf die Behandlung von Heimtieren spezialisiert haben. In einem kleineren Ort oder auf dem Lande kann es schwerer sein, einen Tierarzt mit Vogelerfahrung ausfindig zu machen. Da hilft meistens eine Rundfrage bei den nächsten Tierärzten, Geflügelzüchtervereinen und Vogelliebhabervereinen weiter. Bei einem Zoologischen Garten kann man meist auch die Adresse des nächsten auf Vögel spezialisierten Tierarztes erfragen. Als Papageienhalter sollte man baldmöglichst in Erfahrung bringen, wo man bei einer Erkrankung tierärztlichen Rat erhalten kann. Man warte damit nicht, bis ein Vogel ernsthaft erkrankt, denn sonst könnte es passieren, daß der Vogel tot ist, bis man den richtigen Tierarzt gefunden hat.
Auch sehr erfahrene Papageienpfleger, die Krankheiten richtig erkennen und zu behandeln wissen, kommen nicht ohne Tierarzt aus, denn sehr viele der für die richtige Behandlung notwendigen Medikamente sind rezeptpflichtig. Es sei in diesem Zusammenhang auch ausdrücklich davor gewarnt, ohne tierärztliche Konsultation Behandlungen mit Antibiotika oder Sulfonamiden durchzuführen.

Unterbringung kranker Vögel

Erkrankte Vögel sind zu isolieren und vor Zugluft geschützt und warm unterzubringen. Bei größeren Papageien muß man notfalls den Käfig mit einer Wolldecke so einhüllen, daß nur ein Teil der Vorderseite offen bleibt. Zusätzlich erwärmt man durch Aufstellung des Käfigs in der Nähe der Heizung oder durch eine Wärmelampe. Hält man eine größere Anzahl von kleineren Papageien-Arten, so sollte man einen „Krankenkäfig" in Bereitschaft halten. Gut für diesen Zweck geeignet ist ein mit Resopal ausgekleideter Kastenkäfig, der sich leicht reinigen und desinfizieren läßt. Gewärmt wird am einfachsten mit einer Infrarotlampe (Dunkelstrahler), die über einen Thermostaten angeschlossen wird. Die Temperatur wird auf 38 – 40 °C eingestellt. Die Lampe sollte jedoch so angebracht werden, daß der kranke Vogel den Bereich der Wärmestrahlung verlassen kann. Wichtig ist bei allen kranken Vögeln eine ausreichend hohe Luftfeuchtigkeit, denn zu trockene Luft verschlimmert viele Erkrankungen. Zur Erhöhung der Luftfeuchtigkeit kann eine zusätzlich eingestellte oder eingeschobene flache Wasserschale helfen. Futter- und Trinkwasserbehälter sind so anzubringen, daß sie vom kranken Vogel ohne Anstrengung erreicht werden können. Auf den Boden bringt man keinen Sand sondern Papier. Das erleichtert die Kontrolle des abgegebenen Kotes.
Unfallgeschädigte Vögel, die kein Blut verloren haben (z. B. bei Beinbrüchen, Verrenkungen usw.), brauchen nicht warm untergebracht werden, hier genügt es, den Vogel bis zur Ausheilung der Verletzung isoliert unterzubringen.

Infektionskrankheiten

Infektionskrankheiten oder ansteckende Krankheiten werden durch winzige Organismen verursacht. Es handelt sich hauptsächlich um Viren, Bakterien und Sporentierchen, seltener um Pilze. Nicht immer ist ein Erreger allein die Ursache einer Infektion, sogenannte „Mischinfektionen" sind nicht selten. Häufig sind bakterielle Infektionen als Folge einer anfänglich vorliegenden Virusinfektion oder als Folge eines anderen krankhaften Zustandes (Sekundärinfektion). Solche Sekundärinfektionen sind für den erkrankten Vogel oft gefährlicher als die anfängliche Erkrankung. Daher werden von Tierärzten häufig auch dann Antibiotika eingesetzt, wenn diese gegen die Ersterkrankung nicht helfen (z. B. bei manchen Virusinfektionen). Der Tierarzt gibt dann Antibiotika vorbeugend als Schutz gegen Bakterieninfektionen. Infektionskrankheiten befallen in erster Linie Vögel, die nach Transporten, Umstellungen oder einem kräftezehrenden Brutgeschäft geschwächt sind. Sauberkeit und hygienische Haltung sind vor allem dort, wo viele Vögel gemeinsam gehalten werden, die beste Vorbeugung. Für den Vogelliebhaber, der einen oder einige wenige Papageien hält, haben Infektionskrankheiten kaum Bedeutung. Nur bei frischimportierten Papageien kommen Infektionen häufiger vor. Dort aber, wo Papageien in größerer Zahl gehalten werden, wie z. B. bei Züchtern, sind Infektionskrankheiten eine wirkliche Gefahr, und hier ist auch eine fortlaufende Überwachung des Vogelbestandes auf Infektionen angebracht.

Viruskrankheiten

Viren sind die kleinsten bekannten Lebewesen überhaupt. Sie vermehren sich ausschließlich in den lebenden Zellen der befallenen Organismen. Viren rufen sowohl bei Pflanzen als auch Tieren Krankheiten hervor. Nur einige große Arten können mit Ultramikroskopen erkannt werden, den größten Teil kann man nur mit Hilfe eines Elektronenmikroskopes sehen. Eine Reihe von Vogelkrankheiten wird durch Viren verursacht, für den Vogelpfleger sind aber lediglich die Vogelpocken und die sogenannte „Papageienkrankheit" (Ornithose) wichtig.
Vogelpocken bezeichnet man zuweilen auch als Vogeldiphterie. Der Erreger der Vogelpocken ist der Virus *Borreliota avium*, von dem mehrere Formen bekannt sind. Man unterscheidet Hühner-, Puten-, Tauben- und Kanarienpocken. Von der letztgenannten Form werden jedoch auch einheimische Wildvögel, wie z. B. Finken und Meisen, angegriffen. Typisch sind pockenartige Ausschläge an Beinen und Füßen. Bei Kanarien sind auch Pustelbildungen im Schnabelwinkel und um die Augen herum, sowie weiße Beläge in Mundhöhle und Rachen nicht selten. Bei Papageien sind diese typischen Erscheinungsformen

der Vogelpocken so gut wie unbekannt, doch können auch Papageien, besonders kleinere Arten, mit Vogelpocken infiziert werden. Die Infektion führt zu einer blutenden Darminfektion (gut bekannt bei Wellensittichen). Erkrankte Vögel sterben fast immer im Lauf weniger Tage. Eine wirksame Behandlungsmethode ist bisher nicht bekannt.

Ornithose (auch als Psittakose oder Papageienkrankheit bezeichnet) wird durch den Virus *Miyagawanella* verursacht. Bisweilen wird der Erreger auch *Bedsonia* nach seinem Entdecker BEDSON genannt. Ob von diesem Virus zwei oder sogar mehrere Formen auftreten, ist bis heute nicht einwandfrei erwiesen, aber wahrscheinlich. Allgemein wird zwar zwischen Ornithose und Psittakose unterschieden, doch ist eine solche Grenzziehung unsicher und selbst unter Fachleuten umstritten. Jeder Vogelpfleger sollte wissen, daß diese Erkrankung nicht nur bei Papageien, sondern auch bei sehr vielen anderen Vögeln vorkommen kann. Man hat die Ornithose bisher bei mehr als 100 Vogelarten nachgewiesen, die nicht zu den Papageien gehören. Typisch für Ornithoseinfektionen ist vor allem, daß es keinen typischen Krankheitsverlauf gibt: Die Ornithose hat wie viele andere Viruserkrankungen sehr viele Gesichter. Alle Symptome zwischen leichten Erkältungserscheinungen wie Schnupfen bis zu schwersten Erkrankungen der Atmungsorgane und des Verdauungstraktes sind möglich. Der Erreger wird hauptsächlich über den Kot ausgeschieden und von dort als „trockener Staub" weiterübertragen, doch kommen auch Tröpfcheninfektionen, von den Nasenöffnungen ausgehend, vor. Auch offensichtlich gesunde Vögel können Krankheitsüberträger sein. Ständige Reservoire für Infektionen sind u. a. Wellensittichbestände, aber auch Hausgeflügel und nicht zuletzt die halbwilden Tauben unserer Großstädte.

Erkrankte Vögel zeigen dieselben Symptome, die auch bei Erkältungen auftreten können: Schnupfen, Atmungsbeschwerden, aufgeplustertes Federkleid, Schüttelfrost und mitunter auch schleimiger, gelbgrünlicher Durchfall. Eine sichere Diagnose ist nur durch eine serologische Untersuchung möglich, die an einem veterinärmedizinischen Institut durchgeführt werden muß. Es ist durchaus möglich, daß erkrankte Vögel auch ohne Behandlung eine Infektion überstehen. Mit entsprechender Behandlung lassen sich aber die allermeisten kranken Vögel retten. Die Behandlung erfolgt nach Anweisung des Tierarztes mit Tetracyklinen (Achromycin, Aureomycin, Terramycin). Die Wahl der richtigen Antibiotika ist bei der Behandlung von ausschlaggebender Bedeutung, da manche Antibiotika (z. B. Penicillin) nicht wirken. Die Medikamente werden meist mit dem Futter oder mit dem Trinkwasser verabreicht, doch sind bei Vögeln, die nicht fressen wollen, auch Injektionen möglich.

Auch Menschen können an Ornithose erkranken, und auch beim Menschen ist das Erscheinungsbild der Infektion äußerst verschieden. Leichtere Fälle werden sehr oft überhaupt nicht erkannt. Der Betroffene glaubt an eine Erkältung oder Grippe. Systematische Untersuchungen bei Tierpflegern, Geflügel- und Taubenzüchtern haben nämlich gezeigt, daß sich im Blut dieser Personen sehr oft Antikörper als Beweis für eine überstandene Ornithoseinfektion nachweisen ließen, ohne daß die Betroffenen wußten, wann sie erkrankt waren. Das darf aber nicht dazu verleiten, diese Krankheit zu verniedlichen, können doch schwerste Erkrankungen mit hohem Fieber (bis 40 °C) und gefährlichen Angriffen auf die Atmungsorgane vorkommen. Heute weiß man, daß schwerere Infektionen fast immer mit aus Südamerika importierten Papageien eingeschleppt werden. Hält man Papageien, ja Vögel überhaupt, so sollte man im Falle einer Infektion der Atmungsorgane den behandelnden Arzt immer auf die Möglichkeit einer Ornithoseinfektion aufmerksam machen. Die größte Gefahr für einen erkrankten Menschen liegt darin, daß die Infektion mit einer normalen Lungenentzündung verwechselt wird, sind sich doch die Symptome zum Verwechseln ähnlich. Wird dann zur Behandlung ein Antibiotikum eingesetzt, das gegen den Ornithose-Erreger unwirksam ist, so kann das sehr gefährlich werden. Nachgewiesene Erkrankungen sind in den meisten Ländern meldepflichtig, besonders solche, die neuimportierte Papageien betreffen. In der Bundesrepublik Deutschland gilt die Verordnung zum Schutz gegen Psittakose und Ornithose (Psittakose-Verordnung) vom 9. Juli 1970.

Durch Bakterien verursachte Erkrankungen

Von den durch Bakterien verursachten Infektionskrankheiten sind für Papageien Infektionen durch *Coli*-Bakterien, *Salmonella*-Bakterien und *Pasteurella*-Bakterien von Bedeutung. Auch Tuberkulose-Erkrankungen können vorkommen. Vereinzelt sind unter neuimportierten Vögeln auch Träger von Human-Tuberkulose nachgewiesen worden, also der Form der Tuberkulose, von der Menschen infiziert werden. Andere bakterielle Erkrankungen wie Pseudotuberkulose, Listeriose und einige andere sind bei Papageien so selten, daß sie hier nicht erwähnt werden. Der sichere Nachweis einer bakteriellen Erkrankung ist nur durch entsprechende Untersuchungen (Kot- bzw. Auswurfproben sowie Blut- und Serumproben) möglich. Beim schnellen Verlauf vieler Infektionen erfolgt die Behandlung aufgrund einer anhand der Symptome gestellten Diagnose. Die meisten Erkrankungen können mit Antibiotika erfolgversprechend behandelt werden.

Coliinfektionen werden durch das Bakterium *Escherichia coli* verursacht, von dem mehrere Typen vorkommen. *Escherichia coli* ist ein normales Darmbakterium, das in allen Vögeln und Säugetieren in ungeheuren Mengen lebt. Unter bestimmten Bedingungen kann es jedoch zum Krankheitserreger werden. Der Erreger ist weitverbreitet, befällt normalerweise aber lediglich geschwächte Vögel. Auch „Streß" kann zu Coliinfektionen führen. Junge Vögel werden häufiger krank als ältere. Colibakterien werden mit dem Kot ausgeschieden und durch mit Kot verunreinigtem Trinkwasser oder, nach dem Eintrocknen des Kotes, durch eingeatmete Staubpartikel übertragen. Eine sichere Diagnose ist nur durch eine bakteriologische Untersuchung möglich.

Am häufigsten sind Erkrankungen auf oder nach Transporten, wenn die Vögel gezwungen sind, verunreinigtes Trinkwasser aufzunehmen, und wenn sie Streß ausgesetzt sind. Äußerlich sichtbar äußert sich die Krankheit in gesträubtem Gefieder, geringer Nahrungsaufnahme oft verbunden mit Durchfällen. Der abgegebene Kot hat häufig eine gelatineartige Konsistenz. Bei Jungvögeln kann es auch zu entzündeten Gelenken und sogar zu Lähmungserscheinungen kommen. Die erkrankten Vögel haben keine genaue Kontrolle über ihre Flügelhaltung, d. h. die Flügel hängen herab oder werden gar nachgezogen. Eine Behandlung mit Tetracyklinen ist möglich, der Einfachheit halber am besten mit Aureomycin-Konzentrat ad usum veterinarium (Lederle).

Salmonellen-Infektionen, auch als Paratyphus bezeichnet, werden durch Bakterien der Paratyphusgruppe (Familie Salmonella) verursacht, von denen einige 100 verschiedene Typen bekannt sind. Ohne Zweifel gehören Salmonellen-Infektionen zu den häufigsten infektiösen Erkrankungen bei Vögeln überhaupt. Erwachsene und sonst vollständig gesunde Vögel können Träger von Salmonellen sein. Wird die natürliche Widerstandskraft aus irgendeinem Grunde herabgesetzt, kann die Krankheit zum Ausbruch kommen. Bei Volierenhaltung kann eine Infektion auch durch Wildvögel übertragen werden, wenn deren Kot in die Voliere fallen kann. Auch Nagetiere, wie Ratten und Mäuse, kommen als Überträger in Betracht, z. B. durch mit Mäuse- oder Rattenkot verunreinigtes Futter. Bereits geschwächte Vögel sterben bei einer Salmonellen-Infektion häufig schnell infolge einer allgemeinen Blutvergiftung. Symptome bei widerstandsfähigen Vögeln sind Fieber, Teilnahmslosigkeit, Appetitlosigkeit und wäßriger Durchfall. Bei mehr chronischem Krankheitsverlauf kommen auch Schwellungen der Flügel- und Beingelenke vor. Eine sichere Diagnose ist nur durch eine bakteriologische Untersuchung des Kotes möglich. Behandelt wird mit Tetracyklinen (Aureomycin, Terramycin) oder mit Chloramphenicol (Chloromycetin, Paraxin) über einen Zeitraum von mindestens 8 – 10 Tagen. Eine erneute Kotuntersuchung nach Abschluß der Behandlung ist angebracht.

Pasteurellose, verursacht durch *Pasteurella multocida,* war früher unter dem Hausgeflügel weitverbreitet und unter dem Namen Vogelcholera bekannt. Wenn auch diese Erkrankung infolge verbesserter Haltungsbedingungen selten geworden ist, kann sie bei der Papageienhaltung in großen Volierenanlagen oder dort, wo viele Vögel auf begrenztem Raum zusammen gehalten werden, mitunter auftreten. Ein epidemischer Ausbruch der Pasteurellose wird durch schlechte Hygiene und Vitaminmangel begünstigt. Der Erreger wird durch Auswurf und Kot übertragen. Andere Tiere, wie Ratten und Mäuse, Ungeziefer und Hautparasiten können Überträger sein. Erkrankte Vögel fressen nicht, trinken viel (Fieber) und hocken mit gesträubtem Gefieder herum. Ein weiteres Krankheitssymptom ist braunrot verfärbter, wäßriger Kot, der oft durchdringend übelriecht. Schwer erkrankte Vögel genesen nur selten. Eine weitere Ausbreitung der Erkrankung kann verhindert werden, wenn alle Vögel des Besatzes sofort vorbeugend mit Sulfonamiden behandelt werden. Der beste Schutz gegen *Pasteurella*-Infektionen sind gute Haltungsbedingungen, Sauberkeit, richtig zusammengestelltes Futter, und eine ausreichende Vitaminversorgung.

Tuberkulose. Die durch *Mycobacterium avium* verursachte Vogeltuberkulose (Geflügeltuberkulose) ist heute recht selten geworden. Der Mensch ist gegenüber dieser Tuberkuloseform nicht sonderlich anfällig, doch ist eine Infektion möglich. Solche Infektionen sind äußerst schwierig zu behandeln, da die meisten bei der Human-Tuberkulose wirksamen Mittel gegenüber der Vogeltuberkulose versagen. Bei Papageien kann Vogeltuberkulose bei Haltung in großen Volierenanlagen auftreten, bei der Papageienhaltung im Haus kommt sie kaum vor.

In früheren Jahren waren Erkrankungen durch Human-Tuberkulose, also der vorwiegend beim Menschen auftretenden Tuberkuloseform, besonders bei älteren Papageien nicht selten. Diese Tuberkulose (Erreger *Mycobacterium tuberculosis*) hat in der Regel einen schleichenden, chronischen Verlauf. Ein infizierter Papagei könnte noch jahrelang leben und stellt eine große Gefahr für seine unmittelbare Umgebung dar. Die Häufigkeit solcher Infektionen stand in direktem Zusammenhang mit der in früheren Jahren verhältnismäßig häufigen Tuberkulose beim Menschen. Mit der praktischen Ausrottung der Human-Tuberkulose in den hochentwickelten Ländern sind auch die infizierten Papageien verschwunden. Einige Fälle aus jüngster Zeit geben jedoch Anlaß darauf hinzuweisen, daß dieser Tuberkulosetyp mit handaufgepäppelten Papageien importiert werden kann, denn in Südamerika wie auch in Südostasien ist die Human-Tuberkulose noch weitverbreitet. Betreffs der Diagnose sei hier darauf hingewiesen, daß Tuberkulinproben (auch wenn Geflügeltuberkulin verwendet wird) bei Papageien keine sichere Diagnose ergeben. Nur durch eine Blutuntersuchung läßt sich Tuberkulose bei Vögeln sicher feststellen. Erkrankte Vögel werden getötet, behandelt wird wegen der großen Gefährdung der Umgebung nicht.

Tuberkulose hat bei Vögeln keinen typischen Verlauf. Ein Verdacht liegt, besonders bei Neuimporten, immer dann vor, wenn Vögel trotz guter Nahrungsaufnahme schnell abmagern. Auch Hautveränderungen, wie Knötchenbildungen, Verdickungen bzw. Verhornungen, sind bedenklich. Im Falle eines Tuberkuloseverdachts sollte man nie zögern, einen Tierarzt aufzusuchen. Tuberkulosefälle sind in allen europäischen Ländern meldepflichtig.

Pilzinfektionen (Mykosen)

Pilzinfektionen werden in noch weit höherem Maße als andere Infektionen durch eine schlechte Hygiene begünstigt. Einseitige Fütterung, Vitaminmangel, Streß, Parasitenbefall und andere Faktoren, die den Allgemeinzustand herabsetzen, begünstigen Pilzinfektionen. Pilze vermehren sich am besten bei hoher Temperatur und hoher Luftfeuchtigkeit. Der einwandfreie Nachweis mancher Pilzinfektionen ist oft schwierig, da manche Pilzformen sich nur durch komplizierte Untersuchungen nachweisen lassen. Ein Verdacht auf eine Pilzinfektion besteht immer dann, wenn eine Antibiotikabehandlung erfolglos bleibt. Die Behandlung von Pilzinfektionen mit pilztötenden Medikamenten wie Moronal, Flavofungin, Trypaflavin usw. hat nur bei äußerlichen Infektionen oder Infektionen in der Mundhöhle Aussicht auf Erfolg. Infektionen, die den inneren Organismus befallen haben, sind oft tödlich, es kommen jedoch auch spontane Heilungen vor. Die bekanntesten Pilzinfektionen bei Papageien seien hier kurz vorgestellt:

Aspergillose wird durch Schimmelpilze der Gattung *Aspergillus* verursacht. Diese Schimmelpilze wachsen auf geeigneten Unterlagen, wie faulenden Pflanzenresten oder ähnlichem, sehr gut, wenn Luftfeuchtigkeit und Temperatur für sie günstig sind. Die Infektion erfolgt durch von den Vögeln eingeatmete Pilzsporen, die sich auf den Schleimhäuten der Atmungswege festsetzen können. Beginnen die Pilze hier zu wachsen, so können bald Lungen und Luftsäcke angegriffen sein. Es ist aber bei Papageien selten, daß wirklich gesunde und ausgewachsene Vögel an Aspergillose erkranken. Anderweitig geschwächte Vögel und auch Jungtiere werden aber doch zuweilen von diesem Pilz befallen und sterben an der Infektion. Ein erkrankter Vogel bekommt Atmungsschwierigkeiten, bei schwererem Befall äußert sich dies in einem rhythmischen Öffnen und Schließen des Schnabels. Schwererkrankte Vögel sollte man töten, bevor sie ersticken. Bei Vögeln, die noch fressen, kann man versuchen, durch große Gaben von Vitamin A und besonders von Vitamin B einen spontanen Heilungsprozeß zu unterstützen. Wirksame Medikamente gegen diese Infektion gibt es bisher nicht. Eine sichere Diagnose kann sehr schwierig sein. Als besonders empfänglich für Aspergillose-Infektionen haben sich Rotsteißpapageien (*Pionus*) erwiesen.

Candida-Infektion (Soorkrankheit) ist eine Infektion durch den Hefepilz *Candida albicans.* Befallen werden die Schleimhäute der Mundhöhle, der Speiseröhre und des Kropfes. Die Infektion erfolgt wahrscheinlich durch mit Hefepilzen infizierte Futterstoffe. Diese Krankheit ist, wie auch die Aspergillose, bei Papageien in erster Linie eine Schwächeinfektion, die fast immer bereits geschwächte Vögel oder auch Jungtiere befällt. Ohne Behandlung führen schwere Fälle in der Regel in wenigen Tagen zum Tode. Spontane Heilungen kommen jedoch auch ohne eine Behandlung vor. Für eine Behandlung ist von den zugänglichen pilztötenden Medikamenten Mycostatin (Squibb) geeignet. Mycostatin ist ein Antibiotikum, das ganz besonders gegen *Candida albicans* wirksam ist.

Hautinfektionen durch Achorion- bzw. Trichophytonpilze sind verhältnismäßig selten, jedoch sehr ansteckend. Sie kommen mitunter in größeren Zuchtbetrieben bei Agaporniden und Nymphensittichen vor. Angegriffen wird vorwiegend die Kopfhaut, besonders die Umgebung des Schnabels. Am Anfang treten dünne, weißliche, sich schuppende Beläge auf, die sich später grau verfärben. An den befallenen Hautpartien fallen nach einiger Zeit die Federn aus, und es kommt zur Bildung grobschuppiger Beläge. Man kann diese Pilzinfektion sehr leicht mit der Parakitenkrätze (fälschlich auch als Schnabelschwamm bezeichnet) verwechseln, und man sollte daher vor der Behandlung eine Probe des Hautbelages zur Untersuchung an ein tierärztliches Institut einsenden. Die Bestimmung der Pilze ist zwar schwer, die Parakitenkrätze ist aber leicht auszuschließen, da sie durch eine mikroskopisch kleine Milbe verursacht wird.

Hat man eine Pilzinfektion festgestellt (oder ist sie durch den Ausschluß von Krätzemilben wahrscheinlich), so behandelt man die angegriffenen Hautstellen mit einer Trypaflavinlösung (1% Trypaflavin (Acriflavin), 30% medizinischer Alkohol, der Rest destilliertes Wasser). Von den gegen Pilzinfektionen wirksamen Medikamenten soll sich auch Mycotectan (Lazopharma, Berlin) gut bewährt haben.

Andere Infektionskrankheiten

Coccidiose. Die Erreger von Coccidiosen kommen in sehr großer Artenzahl bei allen Vögeln vor. Kaum ein wildlebender Vogel ist je vollständig frei von Coccidien. Coccidien gehören zu den Sporentierchen (Sporozoa) und durchlaufen in ihrer Entwicklung eine äußerst komplizierte Kette wechselweiser geschlechtsloser und geschlechtlicher Phasen mit darauf folgenden Ruhephasen. Während bei der Käfighaltung Coccidien keine Rolle spielen, sieht das bei der Volierenhaltung, besonders wenn die Volieren stark besetzt sind, etwas anders aus. Hier kann es nach und nach zu einer Anreicherung von Coccidien im Boden kommen, wobei die Gefahr einer epidemischen Erkrankung immer größer wird. Hervorzuheben ist auch hier, daß selbst bei einer Epidemie die Coccidiose bei Papageien in erster Linie als eine „Schwächeinfektion" gewertet werden muß.

Die Kennzeichen für eine Erkrankung durch Coccidieninfektion sind nicht besonders charakteristisch. Die kranken Vögel werden matt, fressen wenig, trinken viel und das Gefieder ist aufgeplustert. Der Kot ist schleimig, mitunter auch blutig. Vom Tierarzt kann eine Diagnose mit Hilfe des Mikroskopes schnell und sicher gestellt werden. Am sichersten wird eine Coccidiose mit Sulfonamiden behandelt, z. B. mit Eleudron (Bayer). Sehr gut hat sich auch Codrinal (Hoechst) bewährt, ein Mittel, das von Vögeln sehr gut vertragen wird und neben anderen Substanzen Hostacyklin enthält. Zur Behandlung löst man eine Messerspitze Codrinalpulver in 35 g Wasser auf und reicht den erkrankten Vögeln diese Lösung als Trinkwasser. Alle anderen Wasserbehälter werden entfernt. Die Behandlung sollte mindestens 4 Tage lang dauern und die Lösung möglichst zweimal täglich frisch gereicht werden. Nach dieser Zeit wird die Behandlung für 3 Tage unterbrochen und dann wiederholt. Gleichzeitig sollte man die Behandlung durch Gaben der Vitamine A, B und K unterstützen.

Eine Desinfizierung verseuchter Volierenböden ist bei Coccidien sehr schwierig, da die Dauerformen der Coccidien Behandlungen mit allen denkbaren Desinfektionsmitteln in den meisten Fällen überleben. Da eine Totalvernichtung der Coccidien aber so oder so nicht möglich ist, erweist sich fast immer eine Erneuerung der obersten Bodenschicht, d.h. der obersten 10 – 15 cm, als am wirksamsten.

Trichomoniasis ist eine bei Tauben weitverbreitete Erkrankung, deren Erreger das Geißeltierchen *Trichomonas columbae* ist (eventuell kommen noch andere *Trichomonas*-Arten als Erreger in Frage). Bei erwachsenen Papageien kommen kaum akute Erkrankungen durch diesen Erreger vor, und wenn überhaupt, dann nur mit äußerst unklarem Erscheinungsbild. Sehr leicht werden aber Jungvögel, die aus dem Kropf gefüttert werden, von Altvögeln infiziert. Bei Jungvögeln nimmt diese Erkrankung nun einen vollständig anderen Verlauf, und sehr viele unerklärliche Todesfälle bei Jungvögeln dürften, besonders bei Freivolierenhaltung, auf das Konto von *Trichomonas*-Infektionen gehen.

Eine akute Erkrankung äußert sich in einer Entzündung der Schleimhäute in Mundhöhle, Speiseröhre und eventuell im Kropf. Auf den Schleimhäuten bilden sich gelbliche, festsitzende Beläge, die mitunter die Atemspalte verengen und die Atmung behindern. Zur Behandlung entfernt man die Schleimhautbeläge, soweit das möglich ist, und danach werden die Wundflächen mit einem Desinfektionsmittel vorsichtig abgetupft.

Eine direkte Behandlung war bis vor kurzem nur mit Flagyl (Rhone-Poulenc) möglich, das in einer langwierigen Kur täglich mit einer Sonde in den Kropf gegeben werden mußte. Neuerdings steht jedoch mit dem Cardiazolpräparat Spatrix (Janssen) ein direkt für die Behandlung von Vögeln entwickeltes Mittel zur Verfügung. Es gibt dieses Medikament in Form von Standardtabletten für Tauben. Eine sichere Diagnose der Trichomoniasis ist nur durch die mikroskopische Untersuchung von Rachen- oder Kropfabstrichen möglich.

Parasiten

Wurmbefall. In Darm und Magen parasitierende Würmer gibt es auch bei Papageien. Bei Neuimporten werden zuweilen Bandwürmer festgestellt, die aber kaum Bedeutung haben, da ihre Vermehrung von Zwischenwirten abhängig ist, die in unseren Breiten fehlen.

Da **Bandwürmer** (Cestodes) den Organismus des befallenen Vogels stark strapazieren, kann doch direkte Behandlung bei Neuimporten angebracht sein. Diese erfolgt am einfachsten mit Mansonil (Bayer). Dosierung: 200 mg/kg Körpergewicht. 1 Tablette Mansonil enthält 1250 mg wirksame Substanz. Die Behandlung von Bandwürmern ist mit allen anderen Piperazinpräparaten ebenfalls möglich.

Haarwürmer (Capillaria) sind winzige Parasiten, die sich mit ihrem Vorderteil in die Darmschleimhaut einbohren. Ein Massenbefall mit Haarwürmern hat Durchfall und Abmagerung zur Folge. Erfolgt keine Behandlung, so kann Haarwurmbefall tödlich enden. Bei Papageien kommen mehrere Arten von Haarwürmern vor, von denen manche Arten Regenwürmer als Zwischenwirte zur Vermehrung benötigen. Andere vermehren sich ohne Zwischenwirt. Gute Bodenhygiene ist bei Volierenhaltung von Papageien die beste Vorbeugung gegen Haarwurmbefall. Bis vor wenigen Jahren war die Behandlung von mit Haarwürmern befallenen Vögeln äußerst schwierig und nur mit Präparaten möglich, die genaueste Dosierung verlangten (z. B. Dekelmin). Mit der Einführung der Tetramisolpräparate ist die Bekämpfung von Haarwürmern wesentlich einfacher geworden. Solche Tetramisolpräparate sind Nilverm (ICI), das in einer Dosierung von 1 ml pro 500 g Körpergewicht eingesetzt wird und Ripercol (Janssen), Dosierung 0,35 ml pro 500 g Körpergewicht. Noch einfacher ist die Behandlung mit Spartacone (Janssen Pharmazeut. N. W. Beerse/Belgien), das in Tabletten mit 10 mg zur Behandlung von Tauben hergestellt wird.

Spulwürmer (Ascaridida) sind streng wirtsspezifisch, d. h. Papageien haben ihre speziellen Spulwürmer. Sie können also nicht von anderen Vögeln auf Papageien übertragen werden und umgekehrt. Ein Massenbefall mit Spulwürmern kann zu Darmentzündungen, Stoffwechselstörungen und Darmverengungen führen. Selbst totale Darmverschlüsse mit tödlichem Ausgang sind bekannt geworden. Die Behandlung kann entweder mit den zur Behandlung von Haarwürmern genannten Tetramisolpräparaten erfolgen, doch sind bei Spulwurmbefall Piperazinpräparate ebenso wirksam. Es gibt eine ganze Anzahl dieser Präparate im Handel (z. B. Vermifax, Uvilon, Ascaritaen). Bei der Behandlung eines Spulwurmbefalles ist entscheidend wichtig, daß die Kur nach etwa sechs Wochen noch einmal wiederholt wird. Die Larvenstadien der Spulwürmer leben nicht im Darm und können deshalb erst von der zweiten Kur vernichtet werden. Alle Wurmmittel sollte man exakt dosieren und am besten über eine Sonde direkt in den Kropf geben.

Jede Wurmbehandlung sollte nur nach einer durch eine Kotuntersuchung gesicherten Diagnose durchgeführt werden. Da es keine vollständig ungefährlichen Wurmkuren gibt, müssen die tierärztlichen Vorschriften genau eingehalten werden.

Ektoparasiten sind bei der Papageienhaltung nur selten ein Problem, denn von den sonst bei Vögeln häufigen Ektoparasiten wie der Roten Vogelmilbe und Federläusen (Mallophagen) werden Papageien nur selten befallen. Nur bei Neuimporten findet man mitunter einen stärkeren Befall mit Ektoparasiten. Bei der Behandlung eines Ektoparasitenbefalls ist jedoch große Vorsicht geboten, sind doch viele der angepriesenen Bekämpfungsmittel gefährlicher als die Parasiten. Zur Bekämpfung sollte man ausschließlich reine Pyrethrine verwenden. Diese aus *Pyrethrum*-Arten gewonnenen Pflanzengifte sind, richtig angewandt, hochwirksam und für die Vögel ungefährlich. Man sollte über diese Giftstoffe Bescheid wissen, sonst können sie unwirksam sein. Alle Pyrethe-Präparate, gleichgültig, ob als Puder oder in flüssiger Form, sind sehr lagerungsempfindlich und verlieren unter Lichteinfluß schnell ihre Wirkung. Man sollte deshalb nur absolut frische Präparate verwenden. Der Vogel wird zur Behandlung vorsichtig eingepudert, wobei Schnabelhöhle, Nasenlöcher und Augen sorgfältig geschützt werden müssen. Käfige, Volieren, die Einrichtung usw. werden mit wasserlöslicher Pyrethelösung abgespritzt. Nach 10 Tagen ist die Behandlung noch einmal zu wiederholen. Bei Mallophagen sind oft mehrere Behandlungen hintereinander notwendig.

Parakitenkrätze oder Parakitenräude, fälschlich auch als Schnabelschwamm bezeichnet, wurde zuerst bei Wellensittichen beschrieben. Der Erreger ist die Räudemilbe *Cnemidocoptes pilae.* Während der letzten Jahre sind besonders bei Importpapageien von den Philippinen ähnliche, durch andere *Cnemidocoptes*-Arten verursachte Räuden nachgewiesen worden.

Die mikroskopisch kleinen Räudemilben bohren sich in Haut und Horn der Schnabelumgebung und des Schnabels ein und lösen Wucherungen und schließlich auch Entzündungen aus. Im weiteren Verlauf breitet sich die Räude aus und kann auch auf Füße und große Teile der Haut übergreifen. Die Erkrankung ist leicht zu behandeln, wenn man sie rechtzeitig erkennt. Bei kleinen Vögeln wie Wellensittichen genügt es oft, die angegriffenen Körperteile mehrere Male mit Vaseline oder Paraffinöl einzureiben, so daß die Räudemilben ersticken. Das reicht aber bei größeren Vögeln nicht aus, wahrscheinlich bedingt durch die größere Hornmasse. Hier wird zur Behandlung entweder Neguvon in 0,15%iger Lösung oder Pervalen eingesetzt. Pervalen enthält Glyzerin-Alkohol und dringt gut in das durch die Milbenangriffe poröse Horngewebe ein. Bei sehr hartnäckigen Fällen haben sich auch wasserlösliche Jodpräparate, wie sie für Wunddesinfektionen verwendet werden, gut bewährt.

Organische Krankheiten

Atmungsorgane

Entzündungen in der Nasenhöhle äußern sich durch Niesen und Ausfluß. Mitunter entzünden sich auch die Augen. Die Ursache ist eine Erkältung mit darauffolgender Bakterieninfektion. Zur Behandlung halten wir den Vogel warm und waschen die Nasenlöcher mit einer 1%igen Kochsalzlösung aus, um Schleimverstopfungen zu vermeiden. Eine eventuell auftretende Augenentzündung wird mit 1% Aureomycin- oder Terramycin-Augensalbe behandelt.

Mitunter kann eine in der Nasenhöhle beginnende Entzündung auf die anderen Luftwege übergreifen. Man behandelt mit Wärme und in hartnäckigen Fällen mit einem Antibiotikum (Aureomycin, Terramycin) im Trinkwasser.

Lungenentzündungen und Lungensackentzündungen sind leider oft durch Pilzinfektionen bedingt und kaum zu behandeln. Gegen bakterielle Entzündungen ist Penicillin in Form von täglichen Injektionen in die Brustmuskulatur wirksam. Bei kleineren Vögeln gibt man diese Injektion am besten subkutan (unter die Haut). Die Dosierung nach dem Gewicht des Vogels ist vom Tierarzt festzustellen.

Verdauungsorgane

Kropfverstopfungen und Kropfentzündungen kommen bei Papageien mitunter vor, besonders bei kleineren Arten. Ursachen sind häufig Verstopfung, Aufnahme verdorbenen Futters sowie Vergiftungen durch Pflanzengifte. Zur Behandlung entfernt man den Sandbelag des Käfigbodens und läßt die Vögel einen Tag hungern. Sehr kleine Vögel, wie z. B. Wellensittiche, dürfen aber nur einen halben Tag hungern. Ins Trinkwasser gibt man einige Tropfen Zitronensaft und als Futter nach der Hungerperiode gekochten Reis oder gekochte Hirse. Bei großen Vögeln müssen schwere Fälle mitunter operativ behandelt werden. Chronische Kropfverstopfungen können leicht in eine Kropfentzündung übergehen. Um ein schnellstmögliches Abklingen des Entzündungszustandes zu erreichen, ist neben einer Behandlung mit Antibiotika eine ergänzende Behandlung mit Cortison oft angebracht.
Nach Abschluß der Behandlung erhalten die Vögel einige Zeit „Diätfutter“ aus gekochten Sämereien.
Darmentzündungen sind besonders bei Neuimporten nicht selten und werden wahrscheinlich oft durch eine Bakterieninfektion hervorgerufen. Doch können auch gut eingewöhnte Vögel an Darmentzündungen erkranken. Behandelt wird mit Wärme, Reisschleim als Trinkwasser und gekochtem Reis als Futter. Hartnäckige Durchfälle behandelt man mit Tannalbin oder Wismut. Bei Infektionsverdacht ist ein Tierarzt zu Rate zu ziehen.

Herz- und Kreislauferkrankungen

Erkrankungen des Blutes wie Blutarmut (Anämie) und Blutkrebs (Leukämie) kommen auch bei Vögeln vor. Anämie ist bei Papageien nicht einmal selten. Sie zeigt sich durch eine blasse Färbung der Haut an unbefiederten Hautpartien und ist durch reichliche Fütterung mit leicht verdaulichem Futter und großen Vitamingaben zu behandeln. Eisenzufuhr ist angebracht. Leukämie ist bei Papageien glücklicherweise sehr selten; eine Behandlung ist nicht möglich. Herzkrankheiten werden mitunter bei der Obduktion toter Vögel nachträglich festgestellt. Eine Diagnose am lebenden Vogel ist äußerst unsicher. Aderverkalkungen kommen bei sehr alten Vögeln vor, oft verbunden mit vorübergehenden Krampfanfällen. Der Tod aufgrund einer Adernverkalkung tritt fast immer plötzlich ein.

Erkrankungen der Drüsen

Lediglich die Infektion der Speicheldrüse hat hier, besonders bei Großpapageien, eine gewisse Bedeutung. Man erkennt sie durch eine Anschwellung der Grube unter dem Schnabel, durch geringere Futteraufnahme und Speichelausfluß. Die Ursache ist immer eine Infektion, nicht selten Ornithose.

Hautkrankheiten

Französische Mauser kommt hauptsächlich bei Wellensittichen vor. Hierbei fallen Jungvögeln die gerade gebildeten Federn aus. Die Vögel können sich nur laufend fortbewegen, und daher spricht man zuweilen auch von der „Rennerkrankheit“. Die Ursachen dieser Erkrankung sind bisher nicht bekannt. Teils scheint sie vererbbar zu sein, doch kann auch eine Zuchtstörung, verursacht durch überzüchtete Produktivität (vergrößerte Jungenzahl je Brut und dichtere Brutfolge hintereinander) und eine damit verbundene unzureichende Eiweißversorgung der Jungvögel, nicht ausgeschlossen werden. Die Tatsache, daß diese Krankheit neuerdings auch bei anderen Massenzuchten als bei Wellensittichen auftritt (Agaporniden, Nymphensittiche) spricht dafür. Die meisten erkrankten Jungvögel entwickeln nach und nach ein normales Federkleid. Von der Zucht sollte man solche Vögel jedoch prinzipiell ausschließen.
Federfressen ist eine bei Papageien leider allzu häufige Erscheinung. Die weitaus gewöhnlichste Ursache scheint ganz einfach Langeweile zu sein. Federfresser sind in großen Besetzungen, z. B. in Zoologischen Gärten selten, bei einzeln

gehaltenen Vögeln findet man diese Erscheinung um so häufiger. Möglicherweise kann Hautjukken, z. B. bei Ektoparasitenbefall, auch zum Federfressen beitragen. Mitunter kommt es vor, daß ein federfressender Papagei plötzlich seine Untugend ablegt, wenn er in eine andere Umgebung kommt und Gesellschaft von anderen Papageien erhält. Viel Beschäftigung ist neben Gesellschaft das beste Mittel gegen Federbeißen.
Alle bisher durchgeführten Untersuchungen, für diese Erscheinung eine andere Ursache zu finden, haben zu keinem Ergebnis geführt. Dafür, daß Federfressen psychische Gründe hat, spricht auch die Tatsache, daß mitunter eine Behandlung mit Beruhigungsmitteln, wie sie zur Verhinderung von Kannibalismus bei Hühnern in modernen „Hühnerfabriken" verwendet werden, erfolgreich ist (z. B. 2% Solusediv, Grünenthal). In letzter Zeit findet man mitunter in Fachzeitschriften Anzeigen von Vogelhändlern, die sich anbieten, federfressende Papageien zu kurieren. Die angewandte Behandlungsmethode ist denkbar einfach und führt zumindest vorübergehend zu einem Erfolg. Durch einen kleinen operativen Eingriff wird nämlich der Unterschnabel an seiner Spitze v-förmig ausgeschnitten, so daß der Vogel damit ganz einfach keine Feder mehr erfassen kann. Bis die Federn nachgewachsen sind, muß dieser Eingriff aber mehrmals wiederholt werden, denn auch der Schnabel wächst ja nach. Der bleibende Erfolg einer solchen Behandlung ist jedoch fraglich, denn in der alten Umgebung wird der Vogel wahrscheinlich bald von neuem beginnen, sich die Federn auszuzupfen. Andererseits sind federfressende Papageien eine so traurige Erscheinung, daß jede Erfolg versprechende Behandlung versucht werden sollte. Federfressen darf nicht mit Federrupfen verwechselt werden. Vereinzelt kommt es nämlich vor, daß einzelne Sittiche ihren Volierengenossen Federn ausrupfen.

Erkrankungen der Harn- und Geschlechtsorgane

Vogelgicht ist die häufigste bei Vögeln auftretende Erkrankung, die mit den Harnorganen im Zusammenhang steht. Bei Papageien werden vorwiegend kleinere Arten betroffen, und zwar besonders dann, wenn den Vögeln ausreichende Bewegungsmöglichkeiten fehlen. Wenn bisher auch noch nicht alle Faktoren, die zu dieser Erkrankung beitragen, bekannt sind, so steht doch fest, daß ein Überschuß an Eiweiß im Futter bei gleichzeitigem Vitaminmangel das Auftreten der Vogelgicht begünstigt. Die direkte Ursache ist, daß die Nieren nicht mehr in der Lage sind, Harnsäureüberschüsse aus dem Blut auszuscheiden. Die überschüssigen Harnsalze lagern sich bei leichteren Fällen in Sehnenscheiden und Gelenken ab und greifen in schwereren Fällen auch auf innere Organe wie Herz, Leber und Milz über. An angegriffenen Gelenken können offene Wunden (Aufbrüche) entstehen. Bei der Obduktion an Gicht eingegangener Vögel kann man feststellen, daß Nieren und Harnleiter mit weißen Ablagerungen durchsetzt sind. Die Vogelgicht läßt sich im eigentlichen Sinne nicht behandeln, man kann lediglich durch eine wohl abgewogene Futterzusammensetzung vorbeugen. Das ist neben ausreichenden Bewegungsmöglichkeiten der sicherste Weg, um Gichterkrankungen zu verhindern.
Legenot, d. h. das Unvermögen, das fertig entwickelte Ei legen zu können, ist bei gesunden und richtig ernährten Papageien selten. Symptome von Legenot sind wiederholte Besuche im Nistkasten ohne Resultat, später auf dem Hinterrücken gesträubte Federn, Mattigkeit, Futterverweigerung, aufgeplustertes Federkleid und erhöhte Atemfrequenz. Bei gesunden Vögeln und guter Futterversorgung (Vitamine, Minerale) kann auch eine Erkältung Auslöser einer Legenot sein. Bei Wellensittichen und anderen Zuchtformen kommen auch weichschalige Eier mitunter als Ursache der Legenot in Frage.
Zur Behandlung gibt man einige Tropfen warmes Paraffinöl in die Analöffnung. Der Vogel wird dann in einen Karton gesetzt, dessen Boden mit einem Stück Wolldecke ausgelegt ist. Unter den Karton bringt man eine Heizdecke. Hat diese Behandlung innerhalb von 3 – 4 Stunden keinen Erfolg, so wäscht man die Analgegend einige Minuten lang mit warmem Wasser von etwa 40 °C, wodurch die „Wehen" angeregt werden. Wird dabei das Ei in der Analöffnung sichtbar, kann man es fast immer unter Zuhilfenahme von etwas Öl herausmassieren. Gelingt auch dies nicht, so sollte man den Tierarzt konsultieren. Man kann nämlich das im Eileiter festsitzende Ei entfernen, unter Umständen durch eine Operation.

Eileitervorfall kommt mitunter im Zusammenhang mit Legenot besonders bei unnormal großen Eiern vor. Der Eileitervorfall zeigt sich in Form einer roten Beule an der Analöffnung, die oft ein Ei enthält. Eileitervorfall muß umgehend behandelt werden, da es sonst leicht zu Infektionen kommt.
Zur Behandlung wird der Vorfall zunächst mit einer Desinfektionslösung abgewaschen und danach mit einer betäubenden Salbe eingeschmiert. Sehr gut geeignet für diesen Zweck ist Xylocain-gel (Asta), das gleichzeitig ein ausgezeichnetes Gleitmittel ist. Der dünne Eileiter wird nun soweit zurückgeschoben, daß ein eventuell vorhandenes Ei entfernt werden kann. Danach schiebt man den Vorfall mit eingeöltem Finger oder einem gerundeten, glatten Stäbchen (je nach Größe des zu behandelnden Vogels) in die Kloake zurück. Um einen erneuten Vorfall innerhalb der nächsten Stunden zu verhindern, wird die Kloake mit betäubender Salbe bestrichen. Da das Infektionsrisiko groß ist, sollten nach einem solchen Eingriff vorbeugend Antibiotika gegeben werden.

Erkrankungen des Nervensystems

Epilepsie kann mitunter bei Großpapageien vorkommen. Betroffene Vögel bekommen Krampfanfälle, schlagen planlos mit den Flügeln, schreien und fallen nicht selten zu Boden. Diese Anfälle wiederholen sich mit einigen Tagen Abstand. Nach den Anfällen wird der Vogel wieder vollständig normal. Ursache solcher Anfälle können Nervenschäden sein, doch können auch Infektionen (z. B. Ornithose), Vergiftungen und Avitaminosen ähnliche Anfälle auslösen. Man sollte daher einen Tierarzt zu Rate ziehen.
Gehirnerschütterung kann durch am Kopf gesträubte Federn oder geschlossene Augen, ohne daß der Kopf unter die Flügel gesteckt wird, gekennzeichnet sein. Auch Gleichgewichtsstörungen sind möglich. Bei Papageien haben Gehirnerschütterungen fast immer dieselbe Ursache: Der Vogel ist hart gegen eine Fensterscheibe geprallt. Meist erholen sich die Tiere nach einem solchen Aufprall von selbst. Zur Linderung kann man dem Vogel eine Messerspitze Kopfschmerzpulver mit etwas Wasser eingeben und ihn einige Stunden an einem dunklen, störungsfreien Platz unterbringen.

Die **Taumelkrankheit oder Drehkrankheit** zeichnet sich dadurch aus, daß der betroffene Vogel den Kopf planlos in alle Richtungen dreht. Gleichgewichtsstörungen sind häufig, und der Vogel frißt wenig oder gar nicht. Ursachen können Nervenschäden (z. B. durch jahrelanges Eingesperrtsein in zu engen Käfigen) oder Infektionen im Innenohr sein. Auch Avitaminosen sind denkbar. Die unmittelbare Behandlung erfolgt bei Nahrungsverweigerung durch Zwangsfütterung mit leicht verdaulichen und vitaminreichem Futter. Für die weitere Behandlung ist der Rat eines Tierarztes einzuholen.

Entzündungen von Augen und Tränendrüsen

Augenentzündungen sind Entzündungen der Augenbindehaut. Sie zeigen sich durch eine Rötung und Anschwellung und schleimigen Ausfluß. Die Augen sind halb oder ganz geschlossen, die Augenlider durch Rückstände verklebt. Der erkrankte Vogel versucht häufig, die Augengegend gegen Sitzstangen oder ähnliches zu reiben. Die Ursache von Augenentzündungen sind fast immer Bakterieninfektionen, nicht selten auch Sekundärinfektionen als Folge einer Ornithose. Der Mangel an Vitamin A kann Entzündungen begünstigen oder sogar die direkte Ursache für entzündungsähnliche Erscheinungen sein. Behandelt wird mit einer Antibiotika-Augensalbe (1% Aureomycin-Augensalbe).
Entzündungen der Tränendrüsen sind als Folge von Augenentzündungen bei Großpapageien nicht selten. Über dem Auge können sich bis erbsengroße Anschwellungen zeigen, die aus Entzündungsrückständen bestehen. Behandelt wird mit Antibiotika. Nach Abheilen der akuten Entzündung können die zurückbleibenden Anschwellungen durch einen kleinen Eingriff vom Tierarzt leicht entfernt werden.

Geschwülste

Geschwülste kommen bei Papageien vorwiegend beim Wellensittich vor. Erkrankungen durch gutartige oder auch bösartige (krebsartige) Geschwülste treten jedoch bei allen Papageien vereinzelt auf. Geschwülste in der Haut oder direkt unter der Haut können vom Tierarzt durch eine

Operation entfernt werden. Bei bösartigen Geschwülsten ist eine Behandlung nicht möglich.

Vitaminmangelkrankheiten (Avitaminosen)

Vitaminmangelerscheinungen gehören zu den häufigsten Erkrankungen bei Vögeln in Gefangenschaft. Einerseits sind sie sehr leicht zu behandeln, andererseits führen Vitaminmangelerkrankungen unweigerlich zum Tode, wenn sie nicht behandelt werden. Avitaminosen sind also äußerst gefährliche Krankheiten, und jeder Vogelpfleger sollte daher ihre Symptome kennen:

Vitamin A-Mangel zeigt sich zunächst an angegriffenen Schleimhäuten, tränenden Augen, Sehstörungen, weißlichen Belägen der Augenhornhaut. Auch andere krankhafte Erscheinungen wie die schlechte Heilung von Wunden, Unfruchtbarkeit oder schlechtes Wachstum bei Jungvögeln können durch Mangel an Vitamin A bedingt sein.

Vitamin B-Mangel wirkt sich hauptsächlich auf das Nervensystem aus. Typische Merkmale sind mangelndes Flugvermögen, nicht koordinierte Körperbewegungen und Krämpfe. Äußerst typisch ist ein Nackenkrampf, bei dem der Kopf ruckartig nach hinten bewegt wird. Leichteren Vitamin B-Mangel erkennt man an schlechtem Federwechsel und mangelnder Freßlust. Von allen Vitaminmangelerkrankungen führt Vitamin B-Mangel am schnellsten zum Tode.

Vitamin C-Mangel zeigt sich durch eine besondere Empfindlichkeit der Schleimhäute. Sekundär auftretende Infektionen der Schleimhäute sind oft ursächlich durch Vitamin C-Mangel bedingt.

Vitamin D-Mangel hat Rachitis (die sogenannte Englische Krankheit) zur Folge, d. h. Störungen bei der Skelettbildung der Jungvögel. Krumme Beine und deformierte Flügel können vorkommen. Vitamin D muß zusammen mit Kalzium und Phosphor im richtigen Mengenverhältnis stehen, damit eine normale Knochenbildung gewährleistet ist.

Vitamin E-Mangel macht sich zuerst in mangelnder Fruchtbarkeit bemerkbar. Vitamin E hat aber neben seiner Aufgabe als Fruchtbarkeitsvitamin noch andere Funktionen. Starker Vitamin E-Mangel führt besonders bei Jungvögeln zu Muskelschwund (Muskeldystrophie).

Vitamin K-Mangel führt zu einer Verminderung des Gerinnungsvermögens des Blutes. Bei Vitamin K-Mangel werden auch unbedeutende Verletzungen durch Verblutungsgefahr gefährlich.

Vitamin G-Mangel kann bei Vögeln zu Störungen in der Federbildung führen.

In einem richtig zusammengestellten Futter sind normalerweise die notwendigen Vitamine in ausreichenden Mengen vorhanden. Die wasserlöslichen Vitamine B und C werden aber sehr leicht durch falsche oder zu lange Lagerung der Futterstoffe zerstört.

Als regelmäßige Futterbeigaben sollten Vitamine immer in Form von natürlichen Vitaminträgern (Lebertran für A + D, Trockenhefe für B, angekeimte Körner oder Weizenkeime für E und Grünfutter für K gereicht werden).

Nur bei akuten Erkrankungen gibt man Vitaminpräparate. Dabei ist folgendes wichtig: Wasserlösliche Vitamine (C + B) können praktisch nicht überdosiert werden, ein Überschuß wird vom Organismus einfach ausgeschieden. Fettlösliche Vitamine müssen genau dosiert werden, da ein Überschuß schädlich sein kann. Besonders gefährlich können sich Überschüsse von Vitamin D auswirken. Eine starke Überdosierung von Vitamin D kann sogar tödliche Folgen haben. Eine Überdosierung ist jedoch nur bei konzentrierten Präparaten möglich. Bei vielen Erkrankungen gibt man zusätzlich Vitamine, und zwar besonders solche des B-Komplexes zur Stärkung des Gesamtorganismus. Bei Behandlungen mit Sulfonamiden sind hohe zusätzliche Vitamingaben immer angebracht.

Wunden, Knochenbrüche, Verrenkungen

Hautverletzungen und kleinere Muskelverletzungen heilen bei Vögeln fast immer ohne Komplikationen. Auswaschen der Wunde mit einer Wund-Desinfektionslösung und Behandlung mit Antibiotikapuder unterstützen den Heilungsprozeß. Das Nähen von Wunden ist bei Papageien immer problematisch, weil sie sich meist schon kurz nach dem Eingriff selber die Fäden ziehen. Ist das Nähen einer Wunde unumgänglich, so

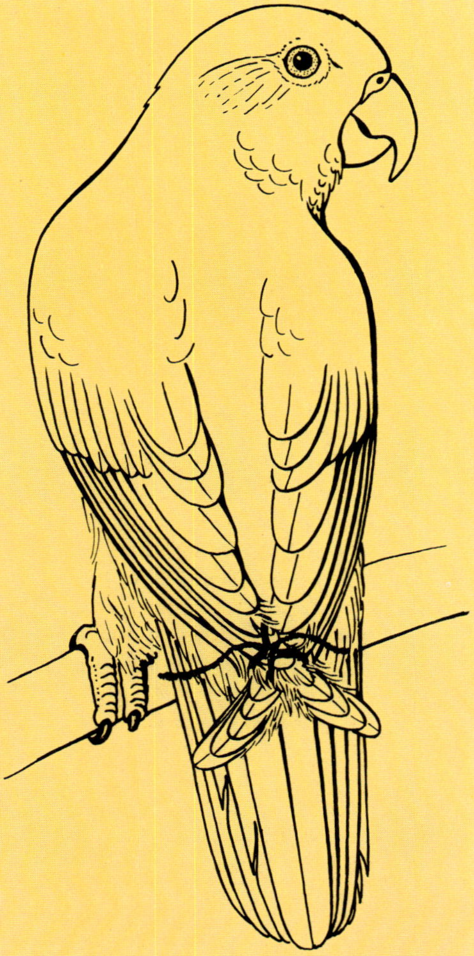

Bild 31. Fixierung der Flügelknochen bei Brüchen durch Zusammenbinden der Schwungfederspitzen.

muß der Vogel für einige Tage einen Halskragen erhalten. Bei dem fast immer sehr schnellen Heilungsverlauf kann zum Nähen sich selbstauflösendes Nahtmaterial (Katgut) verwendet werden, so wird das Ziehen der Nähte erspart.

Knochenbrüche heilen bei Vögeln sehr schnell, wenn man sie schient. Bei Papageien ist jedoch ein Schienen der Flügel kaum möglich, da sie das Schienenmaterial sofort wieder entfernen. Liegt ein Bruch der Flügelknochen nicht direkt an einem Gelenk, so genügt es fast immer, wenn man die äußersten Spitzen der Schwungfedern auf dem Rücken zusammenbindet, wie es Bild 31 zeigt. Dadurch werden Flugversuche (und Rucke an der Bruchstelle) verhindert, und der Flügel wird gleichzeitig fixiert. Zum Binden muß man jedoch dünnen Metalldraht verwenden, da Fäden oder Schnüre unweigerlich durchgeknabbert werden. Der so fixierte Flügel bleibt 10 – 14 Tage lang festgebunden. Bei älteren Vögeln sollte man 3 Wochen warten, bis man die Bindung löst. Beinbrüche unterhalb des Kniegelenkes sind technisch einfach zu schienen, wenn man nur ein Material ausfindig macht, das den Papageienschnäbeln standhält. Bei den kleinsten Papageienarten kann man Stückchen von Federkielen verwenden, die man mit Hilfe einer Rasierklinge in Längsrichtung aufschneidet. Der verwendete Federkiel sollte etwa denselben Durchmesser haben wie das gebrochene Bein. Vor dem Schienen pudert man das gebrochene Bein mit Talkumpuder ein, legt die beiden Schienenhälften an und hält sie mit einem Klebestreifen zusammen. Mit in Längsrichtung aufgeschnittenem dünnen Aluminiumrohr kann man auf dieselbe Weise Knochenbrüche bei Großpapageien schienen.

Bei allen Brüchen des Oberschenkels, bei Brüchen in oder in unmittelbarer Nähe des Gelenkes und bei allen Brüchen mit durch die Haut gedrungenen Knochensplittern sollte man einen Tierarzt hinzuziehen.

Verrenkungen des Kniegelenkes kommen bei Papageien mitunter beim Spielen vor. Solche Verrenkungen können durch eine ruckartige Streckung wieder eingerenkt werden.

Vergiftungen

Vergiftungen sind durch zerstäubte Insektengifte oder abdunstende Lösungsmittel bei Malerarbeiten bekannt geworden. Symptome, die auf eine derartige Vergiftung hindeuten, sind übermäßige Schläfrigkeit und anhaltendes Körperzittern. Eine Behandlung ist nicht bekannt. Man kann lediglich versuchen, durch große Gaben von Vitaminen des B-Komplexes den Gesamtorganismus zu stärken.

Besonders tückisch sind Vergiftungen durch DDT. DDT wird nämlich im Fettgewebe gesunder Vögel abgelagert und vorübergehend neutralisiert. Magert der Vogel aber aus irgend ei-

nem Grunde ab, so kann plötzlich eine DDT-Vergiftung akut werden. Obwohl die Anwendung von DDT inzwischen verboten ist, können noch viele Jahre später Todesfälle durch DDT vorkommen.
In Großvolieren muß unter Umständen zur Bekämpfung von Nagetieren Gift eingesetzt werden. Moderne Rattengifte enthalten fast ausnahmslos Wafarin als wirksame Substanz. Bei Vögeln löst Wafarin oft Krämpfe aus, und besonders bei Papageien sind auch Lähmungen, besonders der Beine, beobachtet worden. Die Giftwirkung von Wafarin läßt sich durch Verabreichung von Vitamin K beheben. Vitamin K wird bei einem akuten Vergiftungsfall am besten gespritzt.
Vergiftungen durch giftige Pflanzen und Hölzer sind bei Papageien leider nicht selten. Besonders gefährlich sind für unsere Vögel giftige Zimmerpflanzen und giftige Büsche oder Bäume im Garten. Wir können aber Vergiftungsfälle dadurch vermeiden, daß wir die hauptsächlichsten Giftpflanzen kennen. In der folgenden Aufstellung sind die häufigsten für Vögel gefährlichen Giftpflanzen angegeben.

Für Vögel gefährliche giftige Gewächse (nach Plazikowski)
Gartenpflanzen: Goldregen (*Laburnum anagyroides*), alle Akaziengewächse (*Robinia*), Eibe (*Taxus baccata*), Pfaffenhut (*Euonymus europea*), Waldrebe (*Clematis*), Liguster (*Ligustrum vulgare*), *Helleborus*-Arten.
Wildpflanzen: Bilsenkraut (*Hyoscyamus niger*), Tollkirsche (*Atropa belladonna*), Stechapfel (*Datura stramonium*), Hundspetersilie (*Aethusa cynapium*), Kornrade (*Agrostemma githago*), alle *Aconitum*-Arten, Christophskraut (*Aetaea*), Bittersüß (*Solanum dulcamara*) und Nachtschatten (*Solanum nigrum*).
Zimmerpflanzen: Porzellanblume (*Hoya carnosa*), Oleander (*Nerium oleander*), Brechnußbaum (*Strychnos nux-vomica*), Immergrün (*Vinca minor*) sowie alle *Diffenbachia*-Arten.

Narkosen

Bis vor wenigen Jahren waren Narkosen bei Vögeln äußerst schwierig durchzuführen. Außerdem waren Inhalationsnarkosen wegen der Luftsäcke nicht zufriedenstellend zu kontrollieren. Mit dem Präparat Ketalar (Parke-Davis) sind Narkosen aber verhältnismäßig sicher durchzuführen. Dieses Narkosepräparat wird in Dosen von 10 – 20 mg pro kg Körpergewicht intramuskulär gespritzt. – Narkosen sollten aber grundsätzlich nur vom Tierarzt ausgeführt werden.

Verabreichung von Medikamenten

Die dem Vogelpfleger zur Verfügung stehenden Medikamente sind entweder für Menschen oder Haustiere gedacht, also für weitaus größere Patienten als es die Papageien sind. Nur ganz selten können wir also die Medikamente in der Form verabreichen, wie wir sie in der Apotheke bekommen. Jede Medikamentendosierung erfolgt nach dem Gewicht des Patienten; es muß also in der Regel umgerechnet und dementsprechend verteilt, verdünnt oder gewogen werden. Verdünnte Lösungen sind oft nicht haltbar und sollten täglich neu zubereitet werden. Manche Medikamente, wie z. B. Antibiotika, sind nur in für Menschen angepaßten Standarddosen in Form von Tabletten oder Kapseln erhältlich. Tabletten kann man zu Pulver zerdrücken, Kapseln kann man mit einer Rasierklinge aufschneiden und das Pulver entnehmen. So können wir, nur um ein Beispiel zu nennen, ohne größere Schwierigkeiten den Inhalt einer Standardkapsel Aureomycin von 0,25 g in 5 Teile von je 0,05 g aufteilen. Pulverisierte Medikamente muß man auf einer Analysenwaage abwiegen, oder, wenn diese nicht zur Verfügung steht, in einer Apotheke abwiegen lassen. Die Verdünnung flüssiger Medikamente ist einfacher, verdünnt wird, wenn nicht ausdrücklich anders angegeben, mit Wasser. Injiziert werden Medikamente in die Brustmuskulatur; größere Injektionen gibt man doch besser subkutan. Besonders bei kleineren Vögeln setzt die Verwendung einer Injektionsspritze einige Übung voraus; hat man diese Übung nicht, so sollte man die Injektion dem Tierarzt oder einer krankenpflegekundigen Person überlassen.
Verhältnismäßig einfach ist die Verabreichung von Medikamenten im Trinkwasser oder im Futter, nur hat man so keine genaue Kontrolle der wirklich vom Vogel aufgenommenen Medika-

mentenmenge. Hinzu kommt, daß erkrankte Vögel häufig schlecht oder überhaupt nicht fressen und z. B. manche Sittiche nur sehr wenig Wasser aufnehmen. Pulver- oder pastenförmige Medikamente geben wir Papageien am besten in Form von mit dem Medikament eingeriebenen Fruchtstückchen. Kleine Stücke Banane sind, falls diese vom Papagei gefressen werden, hierfür bestens geeignet.

Häufig muß man jedoch dem kranken Vogel Medikamente direkt eingeben, und zwar besonders dann, wenn eine genaue Dosierung eingehalten werden muß. Dabei sollten wir den festgehaltenen Vogel nie auf den Rücken drehen, da sonst die Gefahr besteht, daß das verabreichte Medikament oder ein Teil davon in die Luftröhre gerät. Wir halten daher den Vogel bei der „Medizinierung" in natürlicher Sitzstellung fest. Bei allen größeren Papageien benötigt man, wenn der Vogel nicht vollständig zahm ist, einen Helfer. Sehr dünnflüssige oder wasserähnliche Medikamente sollten immer langsam und tropfenweise verabreicht werden, da Vögel sich leicht verschlucken. Ist unser Patient sehr nervös, kann es mitunter angebracht sein, wasserähnliche Medizin mit etwas Honig zu verdicken. Kann man Medikamente in Pulverform nicht auf Fruchtstückchen verabreichen, so gibt man sie vermischt mit einem winzigen Stückchen Butter oder Margarine. Diese verflüssigt sich in der Mundhöhle schnell und wird vom Vogel geschluckt. Muß man einer größeren Zahl von Papageien (z. B. bei Quarantänehaltung) zwangsweise Medikamente verabreichen, so kann man speziell hergestellte Pipetten aus rostfreiem Stahl verwenden. Diese können von den Vögeln nicht zerbissen werden. Solche Pipetten sind jedoch kaum zu kaufen, man läßt sie deshalb am einfachsten vom Mechaniker herstellen und versieht sie mit einem Gummisauger, wie er für Glaspipetten verwendet wird. Muß man den Schnabel öffnen, was allerdings bei Papageien nur selten nötig sein wird, so macht man dies am besten mit einem schmalen Spatel von der Seite her. Vom Tierarzt können Medikamente mit Hilfe einer Sonde auch direkt in den Kropf gegeben werden. Dazu muß jedoch bei allen größeren Vögeln ein Helfer zur Verfügung stehen, der den Vogel festhält.

Medikamente

Hier werden einige Medikamente angeführt, die sich bei der Behandlung von Vogelkrankheiten bewährt haben. Der Anwendungsbereich und die Wirkung werden kurz beschrieben, der in Klammern hinter der Medikamentbezeichnung stehende Name ist der des Herstellers.

Antibiotika sind aus Mikroorganismen gewonnene chemische Verbindungen, die Mikroben abtöten bzw. deren Wachstum verhindern. Viele Präparate mit ähnlicher Zusammensetzung und gleicher Wirkung werden unter verschiedenen Namen von den verschiedenen Herstellern in den Handel gebracht. Nicht alle Antibiotika sind für den Vogelorganismus gleich gut verträglich. So werden z. B. Streptomycinpräparate von Vögeln in der Regel schlecht vertragen, man sollte daher Vögel nicht mit Streptomycin behandeln. Vögel reagieren gleichfalls häufig negativ auf Prokain, das in verschiedenen Penicillinpräparaten (besonders für den veterinärmedizinischen Gebrauch) enthalten ist. Reines Penicillin wird dagegen von Vögeln meist gut vertragen. Vögel, deren Nahrung hauptsächlich aus frischen Früchten, Nektar und ähnlichem besteht, reagieren häufig etwas überempfindlich auf Antibiotika, da die Darmflora solcher Vögel leicht durch Antibiotika gestört wird. Das gilt bei Papageien für manche Loriarten. Sind bei diesen Vögeln Antibiotikakuren unumgänglich, so sollten Chlortetracykline (z. B. Aureomycin) verwendet werden, die noch am ehesten vertragen werden. Bei jeder Behandlung mit Antibiotika sollten empfindlichere Arten gleichzeitig täglich 1 – 2 Teelöffel Joghurt oder Sauermilch erhalten. Dadurch wird einer Ausschaltung der für die Verdauung notwendigen Darmflora vorgebeugt.

Chlortetracykline sind sogenannte Breitband-Antibiotika, die gegen bakterielle Infektionen verschiedenster Art wirksam sind und auch Ornithoseviren abtöten. Hier seien nur einige der wichtigsten genannt:

Aureomycin (Lederle) wird von Vögeln selbst bei längerer Behandlung sehr gut vertragen. Erhältlich in Form von Kapseln, Wundsalbe und Augensalbe. Besonders gut geeignet ist wasserlösliches Aureomycin-Konzentrat für den veterinärmedizinischen Gebrauch.

Achromycin (Lederle, Deutscher Hersteller Chemie Grünenthal) wird ebenfalls von Vögeln gut vertragen und ist in seiner Wirkungsbreite dem Aureomycin etwa gleichwertig. Nachteilige Wirkungen auf die Darmtätigkeit sind jedoch bei Achromycin allem Anschein nach häufiger als bei Aureomycin. Ähnliche Präparate von ähnlichem Aufbau und gleicher Wirkung sind Tetracyklin (Bayer), Hostacyklin (Höchst) und Tetracyn (Boehringer). Diese Präparate sind sowohl in Form von Kapseln als auch als Suspension erhältlich. Die Suspension kann erkrankten Vögeln direkt eingeträufelt werden. Chlortetracykline sind bei Infektionen der Atmungsorgane besonders gut geeignet.

Codrinal (Höchst) ist ein Kombinationspräparat auf Tetracyklinbasis, das sich besonders bei der Behandlung von Coccidieninfektionen und anderen Darminfektionen bewährt hat. Dieses Mittel ist als wasserlösliches und fast geschmackloses Pulver erhältlich und kann im Trinkwasser gelöst verabreicht werden.

Oxytetracykline gehören ebenfalls zu den sogenannten Breitband-Antibiotika und wirken gegen viele Bakterien und Ornithoseviren. Genau wie bei den Chlortetracyklinen sind eine ganze Anzahl verschiedener, äußerst ähnlicher Erzeugnisse im Handel. Vögel vertragen diese Präparate in der Regel gut, wenn sie exakt dosiert worden sind. Lediglich bei Injektionen sind negative Nebenwirkungen bekannt geworden. Sehr gut geeignet für die Behandlung von Vögeln ist Terramycin-Hen (Pfizer), das neben Oxytetracyklin eine Anzahl verschiedener Vitamine (K, E, A, B und D) enthält. Dieses Mittel wird vorbeugend bei Neuimporten eingesetzt. Sehr wirksam ist es bei Infektionen des Darmes und der Luftwege. Außerdem ist Terramycin als Lösung für Injektionen, in Kapseln, als Puder sowie als Wund- und Augensalbe erhältlich.

Chloramphenicol hat sich als sehr wirksam gegen *Salmonella*-Infektionen erwiesen, desgleichen bei Infektionen der Harnorgane und zur Behandlung von Pseudotuberkulose. Dosierungsvorschriften sind genau einzuhalten. Chloramphenicolpräparate sind Chloromycetin (Parke-Davis), als Lösung für Injektionen, in Kapseln sowie aus Wund- und Augensalbe im Handel, und Leucomycin (Bayer), das sich besonders gut für die Behandlung von Vögeln eignet, da es als Suspension erhältlich ist.

Sulfonamide sind im Gegensatz zu den Antibiotika, die natürliche Stoffwechselprodukte von Mikroben sind, synthetisch hergestellte Stoffe. Sie haben die Eigenschaft, schnell den gesamten Organismus zu durchdringen. Da sie mit dem Harn ausgeschieden werden, erreichen sie in den Harnwegen ihre höchste Konzentration und sind daher bei Infektionen der Harnwege besonders wirksam. Besonders wichtig ist bei allen Kuren mit Sulfonamiden bei Vögeln, daß gleichzeitig große Mengen B-Vitamine, insbesondere Thiamin, Riboflavin, Nikotylamid und Pantothensäure sowie Vitamin A und K gegeben werden. Die Dosierungsangaben sind genau einzuhalten. Von den zahlreichen Sulfonamidpräparaten seien hier lediglich erwähnt: Sulfadon (Geigy), erhältlich in Form von Tabletten und als Suspension, und Sulmet (Lederle), erhältlich als Lösung. Neben der Behandlung von Harnwegsinfektionen sind Sulfonamide bei Darminfektionen und bei der Behandlung von Coccidiosen gut geeignet.

Wurmmittel: Wirksam gegen Spulwürmer bei Vögeln ist Piperazin (ACO), die gleiche wirksame Substanz enthalten Vermifax (Vet. Chemie) und Uvilon (Behring).

Wirksam gegen Haarwürmer (und Spulwürmer) sind Nilverm (ICI), Ripercol (Janssen) und Spartacone (Janssen); Spartacone ist in Form von Standarddosen für Tauben erhältlich.

Gegen Infektionen mit Hefepilzen (*Candida*) hilft z. B. Mycostatin (Squibb), erhältlich in Form von Dragees oder als Mixtur.

Ein Mittel gegen *Trichomonas*-Infektionen ist Spatrix (Janssen).

Narkosemittel: Ketalar (Parke-Davis) ist als Lösung für Injektionen – 10 mg pro/ml und 50 mg/ml – erhältlich (Tierärzte finden nähere Angaben über die angewandte Narkosetechnik in der Arbeit „Narkose bei Zoovögeln mit Ketaminhydrochlorid" von M. HEIDENREICH und A. WISSDORF, veröffentlicht im XX. Internationalen Symp. erkrank. Zootiere, Dvur Kralove 1978).

Für die Wundbehandlung: Zum Stillen von Blutungen verwendet man Eisenchloridwatte; zur Behandlung verunreinigter Wunden, Brandwunden oder ähnlichem Nelex (Byk Gulden).

Zum Auswaschen von Wunden eignet sich 3%iges Wasserstoffperoxid (Wasserstoffsuperoxid).

Zum Auswaschen entzündeter Augen ist 2%ige Borsäurelösung am besten geeignet.

Artbeschreibungen

Die Namen der Papageien

Die folgenden Artbeschreibungen sind entsprechend dem zoologischen System gegliedert. Hierbei werden Arten mit ähnlichem Aussehen und ähnlichen Lebensgewohnheiten gruppenweise zusammengefaßt und gemeinsam behandelt. In der Regel umfaßt eine solche Gruppe eine Familie oder auch eine Gattung. In der für eine Gruppe gemeinsamen Beschreibung werden die wichtigsten Angaben über Verbreitung, Lebens- und Brutgewohnheiten zusammengefaßt. Auf diese Weise konnte die Beschreibung der einzelnen Arten auf besondere Kennzeichen in Form und Färbung beschränkt werden. Besondere Eigenheiten bei der Haltung wurden in die Beschreibung der einzelnen Arten einbezogen. Weicht eine bestimmte Art gegenüber ihren nächsten Verwandten wesentlich ab, so ist auch dieses erwähnt. Außerdem werden für den Pfleger wichtige Einzelheiten wie Geschlechtsmerkmale, Brutdauer, Nestlingszeit usw. erwähnt, soweit diese überhaupt bekannt sind.

Die wissenschaftlichen Namen haben die Aufgabe, alle Tiere (und Pflanzen) eindeutig und ohne Verwechslungsmöglichkeit zu benennen. Diese Namen werden international verwendet und beispielsweise auch in russischen oder japanischen Publikationen, die in kyrillischen Buchstaben bzw. japanischen Schriftzeichen gedruckt sind, mit lateinischen Buchstaben geschrieben. Das bei der wissenschaftlichen Namensgebung angewandte System wurde durch den schwedischen Naturforscher CARL VON LINNÉ eingeführt und erstmalig im Jahre 1758 verwendet (Systema Naturae, 10. Auflage). Nach diesem System erhält jede Art zwei Namen. Der erste Name ist der Name der Gattung (Gattungsname) und wird immer mit großem Anfangsbuchstaben geschrieben. Der zweite Name ist der Name der Art (Artname), der immer mit kleinem Anfangsbuchstaben geschrieben wird. So lautet der korrekte wissenschaftliche Name des afrikanischen Graupapageis *Psittacus erithacus* LINNÉ. In der wissenschaftlichen Literatur wird, wie dieses Beispiel zeigt, der Name des Wissenschaftlers, der die betreffende Art erstmals gültig beschrieben hat, hinter den Artnamen gesetzt. Dabei werden Namen sehr bekannter Wissenschaftler mitunter abgekürzt, z. B. L. = LINNÉ, GM. = GMELIN usw. Der Name des beschreibenden Wissenschaftlers wird als Autorname bezeichnet. Steht dieser Autorname in Klammern, wie z. B. bei *Ara ararauna* (LINNÉ), so bedeutet das, daß diese Art vom Autor ursprünglich einer anderen Gattung zugeordnet wurde. Die Jahreszahl, die in wissenschaftlichen Publikationen hinter dem Autornamen steht, gibt das Jahr der Erstbeschreibung an. In der praktischen Fachliteratur wird aber meist auf die Angaben von Autor und Jahr der Erstbeschreibung verzichtet.

Der erste nach 1758 publizierte Name hat Priorität, die peinlich genau eingehalten wird. Das bedeutet, daß der erste Name gegenüber allen anderen Namen Priorität hat, die nachträglich gegeben wurden. Das gilt auch, wenn eine lange vergessene Erstbeschreibung wieder entdeckt wird. Selbst wenn es sich dabei herausstellt, daß der erste Name falsch ist, d. h. systematisch ungenau oder auf einer falschen geographischen Angabe beruht, behält der Name Gültigkeit. Von diesen Regeln dürfen nur ganz selten Ausnahmen gemacht werden, z. B. wenn es sich herausstellt, daß ein Gattungsname im zoologischen oder botanischen System zweimal vorkommt. Solche Ausnahmen müssen durch die „Internationale Nomenklaturkommission“ gebilligt werden, die 1905 gegründet wurde. Trotz dieser Regeln kommt es recht häufig vor, daß ein Gattungsname gewechselt wird. Das hat dann nichts mit einer Namensänderung zu tun, sondern

kommt daher, daß eine Art einer anderen Gattung im Laufe einer Neuordnung (Revision) zugeordnet wurde.
Ein dritter, mit kleinen Anfangsbuchstaben hinter den Artnamen gesetzter Name bezeichnet die Unterart (Subspezies). Eine Aufteilung in Unterarten wird dann vorgenommen, wenn innerhalb einer Art mehrere, deutlich unterscheidbare Formen vorkommen. Hat man eine solche Aufteilung in Unterarten vorgenommen, so wird bei der Namensschreibung der Artname gleichzeitig der Unterartname der zuerst beschriebenen Form (Nominatform, z. B. Graupapagei *Psittacus erithacus erithacus,* während der als Unterart des Graupapageis beschriebene Timneh-Graupapagei als *Psittacus erithacus timneh* bezeichnet wird).
Der ganze Komplex der wissenschaftlichen Namensgebung ist jedoch weit komplizierter, als es sich der Laie im allgemeinen vorstellt. Der Artbegriff ist oft unsicher, und es gibt viele andere unklare bzw. strittige Fragen. Da es nicht Aufgabe eines praktischen Handbuches sein kann, in diesen strittigen Fragen in der einen oder anderen Richtung Stellung zu nehmen, sind die hier verwendeten Namen einem der bekanntesten wissenschaftlichen Standardwerke entnommen. Das bedeutet in strittigen Fragen keine Stellungnahme, sondern dient ausschließlich der einheitlichen Namensgebung. Die in den Beschreibungen verwendeten Namen stimmen überein mit denen in „Parrots of the World“ (JOSEPH FORSHAW, Melbourne 1973). Bei denjenigen „Arten“, bei denen durch genetische Versuche erwiesen ist, daß es sich um Unterarten handelt, wird im Text darauf verwiesen.
Deutsche Namen werden innerhalb des gesamten deutschen Sprachraumes nicht ganz einheitlich angewandt. Einzelne Arten haben mehrere deutsche Namen. Diese sind, soweit bekannt, erwähnt.
Arten, die entsprechend dem Washingtoner Artenschutzabkommen geschützt sind, sind durch ein + gekennzeichnet.

Loris (Loriidae)

Loripapageien sind, was ihre Lebensgewohnheiten betrifft, eine äußerst einheitliche Gruppe. Die meisten Loriarten zeichnen sich durch eine intensive Färbung und durch lebhaftes Wesen aus. Zu ihnen gehören die farbenprächtigsten Papageien überhaupt. Die meisten Loriarten sind zwischen 17 und 30 cm groß, doch gibt es sowohl größere als auch kleinere Arten. Loris leben innerhalb eines sehr großen Verbreitungsgebietes. Es umfaßt Teile des australischen Festlandes im Norden, Osten und Süden einschließlich der Insel Tasmanien. Die Rieseninsel Neuguinea ist wohl das Zentrum der Loriverbreitung. Zu ihrem Verbreitungsgebiet gehören zahlreiche Inseln im östlichen Sunda-Archipel, einschließlich der Insel Celebes im Westen und der Philippinen-Insel Mindanao im Norden. Nach Osten erstreckt sich ihr Verbreitungsgebiet über unzählige Inseln und Inselchen Mikronesiens und Polynesiens bis nach Henderson-Island, einer Insel, die viel näher der amerikanischen als der australischen Küste liegt. Der Charakter ihres Verbreitungsgebietes mit seinen unzähligen, mehr oder weniger voneinander getrennten Einzelvorkommen hat die Herausbildung von Unterarten, Lokalformen und geographischen Rassen stark begünstigt. Solche Formen sind bei den Loripapageien zahlreicher als in irgendeiner anderen Papageienfamilie. Wie viele Arten von Loripapageien es eigentlich gibt, ist selbst unter den Systematikern vom Fach umstritten, es handelt sich etwa um 55 – 60 Arten. Viele dieser Arten umfassen eine größere Anzahl oft gut unterscheidbarer Unterarten. Manche dieser Unterarten sind unsicher, in einzelnen Fällen wurden wahrscheinlich in der Natur vorkommende, melanistische (schwarze) Formen als Unterarten beschrieben, bzw. Unterarten aufgrund geringfügiger Farbabweichungen aufgestellt. Die Systematik der ganzen Familie ist daher schwierig und unübersichtlich.
Die meisten Loripapageien sind Waldbewohner, viele von ihnen sind typische Bewohner tropischer Regenwälder. Aber auch Arten, die andere Biotope besiedelt haben, zeigen oft das Verhalten von Waldpapageien. Die auf kleinsten Inselchen der Südsee vorkommenden Maidenloris (*Vini*) halten sich fast ausschließlich in den Gipfeln der dort wachsenden Kokospalmen auf und kommen nur ganz selten auf den Boden herunter. Selbst zum Baden benutzen sie das auf den Palmenblättern angesammelte Regenwasser bzw. den Tau. Auf Neuguinea, Celebes und Mindanao kommen einzelne Arten in Höhen bis zu 2000 m ü. M. vor.

Durch ihre leuchtend bunten Farben fielen die Loripapageien schon den ersten Forschungsreisenden auf. So wurden manche Arten schon zwischen 1785 – 1790 beschrieben.
Als Nisthöhle benützen wildlebende Loris in der Regel Baumhöhlen, doch sind vereinzelt auch andere höhlenartige Vertiefungen z. B. in Lößwänden bekannt geworden. Fast immer werden nur zwei Eier gelegt, auch wenn Gelege mit mehr als zwei Eiern von kleineren Arten bekannt sind. Die Jungvögel sind direkt nach dem Schlüpfen nackt, aber schon ein bis zwei Tage später mit feinem Flaum bedeckt.
Als Stubenvögel werden hauptsächlich Vertreter der Glanzloris (*Chalcopsitta*), der Rotloris (*Eos*), der Keilschwanzloris (*Trichoglossus*) und der Breitschwanzloris (*Lorius*) gehalten. Seltener findet man als Stubenvögel Moschusloris (*Glossopsitta*), Palmenloris (*Charmosyna*) oder Maidenloris (*Vini*). Die übrigen Gattungen sind selbst in Zoologischen Gärten oder Vogelparks sehr selten zu finden.
Als Einzelvögel gehalten, werden Loripapageien meist zahm und schließen sich eng an ihren Pfleger an, wenn er ihnen viel Zeit widmen kann. Manche Loris lernen auch Melodien nachzupfeifen oder einzelne Worte nachzusprechen. Viel reizvoller als die Einzelhaltung ist die paarweise Haltung von Loris, denn erst dann kommt ihr äußerst verspieltes Wesen richtig zum Ausdruck. Ihre Haltung als Stubenvögel ist durch das laute Geschrei, das manche Loris besonders während der zeitigen Morgenstunden ertönen lassen, nicht ganz unproblematisch. Gut geeignet sind Loripapageien für Innenvolieren und die härteren Arten auch für Außenvolieren. Man kann die Zeit ihres Aufenthaltes in Freilandvolieren erheblich verlängern, wenn man in den Volieren Infrarotstrahler anbringt, die man bei kühler Witterung einschaltet.
Obwohl man alle Loripapageien schon im Hinblick auf ihre spezielle Nahrung zu den anspruchsvolleren und empfindlicheren Papageien rechnen muß, sind doch schon erstaunlich viele Arten mit Erfolg in Europa nachgezüchtet worden. Beim Gebirgslori (*Trichoglossus haematodus moluccanus*), der weitaus am häufigsten gehaltenen Art, sind die Nachzuchtresultate so gut, daß die meisten gehandelten Vögel aus europäischen Nachzuchten stammen. Auch Schwarzloris sind schon häufiger nachgezüchtet worden.

Glanzloris *(Chalcopsitta)*

Von den Glanzloris wurde hauptsächlich die nachfolgend beschriebene Art häufiger nach Europa importiert.

Schwarzlori, Trauerlori (*Chalcopsitta atra atra*). Länge 25 – 27 cm, Flügellänge 17 – 18 cm. Vorkommen: Westlicher Teil Neuguineas und die vorgelagerten Inseln Batanta und Salawati. Keine farblichen Geschlechtsunterschiede. Das Gefieder ist tiefschwarz glänzend mit einem purpurnen Schimmer. Die Schwarzfärbung wird lediglich durch die braunen oder grauen Säume der Oberrückenfedern, die violett getönte Brust und die schwarzblauen Bürzelfedern unterbrochen. Lediglich die unterseits rot gefärbten und gelb gesäumten Schwanzfedern kontrastieren zu der dunklen Färbung. Augenfarbe rotbraun.
Das Gelege besteht aus 2 Eiern. Brutzeit 25 – 26 Tage, Nestlingszeit 10 – 11 Wochen. Schwarzloris sind schon häufiger sowohl von Liebhabern als auch an Zoologischen Gärten nachgezüchtet worden. Vereinzelt werden auch andere Unterarten von *Chalcopsitta atra* importiert.

Weitere Glanzloris, die während der letzten Jahre importiert wurden:

Duivenbodeis Lori (*Chalcopsitta duivenbodei duivenbodei*). Vorkommen: Tiefland des nördlichen Neuguineas. Länge 31 cm. Grundfärbung dunkelolivbraun. Stirn, Wangen und Kehle gelb. Zahlreiche gelbe Strichelfedern auf der Brust und am Hals. Unterrücken violett. Flügel, Bug und Schenkel gelb. Schnabel schwarz, Augeniris gelb-rötlich, Beine dunkelgrau. Duivenbodeis Lori ist in Europa bereits mit Erfolg vermehrt worden.

Schimmerlori (*Chalcopsitta sintillata sintillata*). Vorkommen: Wald- und Savannengebiete im Süden Neuguineas. Lebt auch auf den südlich von Neuginea gelegenen Aruinseln. Diese Art unterscheidet sich von den übrigen Glanzloris durch ihr überwiegend grünes Federkleid. Grundfärbung dunkelgrün. Vorderhals, Brust und Bauch mit gelblichen und (oder) rötlichen Strichelfedern. Stirn, Scheitel und Schenkel sowie die Innenseiten von Schwingen und

Bild 32. Duivenbodeis Lori (*Calcopsitta duivenbodei duivenbodei*), links Männchen. Aufnahme H. Pinter

Schwanzfedern rot. Die Rotfärbung, besonders die der Schwanzfedern, soll beim Weibchen weniger ausgeprägt sein. Schnabel schwarz, Augeniris gelblich-orange, Beine dunkelgrau. Die Jungvögel sind matter gefärbt, mit mehr ins bräunliche gehender Grundfarbe und dunklerer Augeniris.

Rotloris *(Eos)*

Rotloris findet man auf zahlreichen Inseln in einem Gebiet, das von Neuguinea im Osten, Celebes im Westen und der Philippineninsel Mindanao im Norden begrenzt wird. Das Federkleid dieser Vögel ist, wie schon ihr Name andeutet, überwiegend rot und fast immer sehr intensiv gefärbt. Rotloris wurden in früheren Jahren häufiger eingeführt als heute. Einzelvögel werden fast immer sehr zahm und zutraulich und schließen sich eng an ihren Pfleger an. Sie lernen auch einzelne Worte nachzuahmen und Melodien zu pfeifen. Mehrere Arten sind schon mit Erfolg in Europa vermehrt worden.

Roter Lori (*Eos bornea*). Vorkommen: Auf den zur Molukkengruppe gehörenden Inseln Amboina, Saparua, Buru und Ceram sowie auf den Watubelainseln. Länge 30 cm. Federkleid leuchtend rot. Obere Schulterdeckfedern und untere Schwanzdeckfedern blau. Flügel rot mit schwarzen Schwungfedern. Schwanzoberseite dunkelrot, -unterseite gelbrot. Augeniris braun. Augenring und Schnabel orangefarben. Schnabelwachshaut und Beine grau. Bei Zuchtversuchen sollte möglichst eine natürliche Baumhöhle verwendet werden. Das Gelege besteht aus 2 Eiern. Brutzeit 26 Tage, Nestlingszeit bis zu 10 Wochen. Von *Eos bornea* sind insgesamt 4 Unterarten beschrieben worden, von denen aber nur die Nominatform regelmäßig eingeführt wird. Oft mit dem ebenfalls überwiegend roten Gelbmantellori (*Lorius garrulus*) verwechselt.

Bild 33. Roter Lori (*Eos bornea*). Aufnahme Hemerka / de Grahl

Zwei weitere Rotloris wurden während der letzten Jahre ab und zu eingeführt:

Kapuzenlori (*Eos squamata*). Vorkommen: Westliches Neuguinea und die nördlichen Inseln der Molukkengruppe. Länge 27 cm. Färbung recht variabel; Zwischenformen zwischen der Nominatform und den übrigen Unterarten kommen vor. Kopf und Brustgefieder rot. Hals und Oberbrust dunkelblau bis schwarzblau. Blaue Strichelfedern auf dem Oberrücken. Schwingen mit blauschwarzen Deckfedern. Schenkel rot, Beine schwarzblau. Schnabel orangefarben, Augeniris hellrot bis orangefarben. Jungvögel matter gefärbt. Insgesamt 4 Unterarten.

Strichellori (*Eos reticulata*). Vorkommen: Tanimbarinseln in Indonesien. Länge 31 cm. Der vorher beschriebenen Art ähnlich, doch stärker rotgefärbt. Unterseits leuchtend rot. Durch das Auge zieht sich ein bläuliches Band, das sich über Wangen und Halsseiten fortsetzt. Oberrükken mit blauen Strichelfedern. Schwungfedern und Schwanzoberseite blauschwarz, Schwanz unterseits heller. Schnabel hellrot, Augeniris gelb-

Bild 34. Weißbürzellori (*Pseudeos fuscata*), Paar. Aufnahme W. de Grahl

rot bis rot. Über die Fortpflanzungsgewohnheiten dieser Art fehlen nähere Angaben noch.

Weißbürzelloris (*Pseudoeos*)

Von den Rotloris unterscheiden sich die Weißbürzelloris durch gedrungeneren Körperbau und einen kürzeren Schwanz. Die Gattung umfaßt nur eine Art.

Weißbürzellori (*Pseudoeos fuscata*). Vorkommen: Celebes sowie einige kleinere Inseln vor der Küste von Celebes. Länge 25 cm. Grundfarbe olivbraun mit gelblichen und rötlichen Farbeinschlägen. Scheitel gelb. Quer über der Brust 2 Bänder von gelb-rötlicher Färbung, das obere Band mit hellerem, das untere Band mit dunklerem Grundton. Unterbauch und Schenkel rötlich. Untere Schwanzdeckfedern rotblau. Unterrücken und Bürzel gelbweiß. Schwingen olivbraun mit dunkelgelben Flecken. Schnabel orangefarben, Augeniris rot, Beine graugrün. Die Männchen sind ein wenig kräftiger; der Kopf des Weibchens ist kleiner und mehr gerundet. Weißbürzelloris sind in Europa schon häufiger nachgezogen worden. Ihre Brutdaten stimmen mit denen der Rotloris überein.

Keilschwanzloris *(Trichoglossus)*

Von allen Lorigattungen hat die Gattung *Trichoglossus* die größte Verbreitung. Man findet Vertreter dieser Gattung im Süden, Osten und Norden des australischen Festlandes, auf Neuguinea, auf den Inseln und Inselchen des Bismarck-Archipels östlich von Neuguinea, auf Mindanao und Celebes, auf Timor und den Kleinen Sundainseln und auf den zahlreichen kleineren, östlich in der Südsee gelegenen Inseln. Die östlichste Ausdehnungsgrenze ist mit dem Vorkommen von *Trichoglossus rubiginosus* auf der Insel Ponape in der Gruppe der Karolinen erreicht. Der Natur ihres aus zahlreichen Inseln und Inselchen bestehenden Verbreitungsgebietes nach kommen bei den meisten *Trichoglossus*-Arten zahlreiche, meist gut unterscheidbare Unterarten vor. Als Stubenvögel sind die Keilschwanzloris sehr beliebt, und Arten, die in größerer Zahl importiert wurden, sind in der Regel auch mit Erfolg nachgezüchtet worden, einzelne Arten sogar schon über mehrere Generationen.

Schmucklori (*Trichoglossus ornatus*). Vorkommen: Celebes und die Tonga-Inseln. Länge 22 cm. Geschlechter vollständig gleich gezeichnet und nur schwer zu unterscheiden; das Weibchen soll etwas zierlicher sein. Stirn, Scheitel und Ohrenstreifen leuchtend dunkelblau. Hinterkopf mit rotem Band und dunkelblauer Querlinie. Brust orangefarben bis rot mit schwarzblauen Querbändern. An der Halsoberseite etwa in der Mitte beidseitig ein gelber Fleck. Bauch leuchtend grün, Schwanz grün, unterseits mit rotem Anflug. Seiten hellgrün mit gelben Querstreifen. Augeniris rotbraun, Schnabel orangefarben, Beine grau. Schmuckloris werden sehr zahm und sind nicht sonderlich schwierig zu halten, wenn nur ihre Klimaempfindlichkeit berücksichtigt wird. Diese Art sollte nur während der wirklich warmen Sommermonate im Freien gehalten werden. Importtiere sind sorgfältig an das Klima zu gewöhnen. Schmuckloris sind schon häufig in Gefangenschaft vermehrt worden. 2 Eier, Brutzeit 25 Tage, Nestlingszeit etwa 8 Wochen. Die Jungvögel sind matter in den Farben und färben erst im 2. Lebensjahr vollständig aus.

Die Art *Trichoglossus haematodus* teilt man in nicht weniger als 21 verschiedene Unterarten ein, von denen die meisten sich nicht nur in ihrer Verbreitung, sondern auch farblich gut unterscheiden. Von dieser Art werden die folgenden Unterarten häufig als Stubenvögel gehalten:

Breitbindenlori, Grünnackenlori (*Trichoglossus haematodus haematodus*). Vorkommen: Molukken und westliche Papuainseln. Länge 26 cm. Kopf leuchtend dunkelblau. Obernacken mit schmalem, gelbem Band. Übriges Nackengefieder leuchtend grün (Grünnackenlori). Brustgefieder rot mit blauer Wellenzeichnung. Schenkel gelb-grünfleckig. Rückengefieder und Schwanzoberseite grün, Unterseite blasser gelblich. Füße grau, Augeniris rötlich, Schnabel hellrot.

Bild 35. Breitbindenlori (*Trichoglossus haematodus haematodus*). Aufnahme H. Reinhard

Bild 36. Mitchells Loris (*Trichoglossus haematodus mitchelli*). Aufnahme H. Bielfeld

Bereits in Gefangenschaft nachgezogen. 2 Eier, Brutzeit 25 Tage, Nestlingszeit ca. 8 Wochen. Jungvögel sind wesentlich matter gefärbt. Geschlechtsunterschiede nicht bekannt.

Mitchells Lori (*Trichoglossus haematodus mitchelli*). Vorkommen: Bali und Lombok. Länge 23 cm. Kopf violettbraun mit blauem Anflug an Scheitel und Zügel. Stirn und Wangen schimmern grünlich. Brustgefieder leuchtend rot. Bauch blauschwarz, nach den Seiten hin grünlich und gelblich. Rücken, Schwingen und Schwanz grün. Augeniris orangefarben, Schnabel gelblich oder rötlich. Die Geschlechter sind gleich gefärbt, doch ist das Weibchen oft etwas zierlicher. Eine der kleinsten *Trichoglossus*-Arten, die sich, gute Pflege vorausgesetzt, auch im Käfig vermehren läßt. 2 Eier (vereinzelt auch 3), Brutzeit 26 Tage, Nestlingszeit 8 Wochen. Jungvögel färben sich erst nach 10 – 12 Monaten vollständig aus.

Forstenslori (*Trichoglossus haematodus forsteni*). Vorkommen: Insel Sumbawa. Länge 25 cm. Ähnelt der vorigen Unterart. Kopf, oberer Rücken und Kehle blaßviolett. Nackenband gelbgrün, Brust rot, Bauch blauviolett, nach unten in Gelb übergehend. Schon mehrfach in Gefangenschaft nachgezüchtet. 2 Eier, Brutzeit 26 Tage. Nestlingszeit 8 – 9 Wochen. Geschlechtsunterschiede nicht bekannt.

Gebirgslori, Swainsonslori, Lori von den Blauen Bergen (*Trichoglossus haematodus moluccanus*). Vorkommen: Der Gebirgslori bewohnt ein ausgedehntes Gebiet, das das östliche Australien in Nordsüdrichtung umfaßt und im Süden sowohl Tasmanien als auch die Känguruhinsel (Kangaroo Island) einschließt. Lokalformen des Gebirgsloris bewohnen auch noch andere Inseln vor der australischen Küste. Im größten Teil seines Verbreitungsgebietes ist der Gebirgslori trotz seines Namens ein ausgesprochener Tieflandvo-

Bild 37. Gebirgslori (*Trichoglossus haematodus moluccanus*), Paar. Aufnahme W. de Grahl

gel, der teilweise auch als Kulturfolger auftritt und Parklandschaften und Gärten besiedelt hat. Von den Loripapageien ist der Gebirgslori die weitaus am häufigsten als Stubenvogel gehaltene Art. Schon seit Generationen vermehrt er sich regelmäßig in Gefangenschaft. Länge 29 – 30 cm. Färbung sehr intensiv: Kopf bläulich-lila mit gelbgrünem Nackenband. Brustgefieder in der Mitte rot und nach den Brustseiten hin in Orange oder Gelb übergehend. Rücken und Schwingen grün, Bauch dunkelblau und rötlich gesprenkelt. Farbabweichungen sind beim Gebirgslori häufig.
Der Gebirgslori ist verspielt und anmutig und schließt sich sehr bald stark an seinen Pfleger an. Sein durchdringendes Geschrei kann jedoch manchem leicht die Haltung verleiden. Seine Vermehrung gelingt in Freilandvolieren meist ohne Schwierigkeiten; die Voliere sollte aber grundsätzlich mit einem Wärmestrahler oder einer Wärmeplatte ausgestattet sein. Die Weibchen erkälten sich leicht und erkranken dann nicht selten an einer Eileiterentzündung. 2 Eier, Brutzeit 25 Tage, Nestlingszeit 8 – 9 Wochen. Die Jungen schlüpfen nackt, sind aber schon einige Tage später mit feinem Flaum bedeckt. Die Deckfedern beginnen nach ca. 3 Wochen zu wachsen, und zwar zuerst am Kopf. Nach 7 – 8 Wochen ist der Jungvogel voll befiedert und zeigt dann im wesentlichen schon das Farbkleid der Eltern. Die endgültige Ausfärbung erfolgt im 5. – 6. Lebensmonat. Die Augeniris ist beim Jungvogel zunächst dunkel und färbt sich erst nach Verlassen der Nisthöhle in die orange Augenfarbe der Eltern um. Männchen und Weibchen sind gleich gefärbt. Jungvögel können auch einzelne Worte lernen und Melodien nachpfeifen.

Rotnackenlori, Vigurs & Horsefields Rotnackenlori (*Trichoglossus haematodus rubritorquis*). Vorkommen: Diese Unterart bewohnt im Norden Australiens die Kimberley-Region, das Küstengebiet um den Golf von Carpentaria sowie das nördliche Queensland. Länge 29 cm. Eine der farbenprächtigsten Unterarten: Kopf lilablau, Nackenband rot, Brust- und Vorderrükkengefieder ebenfalls rot. Flügeldecken blau bis grünlich-braun. Unterseite der Schwingen mit rotem Feld und daran anschließender gelber und blauer Zone. Schnabel rot, Augen orangefarben, Beine grau. Schwanzfedern oberseits blaugrün, unterseits gelblich. Auch diese Unterart ist schon in Gefangenschaft vermehrt worden.

Schuppenlori (*Trichoglossus chlorolepidotus*). Vorkommen: Nordöstliches Australien. Länge 23 cm. Grundfarbe grün, auf Kehle, Brust und Bauch mit gelber Schuppenzeichnung (Name!). Unterseite der Schwingen rot. Bürzel und Kopf intensiv leuchtend grün. Schnabel rot, Augeniris orangefarben, Beine schwarzgrau. Geschlechter gleich gefärbt.

Gelbkopflori (*Trichoglossus euteles*). Vorkommen: Insel Timor und auf einigen östlich von Timor gelegenen Inseln. Länge 25 cm. Grundfärbung grün, unterseits heller und ins Gelbliche übergehend. Kopf rötlich-lila, gegen den Körper deutlich durch ein hellgrünes Kragenband abgesetzt. Augen orangefarben, Schnabel rot, Beine grau. Geschlechtsunterschiede sind nicht bekannt.

Goldieslori (*Trichoglossus goldiei*). Vorkommen: Hochland von Neuguinea in Höhen zwischen 1400 und 2200 m. Länge 19 cm. Grundfärbung grün, unterseits mehr gelbgrün. Scheitel rot, Wangen bläulich, Kehle rötlich. Schwingen und Oberseite des Schwanzes dunkelgrün. Unterseite mit braunen und Nacken mit gelben Strichelfedern. Diese Art ist neuerdings in größeren Mengen eingeführt worden und am Zoologischen Garten in Chicago (USA) mit Erfolg nachgezüchtet, nähere Angaben über Brutdauer usw. fehlen jedoch.

Breitschwanzloris
(*Lorius*, Synonym *Domicella*)

Breitschwanzloris leben auf Neuguinea, den westlich davon liegenden Inseln der Molukkengruppe und den östlich davon liegenden Inseln des Bismarck-Archipels. Es sind farbenprächtige Vögel mit überwiegend roten und blauschwarzen Farben. Einzelvögel werden sehr zahm und sind äußerst liebenswürdig. Untereinander sind sie aber unverträglicher als die Keilschwanzloris. Anspruchsvoller als die meisten *Trichoglossus*-Arten, was Ernährung und Unterbringung betrifft. Die häufiger importierten Arten sind jedoch bereits mit Erfolg in Gefangenschaft vermehrt worden.

Frauenlori (*Lorius lory lory*). Vorkommen: Neuguinea, die Inseln Salawati, Misoöl, Batanta und Waigeo. Länge 30 cm. Stirn und Scheitel blauschwarz. Nacken, Kehle und obere Brusthälfte rot, untere Brusthälfte und Bauch blau. Zu den Seiten hin ins Rötliche übergehend. Rücken blauviolett, Schwingen oberseits grün, unterseits mit roten Deckfedern. Schon mit Erfolg nachgezüchtet. 2 Eier, Brutzeit 29 Tage, Nestlingszeit 11 Wochen. Die Jungvögel sind blasser gefärbt, haben dunkle Augen und einen schwarzen Schnabel. Schnabel und Augen färben sich zwischen dem 2. und 4. Lebensmonat in das Orange der Elternvögel um. Außer der Nominatform sind 6 weitere Unterarten beschrieben worden, die über ganz Neuguinea mit Ausnahme des Hochlandes verbreitet sind.

Erzlori (*Lorius domicellus*). Vorkommen: Die Inseln Ceram und Amboina. Länge 28 cm. Stirn, Scheitel und Nacken blaulila. Nacken, Rücken und Schwanzoberseite rot, Schwanzfedern nach unten zu dunkler. Schwingen oberseits blaugrün, unterseits rot. Eizahl, Brut- und Nestlingszeit wie beim Frauenlori. Auch die Jungvögel der Erzloris haben dunkle Augen und Schnäbel.

Gelbmantellori (*Lorius garrulus garrulus*). Vorkommen: Die Insel Halmahera in der Molukkengruppe. Länge 30 cm. Grundfarbe rot mit grünen Schwingen und grünen Schenkeln. Flügelbug gelb. Schwanzfedern oberseits rot mit dunklen Spitzen, unterseits braungrün. Schnabel orange, Augeniris gelbbraun, Beine dunkelgrau. Gelbmantelloris werden äußerst selten eingeführt und sind wenig bekannt.

Bild 38. Frauenlori (*Lorius lory lory*). Aufnahme W. de Grahl

Bild 39. Erzlori (*Lorius domicellus*). Aufnahme W. de Grahl

Bild 40. Gelbmantellori (*Lorius garrulus garrulus*). Aufnahme H. Reinhard

Pracht-Gelbmantellori (*Lorius garrulus flavopalliatus*). Vorkommen: Die Inseln Obi und Batjan in der Molukkengruppe. Fast alle bei uns gehaltenen Gelbmantelloris sind Angehörige dieser Unterart, auch wenn häufig andere Namen (z. B. *Lorius garrulus garrulus*) angegeben werden. Am häufigsten gehaltener Breitschwanzlori, der zuweilen auch mit dem Rotlori (*Eos b. bornea*) verwechselt wird. Länge 30 cm. Männchen und Weibchen sind gleich gefärbt. Grundfärbung scharlachrot. Flügel und Schenkel grün, Schwanzfedern oberseits rot und am unteren Ende blau, unterseits bräunlich. Auf dem Rükken zwischen den Flügelansätzen ein deutlicher gelber Fleck. Augeniris gelb, Schnabel rot, Beine grau. Die Zucht des Pracht-Gelbmantelloris ist in Freilandvolieren schon einige Male gelungen. 2 Eier, Brutzeit 25 Tage, Nestlingszeit ca. 9 Wochen. Jungvögel sind blasser gefärbt und haben dunkle Augen und Schnäbel. Von allen Breitschwanzloris ist der Pracht-Gelbmantellori, was Ernährung und Klimahärte betrifft, die anspruchsloseste Art. Für die Zimmerhaltung ist er jedoch wenig geeignet, da sein laut anhaltendes Geschrei oft störend wirkt.

Maidloris *(Vini)*

Diese Gattung umfaßt 5 Arten. Sie gehören mit einer Körperlänge von nur ca. 18 cm zu den kleinsten Loripapageien. Sie leben auf zahlreichen Polynesischen Inseln. Bisher wurde lediglich nur eine Art vereinzelt eingeführt.

Blaukäppchen (*Vini australis*). Vorkommen: Samoa, Tonga und Fidschi-Inseln. Grundfärbung grün, auf der Oberseite dunkler. Scheitel leuchtend blau. Kehle und Vorderhals rot, auf der Bauchmitte ein großer, roter Fleck. Schwanzfedern oberseits grünlich, unterseits gelblich, Schnabel orangefarben, Augeniris gelb, Beine orange. Männchen und Weibchen sind gleich gefärbt, doch soll das Weibchen etwas zierlicher sein. Über Lebensweise und Vermehrung ist wenig bekannt, doch wurde diese Art in Europa schon mit Erfolg nachgezogen.

Moschusloris *(Glossopsitta)*

Eine Gattung mit drei kleinen Arten, von denen die Vertreter der kleinsten Art nur 15 cm lang werden. Moschusloris leben im östlichen und südlichen Australien und werden heute kaum noch eingeführt. In früheren Jahren wurde die Art *Glossopsitta concinnia* häufiger gehalten und konnte sogar über mehrere Generationen hinweg in Europa vermehrt werden. Bei Moschusloris sind Männchen und Weibchen gleich gefärbt.

Zierloris *(Charmosyna)*

In dieser Gattung sind 14 Arten vereinigt; innerhalb einer Art gibt es oft zahlreiche Unterarten. Sie leben auf Neuguinea, dem Bismarck-Archipel, auf den Neuen Hebriden, den Salomoninseln, den Fidschiinseln, Neukaledonien und auf der Insel Buru westlich von Neuguinea. Zierloris sind bisher nur selten importiert worden, die nachstehend beschriebenen Arten wurden jedoch während der letzten Zeit häufiger eingeführt.

Schönlori (*Charmosyna placentris placentris*). Vorkommen: Südliches Neuguinea und südliche Molukkeninseln. Länge 17 cm. Die Geschlechter sind deutlich verschieden gefärbt: Grundfärbung grün, beim Männchen Scheitel und Kehle rot, Wangen blau, Flanken rot. Das Weibchen ist blasser und trägt gelbe Strichelfedern auf den Wangen.

Goldstrichellori (*Charmosyna pulchella*). Vorkommen: Neuguinea in Waldgebieten zwischen 800 und 2000 m Höhe. Länge 18 cm. Grundfarbe rot mit dunkelblauem Nackenfleck. Schwingen und oberer Teil des Schwanzes grün. Schenkel und Bauchseiten beim Männchen grün, beim Weibchen gelbweiß gesprenkelt. Das Weibchen ist etwas matter gefärbt.

Papualori (*Charmosyna papou*). Vorkommen: Hochland von Neuguinea zwischen 1500 und 3500 m. Von der Gesamtlänge von 42 cm entfällt mehr als die Hälfte auf den Schwanz. Kopf, Hals und Rumpf rot, Kopf mit blauem Scheitelfleck. Schwingen oberseits dunkelgrün, unterseits braun und zum Körper hin rot. Schwanzoberseite hellgrün, geht zum Ende hin in Gelb über. Unterseite rötlich. Schenkel und Bauchmitte schwarzblau, Beine orangefarben, Augeniris hellbraun. Das Männchen hat in Höhe des Flügelbuges und seitlich oberhalb des Schenkels beiderseits gelbe Flecken, die beim Weibchen fehlen. Ähnlich der Nominatform ist:

Stellas Papualori (*Charmosyna papou stellae*). Bei ihm fehlen die gelben Flecken, und die Geschlechter sind gleich gefärbt. Von dieser Unterart gibt es auch eine wildlebende melanistische (schwarze) Form, die Schwarzer Papualori genannt wird.

Gualoris (*Neopsittacus*)

Kleine, nur zwei Arten umfassende Gattung, die in den Bergen Neuguineas in Höhen von 1000 m und darüber angetroffen wird. Während der letzten Jahre wurde folgende Art häufiger importiert:

Bild 41. Goldstrichellori (*Charmosyna pulchella*), Paar. Aufnahme W. de Grahl

Bild 42. Musschenbroeks Lori (*Neopsittacus musschenbroekii*). Aufnahme B. Kahl

Musschenbroekslori (*Neopsittacus musschenbroekii*). Länge 23 cm. Grundfärbung grün. Kopf mit sternförmig von der Schnabelwurzel ausgehenden gelben Strichelfedern, Brust und Bauch rot. Flanken grün, Flügeldecken dunkler olivgrün. Schnabel gelb, Augen orangefarben, Beine grau.

Kakadus (Cacatuidae)

Die Kakadus werden auf fünf Gattungen verteilt, die insgesamt 17 Arten umfassen. Sie bewohnen Australien, Neuguinea, die Inseln des Bismarck-Archipels und die Salomoninseln sowie die Inseln der Molukkengruppe. Weiterhin findet man sie auf den Philippinen, auf Celebes sowie auf den kleinen Sundainseln Lombok, Sumbawa, Sumba, Flores und Timor. Außerhalb dieses Verbreitungsgebietes leben wilde Kakadus auch in der Umgebung Singapurs. Dort entstand durch Aussetzung eine kleine, aber lebensfähige Population des Kleinen Gelbhaubenkakadus (*Cacatua sulphurea*). Mit einer Körperlänge zwischen 30 und 70 cm gehören die Kakadus zu den „Großpapageien". Ihre größten Vertreter sind die größten Papageien des australisch-neuguineanischen Raumes überhaupt. Charakteristisch für alle Kakadus sind die verlängerten Federn auf Stirn und Scheitel, die als Haube aufgerichtet werden können. Kakadus sind geschickte Kletterer, laufen aber auch auf ebenem Boden sehr gut, und zwar besser als alle anderen Großpapageien. Manche Kakadus graben im Boden nach Nahrung, z. B. nach Wurzeln und Insektenlarven. Sie fliegen nicht sonderlich schnell, aber sehr ausdauernd.

Als Stubenvögel wurden die Kakadus schon früh gehalten. Sie werden bereits von dem Schweizer Naturforscher KONRAD GESSNER (1516 – 1565) und von dem Italiener ALDROVANDI (1522 – 1605) genannt. Wirklich gute Sprecher kommen bei ihnen vor, wenn auch die meisten nur einige Worte nachzuahmen lernen. Bei der Haltung müssen wir berücksichtigen, daß alle Kakadus sehr gerne Holz zernagen. Wird dieses Bedürfnis nicht befriedigt, kommt es leicht zu unnormalem Schnabelwuchs. Außer dem üb-

Bild 43. Arakakadu (*Probosciger aterrimus*). Aufnahme H. Jesse

Bild 44. Helmkakadu (*Callocephalon fimbriatum*), Männchen. Aufnahme H. Pinter

Bild 45. Rosenkakadu (*Eolophus roseicapillus*). Aufnahme Th. Brosset

lichen Körnerfutter sollten Kakadus neben Obst auch Wurzelfrüchte wie Mohrrüben, Schwarzwurzeln und ähnliches erhalten.
Gut eingewöhnt, sind die vom australischen Kontinent stammenden Arten recht klimahart. In günstigen Lagen können sie die längste Zeit des Jahres im Freien gehalten werden. Obwohl das Federkleid der Kakadus überwiegend einfarbig, und zwar entweder hell oder dunkel ist, und grellere Kontrastfarben weitgehend fehlen, ist ihre Erscheinung doch immer sehr beeindrukkend, ja oft sogar imponierend. Alle regelmäßig eingeführten Arten sind schon mit Erfolg vermehrt worden.

Arakakadu, Palmkakadu (*Probosciger aterrimus*) +. Vorkommen: Neuguinea, die Aruinseln und die äußerste Nordostspitze Australiens. 3 Unterarten. Länge bis 70 cm. Arakakadus sind bis auf die nackten und fleischfarbenen Wangen vollständig schwarz. Die Wangen werden bei Erregung tiefrot. Selten eingeführte Art, die fast nur in Zoologischen Gärten anzutreffen ist. In Deutschland im Zoologischen Garten in Neuwied bereits vermehrt.

Rabenkakadus (*Calyptorhynchus*)

Drei Arten (*C. funereus, C. magnificus* und *C. lathami*). Vorkommen: In verschiedenen Teilen Australiens. 50 – 65 cm lange, überwiegend schwarzgefärbte Vögel. Sie kommen kaum in den Handel und sind selbst in Zoologischen Gärten ausgesprochene Raritäten.

Helmkakadu (*Callocephalon fimbriatum*). Vorkommen: Südöstlichster Teil Australiens und die nördliche Küstenregion Tasmaniens. Länge 34 cm. Grundfarbe graubraun. Weibchen mit gelbrosa gesäumten Brustfedern, Männchen mit weißgesäumtem Brust- und Rückengefieder, rotem Scheitel und roter Haube. Kaum importiert und äußerst selten.

Rosenkakadu (*Eolophus roseicapillus,* Synonym *Kakatoe roseicapilla*). Vorkommen: Bewohnt mit 3 Unterarten fast den gesamten australischen Kontinent mit Ausnahme der Küstenregion im Osten und Süden. Länge 35 cm. Brust, Hals und Wangen lilarot. Flügel, Bürzel und Schwanz blaugrau. Rücken und Unterschwanzdeckfedern hellgrau. Scheitel und Haube zart lachsfarben. Schnabel hell hornfarben, Füße grau. Männchen und Weibchen sind gleich gefärbt, doch ist die Augeniris beim Männchen dunkelbraun, beim Weibchen mehr orangefarben. Nur junge Vögel werden wirklich zahm, ältere Tiere bleiben oft zeitlebens dem Menschen gegenüber mißtrauisch. Ein gut harmonierendes Paar vorausgesetzt, pflanzt sich der Rosenkakadu sogar in einem großen Käfig fort. Auch Kreuzungen zwischen Rosenkakadu × Inkakakadu und Rosenkakadu × Kleiner Gelbhaubenkakadu sind bekannt geworden. Zahl der Eier 3 – 5, Brutzeit 25 Tage, Nestlingszeit ca. 8 Wochen. Die Jungvögel sind beim Verlassen der Nisthöhle blasser gefärbt und etwas kleiner als die Eltern. Sie werden noch weitere 3 Wochen von den Eltern gefüttert. Neben dem üblichen Körnerfutter müssen wir während der Aufzuchtzeit große Mengen aufgeweichten Zwiebacks, hartgekochtes Ei und viel Grünfutter reichen. Das Brutgeschäft wird hauptsächlich vom Weibchen verrichtet, doch löst das Männchen tagsüber das Weibchen stundenweise ab. Die Jungvögel werden während der ersten Woche ausschließlich durch das Weibchen gefüttert, später durch beide Eltern. Von dieser Art ist eine Albinoform bekannt, die in England bereits vermehrt wurde.

Inkakakadu (*Cacatua leadbeateri,* Synonym *Kakatoe leadbeateri*). Vorkommen: Südliches und westliches Australien mit Ausnahme der Küstenregion. Diese Vögel leben teilweise in sehr trokkenen Gebieten und streifen oft weit umher. Sie sind ausdauernde und geschickte Flieger. Länge 38 cm. Bauch, Brust, Hals und Wangen lachsfarben, Schwingen oberseits weiß mit leicht rötlichem Anflug, unterseits lachsrot. Federn rund um die Schnabelwurzel rot, Stirn hellrosa, Haube rot, gelb und weiß. Bei der Unterart *C. l. mollis* fehlt das gelbe Band in der Federhaube. Die Geschlechter sind gleich gefärbt. Die Augeniris ist beim Männchen fast schwarz, beim Weibchen rotbraun. Alt eingefangene Vögel werden kaum zahm, dagegen schließen sich jüngere Exemplare, d. h. nicht nur ausgesprochene Jungvögel, bald innig an ihren Plfeger an.

Inkakakadus sind schon häufiger nachgezogen worden. Die ersten verbürgten Nachzuchten gelangen 1901 in England. GLAS züchtete diese Art 1943 in Wien mehrere Male hintereinander. In der Nisthöhle legen Inkakakadus aus zernagtem Weichholz eine Nistgrube an. Zahl der Eier 2 oder 3, Brutzeit 28 Tage. Beide Geschlechter brüten, das Männchen aber nur während des Tages. Während der Brutperiode sind die Vögel auch dem Pfleger gegenüber äußerst aggressiv. Gefüttert wird während der ersten beiden Lebenswochen anscheinend ausschließlich durch das Weibchen. Erst später beteiligt sich dann auch das Männchen. Nestlingszeit ca. 8 Wochen. Beim Verlassen der Nisthöhle sind die Jungvögel voll befiedert. Sie werden weitere

Bild 46. Inkakakadu (*Cacatua leadbeateri*). Aufnahme H. Jesse

3 – 4 Wochen von den Eltern gefüttert. Was bei der vorigen Art über Aufzuchtfutter gesagt wurde, gilt auch hier. Zuweilen werden auch mehr als 2 – 3 Eier gleichzeitig gelegt. Dann liegt allem Anschein nach eine hormonelle Störung vor, so daß für mehrere Legeperioden bestimmte Eier auf einmal abgegeben werden. So berichter BRECHENMACHER von einem Gelege mit insgesamt 7 Eiern, aus denen 4 Jungvögel schlüpften.

Kleiner Gelbhaubenkakadu, Gelbwangenkakadu (*Cacatua sulphurea,* Synonym *Kakatoe sulphu-*

rea). Vorkommen: Celebes und die Kleinen Sundainseln, ausgesetzt in der Umgebung von Singapur. 6 Unterarten, von denen *C. s. sulphurea* am häufigsten gehalten wird. Ab und zu werden auch einzelne Exemplare von *C. s. citrinocristata* eingeführt, die sich von der Nominatform durch eine orangefarbene Haube unterscheiden. Federkleid weiß, Haube gelb, Wangen gelb, Beine dunkelgrau, Schnabel schwarzgrau. Das Weibchen unterscheidet sich vom Männchen durch seine etwas geringere Größe, eine kleinere Haube und einen etwas schwächeren Schnabel. Die-

Bild 47. Kleiner Gelbhaubenkakadu (*Cacatua sulphurea*), Paar, links Männchen. Aufnahme H. Pinter

se Merkmale können zutreffen, müssen aber nicht. Deshalb sollte man die Geschlechter am besten nach der Augenfarbe bestimmen. Die Augeniris ist beim Männchen fast schwarz und beim Weibchen heller, rötlich braun. Der Kleine Gelbhaubenkakadu wird sehr zahm und ist in seinem Wesen äußerst liebenswürdig. Gut eingewöhnt, ist er sehr klimahart, und in günstigen Lagen kann man ihn sogar in Volieren mit ungeheiztem Schutzhaus das ganze Jahr hindurch im Freien lassen. Der Kleine Gelbhaubenkakadu ist schon häufiger in Gefangenschaft vermehrt worden. Auch Kreuzungen zwischen ihm und dem Inkakakadu und dem Rosenkakadu sind bekanntgeworden. Anzahl der Eier 2 – 3, Brutzeit 28 Tage, Nestlingszeit 9 Wochen. Während der Aufzuchtperiode reichen wir große Mengen Aufzuchtfutter (aufgeweichten Zwieback, hartgekochtes Ei, viel Grünfutter und Mohrrüben). Beide Geschlechter brüten.

Großer Gelbhaubenkakadu (*Cacatua galerita,* Synonym *Kakatoe galerita*) Vorkommen: Neuguinea, nördliches und östliches Australien, Tasmanien. Eine durch ausgesetzte Vögel entstandene Population dieser Art lebt in Neuseeland. Insgesamt 4 Unterarten. Die Unterart *C. g. triton* von Neuguinea unterscheidet sich von den übrigen Unterarten durch einen breiten, hellblauen, nackten Augenring; man nennt diese Unterart auch Tritonkakadu. Große Gelbhaubenkakadus sind sanfte und sehr liebenswürdige Vögel, die sehr leicht zahm werden. Einzelne Exemplare können leidliche Sprecher sein. Sie schließen sich eng an ihren Pfleger an, nehmen aber allzu grobe Neckereien leicht übel. Der Große Gelbhaubenkakadu ist wahrscheinlich von allen Kakadus die klimahärteste Art. So wurde er sowohl in England als auch in Südrußland (Askania Nova) über mehrere Jahre hinweg im Freiflug gehalten. Dabei hatten die Vögel als Schutz nur eine überdachte Futterstelle zur Verfügung. Es ist jedoch anzunehmen, daß die aus mehr tropischen Gebieten stammenden Unterarten empfindlicher sind.

Länge 50 cm. Bis auf die gelbe Haube und die unterseits gelb angehauchten Schwanzfedern ist das Federkleid des Großen Gelbhaubenkakadus rein weiß. In der Natur leben diese Vögel sehr sozial in größeren Gruppen von 30 bis zu 100 Exemplaren. In Gefangenschaft hat sich diese Art schon häufiger vermehrt. Die erste verbürgte Nachzucht gelang bereits 1883 (durch C. DULITZ, Berlin). Das Männchen hat schwarze, das Weibchen rotbraune Augen. Anzahl der Eier 2, Brutdauer 30 Tage, Nestlingszeit 10 Wochen. Beide Geschlechter brüten und sind während der Brut- und Atzungszeit sehr aggressiv. Als Nistkasten verwenden wir am besten natürliche Baumhöhlen, notfalls auch ein Faß von 70 – 100 l Inhalt. In der Natur hat man auch Nisthöhlen in Felsspalten beobachtet. Ähnlich dem Großen Gelbhaubenkakadu ist der:

Bild 48. Großer Gelbhaubenkakadu (*Cacatua galerita*). Aufnahme H. Reinhard

Blauaugenkakadu (*Cacatua opthalmica*). Vorkommen: Auf den Inseln Neu-Irland und Neu-Britannien im Bismarck-Archipel. Diese Art erinnert an den Tritonkakadu, nur ist der blaue Augenring noch stärker ausgeprägt und tritt deutlicher hervor. Diese Art ist bisher nur ganz vereinzelt importiert worden.

Molukkenkakadu (*Cacatua moluccensis*, Synonym *Kakatoe moluccensis*). Vorkommen: Die Inseln Ceram, Saparua und Haruko im südlichen Teil der Molukken, ausgesetzt auch auf Amboina. Auf der Insel Ceram lebt diese Art auch noch in Höhen von 1000 m ü. M. Länge 52 cm. Federkleid weiß und mit einem lachsroten Schimmer überzogen. Die kräftig lachsrote Federhaube wird normal dicht am Kopf anliegend getragen und nur bei Erregung aufgestellt. Die Augeniris ist beim Männchen fast schwarz, beim Weibchen dunkelbraun. Füße grau, Schnabel schwarzgrau, Molukkenkakadus sind imponierende Erscheinungen und äußerst liebenswürdige Stubenvögel. Neuimporte sind anfangs oft sehr scheu und schreien erschreckt fürchterlich. Sie gewöhnen sich bei verständiger Pflege aber fast immer schnell ein, und manche lernen auch etwas sprechen. Ihre wunderschöne Färbung behalten sie aber nur dann bei, wenn wir sie entsprechend füttern. Dazu gehören bei diesen Vögeln reichliche Gaben von Mohrrüben, rotem Paprika und ähnlichem Futter, das viel Karotin enthält. Anstelle des Trinkwassers kann man auch ein- bis zweimal in der Woche Mohrrübensaft reichen. Der Molukkenkakadu ist schon häufiger vermehrt worden. Anzahl der Eier 3, Brutzeit 28 Tage, Nestlingszeit 8 – 9 Wochen. Molukkenkakadus benötigen laufend frische Zweige, an denen sie ihr Nagebedürfnis befriedigen können (s. Bild 29, S. 62).

Weißhaubenkakadu, Weißer Molukkenkakadu (*Cacatua alba*, Synonym *Kakatoe alba*). Vorkommen: Die Inseln Obi, Batjan, Halmahera, Ternate und Tidore im nördlichen Teil der Molukkengruppe. In der Gesamterscheinung der vorigen Art ähnlich, aber rein weiß und etwas kleiner. Länge 46 cm. Leider wird diese Art nur selten importiert, was bedauerlich ist, da sie unzweifelhaft nicht nur der liebenswürdigste und sprachbegabteste, sondern auch der „intelligenteste" Kakadu ist. In früheren Jahren wurde diese Art für Varieté- und Zirkusnummern sehr geschätzt. Die Geschlechter sind gleich gefärbt, lassen sich jedoch in der Augenfarbe gut unter-

Bild 49. Weißhaubenkakadu (*Cacatua alba*). Aufnahme Kennig/de Grahl

scheiden. Das Männchen hat eine schwarzbraune, das Weibchen eine rotbraune Augeniris. Anzahl der Eier 2, Brutzeit 28 Tage, Nestlingszeit 8 – 9 Wochen.

Rotsteißkakadu (*Cacatua haematuropygia*, Synonym *Kakatoe haematuropygia*). Vorkommen: Philippinen. Lebt entweder paarweise oder in kleinen Gruppen von 6 – 12 Exemplaren. Länge 31 cm. Weiß mit kurzer, unterseits gelblichrot gefärbter Haube. Unterseite der Schwanzfedern gelblich. Untere Schwanzdeckfedern blutrot mit weißen Kanten. Augenring weiß, Füße und Schnabel blaugrau. Augeniris beim Männchen schwarz, beim Weibchen karminrot. Der Rotsteißkakadu ist ein kleiner und netter Kakadu, der besonders während der letzten Jahre häufiger importiert worden ist und sich schon in Europa fortgepflanzt hat. Eizahl 3, Brutzeit 25 Tage, Nestlingszeit 8 Wochen.

Nacktaugenkakadu (*Cacatua sanguinea,* Synonym *Kakatoe sanguinea*). Vorkommen: Nord-, West- und Zentralaustralien. Länge 40 cm. Unterer Teil der Kopf- und Halsfedern rötlich. Zügel und Unterseite der Haube rot. Sonst rein weiß. Rund um das Auge eine breite, federlose Zone von blaugrauer Farbe (Name!), Schnabel hell hornfarben. Obwohl Nacktaugenkakadus leicht einen etwas traurigen Eindruck machen und ihre Augen „verweint" wirken, sind sie diesem Aussehen zum Trotz äußerst liebenswürdige Vögel. Einzeln gehalten werden sie leicht zahm und sehr anhänglich. Sie werden als ziemlich sprachbegabt angesehen. Eigentümlich ist ihr Lockruf, der an den einer Eule erinnert, etwa „hoa-hoo". Männchen und Weibchen sind gleich gefärbt. Die Unterschiede in der Augenfarbe lassen sich meist nicht so gut erkennen wie bei den anderen hellen Kakadus. Aber auch bei dieser Art sind die Augen des Männchens dunkler als die des Weibchens. Hält man Nacktaugenkakadus in einer Voliere, so sollte ihnen immer ein passender Nistkasten zur Verfügung stehen. Sie schlafen nämlich lieber in einer Höhle als freisitzend. Nacktaugenkakadus sind klimahart und können, ein Schutzhaus und eine günstige Lage vorausgesetzt, das ganze Jahr über im Freien bleiben. Ihre Zucht ist schon verschiedentlich gelungen, erstmals 1907 am Zoologischen Garten in London. Anzahl der Eier 3, Brutzeit 25 Tage, Nestlingszeit 8 Wochen.

Nasenkakadu (*Cacatua tenuirostris,* Synonym *Kakatoe tenuirostris*). Vorkommen: Der Nasenkakadu bewohnt mit 2 Unterarten zwei räumlich weit auseinanderliegende Gebiete im Südwesten und Südosten Australiens. Länge 38 cm. Die im Südwesten vorkommende Unterart *C. t. pastinator* ist etwas größer (40 cm) und heller gefärbt. Farben überwiegend weiß, unterseits leicht gelblich getönt. Ein Band von Auge zu Auge über die Schnabelwurzel hinweg ist rot, ebenso wie die

Bild 50. Nasenkakadu (*Cacatua tenuirostris*). Aufnahme W. de Grahl

oberen Brustfedern. Schwanz und Flügeldecken unterseits gelblich. Auch diese Art hat einen nackten, graublauen Augenring. Beine grau und Schnabel blauweiß. Der Oberschnabel ist lang ausgezogen und verhältnismäßig gerade; er wird als „Grabgerät" benützt. Der Nasenkakadu hält sich viel am Boden auf, wo er nach Wurzeln, Knollen und Insektenlarven gräbt. Auf ebenem Boden läuft er schnell und geschickt. Auch in Gefangenschaft fressen Nasenkakadus gern Wurzeln und Knollen aller Art, sie fressen auch Zwiebeln. Rohe Kartoffeln sollte man dagegen grundsätzlich nie verfüttern. Nasenkakadus sind oft etwas „mürrisch", doch können Vögel, die jung in menschliche Hände kommen, recht zahm und anhänglich werden. Ihre Nachzucht ist an Zoologischen Gärten bereits gelungen. Zahl der Eier 2 – 4, Brutzeit 29 Tage, Nestlingszeit 9 Wochen. Gebrütet wird von beiden Eltern. Eine Unterscheidung der Geschlechter ist schwierig; der Unterschied in der Augenfarbe ist gering und läßt sich in der Regel nur beim Vergleich mehrerer Vögel sicher erkennen. Augeniris beim Männchen etwas dunkler.

Zwei weitere Kakadu-Arten werden vereinzelt und meist nur in Einzelexemplaren eingeführt:

Goffins-Kakadu (*Cacatua goffini*) von den zwischen Australiens Nordküste und Neuguinea gelegenen Tamimbarinseln. Erinnert im Körperbau stark an den Nacktaugenkakadu, doch fehlt der federlose, blaugraue Augenring. Länge 32 cm.

Ducorps-Kakadu (*Cacatua ducorps*). Vorkommen: Östliche Salomoninseln. Ziemlich gedrungener, gut 30 cm langer, überwiegend weißer Kakadu. Haube klein und kurz, unterseits gelb bis orange. Um das Auge eine nackte, blaugraue Zone.

Nymphensittiche *(Nymphicus)*

Diese nur eine einzige Art enthaltende Gattung hat den Systematikern schon viel Kopfzerbrechen gemacht. Zeitweise wurde sie zu den Kakadus gestellt. Entsprechend der modernen Systematik stellt man sie in eine eigene Unterfamilie Nymphicinae mit einer Gattung und nur einer Art.

Nymphensittich (*Nymphicus hollandicus*). Vorkommen: Fast der ganze australische Kontinent mit Ausnahme der nördlichen, östlichen und südlichen Küstenregion. An der trockenen Nordwestküste Australiens auch im Küstengebiet. Nicht auf Tasmanien. Länge 32 cm. Schlank. Oberkopf mit langausgezogener, spitzer Haube. Männchen mit zitronengelben Kopfseiten und gelbroten Ohrflecken. Rumpf und Schwingen grau, Schwanz oberseits silbergrau. Federn der oberen Handschwinge auf der Außenseite weiß. Augen braun, Schnabel schwarzgrau, Beine blaugrau. Weibchen matter gefärbt, Kopf und Haube graubraun mit weißen Querrändern. Die beiden äußersten Schwanzfedern gelb. Jungvögel gleichen den Weibchen. Daher Vorsicht beim Einkauf, ohne Übung ist es schwer, Weibchen von Jungvögeln zu unterscheiden.

Bei der Zucht müssen wir folgendes beachten: Der Nistkasten wird quer angebracht, so daß der brütende Vogel seine Umgebung beobachten kann. Kann das Weibchen sehen, was um es herum vorgeht, bleibt es bei Geräuschen usw. fast immer ruhig sitzen. Während des Tages wird das Weibchen zeitweilig vom Männchen beim Brüten abgelöst. Anzahl der Eier 4 – 7, Brutzeit 21 Tage, Nestlingszeit 5 – 6 Wochen. Als zusätzliches Aufzuchtfutter reicht man Weichfutter, wie man es sonst für insektenfressende Vögel verwendet, eingeweichten Zwieback, hartgekochtes Ei und viel Grünfutter. Auch nach dem Ausfliegen werden die Jungen noch wochenlang vom Männchen gefüttert. Gute Paare brüten mehrere Male nacheinander und sind sehr produktiv.

Fast alle heute gehandelten Nymphensittiche sind europäische Nachzuchten. Der Nymphensittich wird schon seit mehr als 100 Jahren in Europa nachgezüchtet und kann als weitgehend domestiziert angesehen werden. Die erste verbürgte Nachzucht gelang in Deutschland 1858 (H.

Bild 51. Nymphensittich (*Nymphicus hollandicus*), naturfarbenes Tier und Albino. Aufnahme W. de Grahl

Leukfeld, Nordhausen); es ist aber durchaus möglich, daß der Nymphensittich noch früher in England nachgezüchtet worden ist. Klimatisch sind Nymphensittiche sehr gut an die europäischen Verhältnisse angepaßt und können, ein Schutzhaus vorausgesetzt, das ganze Jahr im Freien verbleiben, selbst ein paar Frostgrade schaden ihnen nicht. Der Nymphensittich ist sanft und friedlich und kann selbst mit kleinen Prachtfinken in der Voliere zusammen gehalten werden. Während der letzten Jahre sind zahlreiche Farbschläge herausgezüchtet worden, so gibt es gelbe, vollständig weiße, weißscheckige und gelbscheckige Nymphensittiche. Nymphensittiche werden schnell zutraulich, wenn man sich viel mit ihnen beschäftigt. Jungvögel können sehr zahm werden, und lernen häufig einige Worte sprechen oder Melodien pfeifen. In der Sittichzucht werden Nymphensittiche bisweilen auch als „Ammen" für andere Sittiche benutzt, die ihr Brutgeschäft vernachlässigen.
In der Natur lebt der Nymphensittich schwarmweise in oft ausgesprochen trockenen Gebieten und ist wie alle in solchen Regionen lebenden Papageien ein guter und schneller Flieger.

Nestorpapageien *(Nestorinae)*

Nestorpapageien sind zwar für die Vogelliebhaberei ohne Bedeutung, sie sollen hier aber doch erwähnt werden. Eine Art, den Kea, trifft man zuweilen auch in Zoologischen Gärten an. Nestorpapageien sind große Vögel von gedrungenem Körperbau und dunkler Färbung, deren Aussehen an das von Raubvögeln erinnert.

Kea (*Nestor notabiles*). Vorkommen: Gebirgsgegenden auf der Südinsel Neuseelands. Länge 48 cm. Grundfärbung olivbraun, unterseits heller. Unterrücken und Bürzel bronzefarben. Armschwingen unterseits rot, Schwung- und Schwanzfedern unterseits gelb mit braungrauen Spitzen. Oberschnabel verhältnismäßig lang und sichelförmig. Schnabelfarbe graubraun, Augeniris dunkelbraun, Beine dunkelbraun. Keas werden in Deutschland im Vogelpark Waldsrode, in Österreich im Tierpark Schönbrunn und in der Schweiz im Tierpark in Zürich gehalten. In Zürich ist seine Nachzucht bereits gelungen. Gelege bestehen in der Regel aus 3 Eiern. Brutzeit 28 Tage, Nestlingszeit 70 Tage. Trotz ihres griesgrämigen Aussehens können Keas sehr liebenswürdige Vögel sein, die sich eng an ihren Pfleger anschließen.

Kaka (*Nestor meridionalis*). Vorkommen: Sowohl auf der Nord- als auch auf der Südinsel Neuseelands. 2 Unterarten. Länge 45 cm. Im Körperbau der vorigen Art ähnlich, doch nicht ganz so plump. Der Kaka ist ein guter Flieger. In der Färbung etwas „freundlicher", mit rotbrauner Unterseite, hellgrauem Scheitel und rötlichem Nackengefieder.

Spechtpapageien *(Micropsitta)*

Die Spechtpapageien spielen genauso wie die Nestorpapageien in der Vogelliebhaberei keine Rolle, aber aus ganz anderen Gründen. Es ist bis heute nämlich noch nicht zufriedenstellend gelungen, das Problem der Ernährung dieser Vogelzwerge zu lösen. Man weiß bisher einfach noch nicht, wovon diese Vögelchen eigentlich leben. Bisherige Felduntersuchungen (Rand 1942, Rand und Gilliard 1967 und insbesondere Bergman 1960) haben zwar gezeigt, daß die Spechtpapageien Früchte, Pilze und Saft von manchen Bäumen zu sich nehmen, doch sind diese Stoffe wahrscheinlich nur eine Zusatznahrung. Spechtpapageien der Gattung *Micropsitta* bewegen sich, wie Bergman dies sehr anschaulich beschreibt, genau wie unsere Spechte auf der Rinde kletternd fort. Sie sind nur zwischen 8,5 und 9,5 cm lang und damit die kleinsten Papageien überhaupt. Vorkommen: Neuguinea, Buru, Ceram, die Inseln des Bismarck-Archipels und die Salomoninseln. Es gibt 6 Arten mit zahlreichen Unterarten. Die Art *M. bruijnii* lebt im Hochland Neuguineas in Höhen bis zu 2500 m ü. M.

Feigenpapageien *(Opopsitta)*

Zu den Feigenpapageien rechnet man etwas weiter gefaßt auch noch die Gattung *Psittaculirostris,* auch Zwergpapageien genannt. Diesen beiden Gattungen gehören zahlreiche Arten an, die in ihrer Verbreitung auf Neuguinea beschränkt sind. Sie leben paarweise oder in kleineren Gruppen und ernähren sich von Früchten, vorwiegend von Feigen, Beeren, Sämereien und Nektar. Die meisten Arten sind überwiegend

Bild 52. Salvadori-Zwergpapagei (*Psittaculirostris salvadori*). Aufnahme H. Reinhard

grün gefärbt mit roten, blauen oder gelben Zeichnungen an Kopf und Brust. Die Angehörigen der Gattung *Opopsitta* sind nur 13 – 14 cm lang. Einige Feigenpapageien sind in geringerer Zahl bereits nach Europa eingeführt worden. Am besten bekannt sind:

Salvadori-Zwergpapagei (*Psittaculirostris salvadorii*). Vorkommen: Nordwestliches Neuguinea. Länge 19 cm. Grundfärbung grün, oberseits dunkler, unterseits heller. Hals und Kehle mit etwas „borstig" abstehenden, gelben Federn. Männchen mit rotem Brustgefieder. Augeniris dunkelbraun, Schnabel schwarz, Beine dunkelgrau.

Edwards-Zwergpapagei (*Psittaculirostris edwardsii*). Vorkommen: Nordöstliches Neuguinea. Länge 18 cm. Stirn und Scheitel grün, Hinterkopf schwarz, Wangen rot und Halsseiten gelb. Die Federn an Wangen und Hals stehen borstenförmig ab. Brust und Bauch rot, Kehle schwarz. Färbung im übrigen grün, unterseits hellgrün, oberseits mehr olivgrün. Weibchen matter gefärbt. Schnabel schwarzgrau, Augeniris rot, Beine grau.

Aus dem neuguineanischen und indonesischen Raum werden als Einzelvögel oder in sehr geringer Anzahl hin und wieder Papageienvögel importiert, über die kaum Erfahrungen vorliegen.

Sie hier alle aufzuzählen würde zu weit führen, doch seien einige allgemeine Hinweise gegeben: Arten der Gattungen *Psittinus* (z. B. Blaurumpfpapagei) und *Psittacella* (z. B. Brehmspapagei) sind wie Feigenpapageien zu versorgen. Die sehr schön gefärbten Arten der Gattung *Geoffroyus* wurden schon mehrere Male importiert, doch haben sie sich als Stuben- oder Volierenvögel als äußerst ungeeignet erwiesen.
Gut geeignete Stubenvögel dagegen gibt es allem Anschein nach unter den Arten der Gattung *Prioniturus*. Sie leben auf den Philippinen, auf Celebes und der Insel Buru. Ihre beiden mittleren Schwanzfedern sind schaftartig verlängert und am äußersten Ende spatenartig geformt. Sie leben von Sämereien, Früchten und möglicherweise auch von Nektar. Gut geeignet als Stubenvögel, wenn auch sehr selten und nur vereinzelt in Zoologischen Gärten anzutreffen, sind die Dickschnabelpapageien der Gattung *Tanygnathus*. Die prächtigste Art mit sehr markantem Aussehen ist *Tanygnathus megalorhynchus* von den Kleinen Sunda-Inseln. Diese Art ist gut 40 cm lang, leuchtend grün mit blauen Flügeldecken und besitzt einen gewaltigen, hellroten Schnabel, der dem Namen Dickschnabelpapagei alle Ehre macht. Der Blaunacken-Dickschnabelpapagei (*T. lucionensis*) von den Philippinen ist durch das Washingtoner Artenschutzabkommen geschützt. Zwei weitere Dickschnabelpapageien (*T. sumatranus* und *T. gramineus*) kommen auf den Philippinen und auf Celebes vor; sie sehen aber nicht so charakteristisch aus wie die beiden anderen Arten.

Edelpapageien *(Lorius)*

Edelpapagei (*Electus roratus*, Synonym *Lorius roratus*). Vorkommen: Neuguinea, die Kleine Sunda-Insel Sumba, die Molukken, die Tanibar-Inseln, die Aru-Inseln, die Inseln des Bismarck-Archipels und die Salomoninseln. Die Unterart *E. r. macqillivrayi* bewohnt die äußerste Nordostspitze Australiens. Von Edelpapageien sind auch durch Aussetzung entstandene Populationen bekannt, wie z. B. die auf der Insel Palau 800 km nördlich von Neuguinea. Insgesamt wurden 10 Unterarten beschrieben.
Länge (je nach Unterart) 35 – 43 cm. Kennzeichnend für die Edelpapageien ist, daß die Geschlechter vollständig verschieden gefärbt sind. Diese Farbunterschiede sind so groß, daß man die Geschlechter in früheren Jahren für verschiedene Arten hielt und von roten und grünen Edelpapageien sprach. Männchen Grundfarbe samtartig-grasgrün, Körperseiten rot. Flügelbug blau, äußerste Schwungfedern mit dunkelbraunen oder blauen Spitzen. Unterflügeldecken rot. Schwanz oberseits grün mit blauer Kante, unterseits dunkelbraun und unten in Gelb übergehend. Augeniris orangefarben, je nach Unterart heller oder dunkler. Oberschnabel gelblichrot mit fast weißer Spitze, Unterschnabel schwarz. Von geringfügigen Unterschieden abgesehen, sind die Männchen der verschiedenen Unterarten gleich gefärbt. Beim Weibchen ist die Grundfarbe dunkelrot. Kopf und Hals karminrot, Rücken braunrot. Flügeldecken abhängig von der Unterart braunrot bis fast schwarz. Bauch und Flügelbug blau. Schwanz dunkelrot, am Ende heller und bei manchen Unterarten in Gelb übergehend. Augeniris gelb bis fast weiß. Schnabel schwarz. Die Unterarten lassen sich nur anhand der Färbung der Weibchen unterscheiden.
Edelpapageien sind plumpe und etwas träge Vögel, doch werden manche von ihnen recht zahm. Sie schreien nur selten, dann aber laut und durchdringend. Neben Körnerfutter sollten sie viel Früchte, Beeren aller Art, halbreifen oder aufgequollenen Mais und aufgequollene Erbsen erhalten. Ein Zusatz von tierischem Eiweiß in Form von Insektenlarven (oder auch absolut frischem und magerem Hackfleisch) hat sich bei diesen Papageien als anregend für den Bruttrieb erwiesen. Edelpapageien sind schon häufiger nachgezüchtet worden. Die ersten Nachzuchten gelangen bereits während der 80er Jahre des vorigen Jahrhunderts (A. Frenzel 1881 und H. Blankenburg 1884). Gute Zuchtresultate wurden während der letzten Jahre im Tierpark Friedrichsfelde (Ostberlin) erzielt. Als Nistgelegenheit eignet sich am besten ein hohler Baumstamm mit einem Höhlendurchmesser von mindestens 30 cm. 2 Eier werden mit 2 – 3 Tagen Abstand gelegt. Brutzeit 29 Tage, das Weibchen brütet alleine. Jungvögel schlüpfen nackt, ihr Schnabel ist schwarz mit heller Spitze. Erste Dunen beginnen vom 6. Lebenstag an zu wachsen, erste Rückendunen nach 10 Tagen. Mit 20 Lebenstagen hat der Jungvogel ein vollständiges

Dunenkleid und offene Augen. Zwischen dem 30. – 40. Lebenstag lassen sich die Geschlechter bereits an der beginnenden Färbung erkennen. Nestlingszeit 9 – 10 Wochen. Schnabelausfärbung nach 10 – 12 Monaten. Bei Edelpapageien sind 2 Bruten in kurzem Abstand nacheinander möglich. Eine Haltung in Gartenvolieren ist möglich, falls ein Schutzhaus und Wärmestrahler vorhanden sind.

Borstenkopf (*Psittrichas fulgidus*). Vorkommen: Zentral-Neuguinea in Höhen zwischen 1000 und 2000 m. Länge 50 cm. Grundfarbe dunkel schwarzbraun bis schwarz, Brustfedern mit angedeutet grauen Spitzen. Schnabel ungewöhnlich lang und spitz ausgezogen, Kopfseiten beiderseits des Schnabels federlos. Bauch, Flügelbug und Oberschwanzdecken rot. Das Männchen hat hinter dem Auge einen roten Fleck. Den borstenartigen Federn im Nacken verdankt dieser eigentümliche Papagei seinen Namen. Seine Lebensweise ist fast unerforscht. In der Natur soll er paarweise anzutreffen sein, doch weiß man weder etwas über seine Lebensgewohnheiten noch über die Fortpflanzung. Importe dieser Art sind selten, und selbst in Zoologischen

Bild 53. Edelpapagei (*Electus roratus*), Paar. Aufnahme W. de Grahl

Gärten ist der Borstenkopf eine ausgesprochene Rarität. Als Nahrung benötigen Borstenköpfe neben gekochtem Reis viel Früchte wie Bananen, Beeren aller Art und Wurzelfrüchte. Sie

Bild 54. Borstenkopf (*Psittrichas fulgidus*). Aufnahme H. Pinter

nehmen auch gerne honighaltige Nährlösung, wie sie an Loris verfüttert wird. Trotz ihres schmalen Schnabels sind sie Holzzerstörer ersten Ranges, was bei ihrer Unterbringung berücksichtigt werden muß.

Königssittiche *(Alisterus)*

Königssittiche sind verhältnismäßig große Sittiche, die in bergigen Gegenden des östlichen Australiens, auf Neuguinea und auf den westlich von Neuguinea gelegenen Inseln zu Hause sind. Es sind große und lebhafte Vögel, die sich nur für eine Haltung in ausreichend großen Außenvolieren eignen. Neuimporte müssen vorsichtig akklimatisiert werden.

Königssittich (*Alisterus scapularis*). Vorkommen: Östliches und südöstliches Australien. Länge 40 cm. Beim Männchen Kopf, Hals und Unterseite rot. Schultern hellgrün, Rückengefieder dunkelgrün, zum Hals hin mit bläulichem Rand, Schwanz und Handschwingen dunkler, Schwungfedern schwarz, Oberschnabel rot, mit unterer schwarzer Kante, Unterschnabel schwarz. Augeniris gelb. Beim Weibchen Kopf, Rücken und Schwingen dunkelgrün. Bauch rot. Schwanzfedern dunkelgrün, nach hinten in Schwarz übergehend. Schnabel schwarzbraun, Augeniris gelb. Königssittiche benötigen zur Zucht einen sehr großen Nistkasten, der 15 – 20 cm hoch mit vermulmendem Holz gefüllt wird. Anzahl der Eier 2 – 6, Brutzeit 20 Tage, Nestlingszeit 40 Tage. Junge Männchen gleichen dem Weibchen. Erst nach etwa einem halben Jahr bekommen sie die ersten roten Federn und färben sich im 2. Lebensjahr vollständig aus.

Gelbflügel-Königssittich, Gelbschulter-Königssittich (*Alisterus chloropterus*). Vorkommen: Nordwestliches, zentrales und östliches Neuguinea. Mehrere Unterarten. Länge 35 cm. Ähnelt der vorigen Art. Männchen mit großem, gelbgrünem Schulterfeld und großem, blauem Nackenfleck. Das Weibchen ähnelt dem des Königssittichs, doch sind Brust und Hals dunkler grün. Sehr seltene Art, die jedoch in England bereits nachgezüchtet wurde. Brutzeit und Nestlingszeit wie beim Königssittich.

Amboina-Königssittich (*Alisterus amboinensis*). Vorkommen: Mit 6 Unterarten auf den Inseln Amboina, Ceram, Halmahera, Buru sowie im Nordwesten Neuguineas. Länge 35 cm. Männchen mit einfarbig grünen Schwingen, im übrigen den beiden vorgenannten Arten ähnlich. Nur ganz vereinzelt importiert.

Bild 55. Königssittich (*Alisterus scapularis*). Aufnahme Th. Brosset

Scharlachflügelsittiche (*Aprosmictus*)

Die Scharlachflügelsittiche stehen den Königssittichen nahe, sie sind jedoch kleiner und etwas gedrungener. Schnelle Flieger, die nur für die Haltung in größeren Außenvolieren in Frage kommen.

Rotflügelsittich (*Aprosmictus erythropterus*). Vorkommen: Nordaustralien, die zentralen Teile des östlichen Australiens (2 Unterarten) und die südlichsten Regionen Neuguineas (1 Unterart). Länge 32 cm. Männchen leuchtend grün. Schultern gelbgrün mit einem roten Fleck. Schwingen und Oberrücken dunkler grün, Unterrücken blau, Augeniris und Schnabel rot. Weibchen wesentlich matter grün, blauer Unterrücken, Augeniris braun, Schnabel hellbraun bis gelb. Bei der Zucht haben sich tiefe (1 m) Nistkästen bewährt, deren Wände innen mit Gitter bespannt sind, an dem die Vögel emporklettern können. Schlupfloch 10 cm Durchmesser. Eizahl 2 – 4, seltener mehr. Brutzeit 22 Tage. Das Weibchen brütet alleine. Nestlingszeit ca. 40 Tage. Ausgeflogene Jungvögel sind matter gefärbt als das Weibchen, sie werden noch weitere 2 Wochen von den Eltern gefüttert. Männchen sind erst im 3. Lebensjahr vollständig ausgefärbt, doch können auch noch nicht ausgefärbte Männchen bereits fortpflanzungsfähig sein. Als Aufzuchtfutter sollten Eier, Brot, vorgequollene Sämereien, Früchte, Beeren und viel Grünfutter gereicht werden.

Timor-Rotflügelsittich (*Aprosmictus jonquillaceus*). Vorkommen: Timor und die Wetarinsel (2 Unterarten). Unterscheidet sich durch blauschwarzes Schultergefieder und begrenzte Rotfärbung auf dem vorderen Flügeldecken von der vorigen Art. Bisher nur ganz selten importiert.

Bild 56. Rotflügelsittich (*Apromictus erythropterus*), Männchen. Aufnahme W. de Grahl

Prachtsittiche *(Polytelis)*

Die Gattung *Polytelis* umfaßt drei Arten, die alle schon seit längerer Zeit in Europa nachgezüchtet werden. Es sind lebhafte Vögel, die schnell fliegen und gut klettern und sich auch auf ebenem Boden geschickt fortbewegen. Sie eigenen sich nur für die Haltung in größeren Volieren. In günstigen Lagen können sie auch in Volieren mit ungeheiztem Schutzhaus überwintert werden. Ihre Heimat ist Australien. Körnerfutter für Prachtsittiche sollte neben Hirse, Kanariensamen, Sonnenblumenkernen auch Hafer enthalten. Auch etwas Weizen kann gereicht werden, und die Vögel schätzen auch verschiedene Grassämereien. Darüberhinaus sollten sie Grünfutter, Obst und Mohrrüben erhalten.

Schildsittich, Barrabandsittich (*Polytelis swainsonii*). Vorkommen: Südöstliches Australien. Länge 40 cm. Männchen glänzend grün, Stirn, Scheitel und Kehle gelb. Unter dem Kehlfleck ein rotes Band, das sich markant gegen das Gelb des Kehlflecks und das Grün der Brust abhebt. Schnabel rot, Augeniris orangefarben. Das Weibchen ist matter grün gefärbt, die gelbrote Kopfzeichnung fehlt. Schenkel rot, Schnabel orangefarben, Augeniris gelb. Teilweise tritt der Schildsittich in seiner Heimat als Kulturfolger auf und hat in manchen Orten Parks und Gärten besiedelt. Eizahl 4 – 6, Brutzeit 20 Tage, Nestlingszeit 40 – 50 Tage. Als Aufzuchtfutter reichen wir neben gekochtem Ei und viel Grünzeug und auch Insektenfresserfutter. Schildsittiche nehmen auch Insektenlarven an. Jungvögel gleichen dem Weibchen und färben sich erst im 10. – 12. Lebensmonat aus.

Bergsittich, Schwarzschwanzsittich (*Polytelis anthopeplus*). Vorkommen: Heute in zwei räumlich weit voneinander getrennten Populationen im Südwesten und Südosten Australiens. In früheren Zeiten standen beide Populationen miteinander in Verbindung. Obwohl sich in beiden Populationen keine Unterarten gebildet haben, bestehen heute jedoch zwischen ihnen bedeutende verhaltensmäßige Unterschiede. Während die östliche Population in fast unbesiedelten Strauchsteppen und Halbwüsten lebt und bis in Höhen von fast 3000 m angetroffen wird, sind die Bergsittiche des südwestlichen Vorkommens weitgehend zu Kulturfolgern geworden. Bergsittiche leben von verschiedensten Grassämereien und fressen in bebauten Gebieten auch viel Weizen; sie verschmähen auch Insekten und deren Larven nicht. Nesthöhlen hat man in Steilufern, Lößwänden und ähnlichem gefunden. Schon im vorigen Jahrhundert wurde der Bergsittich in Europa nachgezüchtet. Länge 40 cm. Beim Männchen Kopf und Unterseite gelb, Rücken braun, Schwingen und Schwanz schwarz. Vordere Flügeldecken mit gelbem Feld. Schnabel rot, Augeniris orangefarben. Das Weibchen ist matter gefärbt, der Kopf ist mehr grünlich getönt. Eizahl 3 – 6, Brutzeit 19 Tage, Nestlingszeit bis zu 50 Tage. Die Jungen werden nach dem Aus-

Bild 57. Schildsittich (*Polytelis swainsonii*). Aufnahme H. Bielfeld

fliegen noch mehrere Wochen von den Eltern gefüttert. Aufzuchtfutter wie beim Schildsittich.

Blaukappensittich, Alexandrasittich, „Princess-of-Wales-Sittich“ (*Polytelis alexandrae*). Vorkommen: Bewohnt ein großes Gebiet im Inneren des westlichen Australiens, das hauptsächlich aus Busch, Steppe und Halbwüste besteht. Hochgradig an ihre Umgebung angepaßte Art. Ausgezeichnete Flieger, der weit umherstreift. Länge 45 cm. Grundfärbung grün, Stirn und Scheitel hellblau getönt. Unterrücken und Bürzel lilablau, Flügeldecken gelb bis gelbgrün. Beim Männchen sind die mittleren Schwanzfedern verlängert. Schnabel orangerot. Das Weibchen ist blasser, und der Schnabel ist weniger intensiv gefärbt. Die Brutzeit der wildlebenden Blaukappensittiche ist weitgehend von den sporadischen Regenfällen abhängig. Lebt fast ausschließlich von Grassamen. Eizahl 4 – 6, Brutzeit 21 Tage, Nestlingszeit 35 – 40 Tage. Die Jungvögel werden nach dem Verlassen der Bruthöhle noch weitere 3 Wochen von den Eltern gefüttert. Als Aufzuchtfutter reicht man in Milch aufgeweichten Zwieback, geriebene Mohrrüben oder Äpfel und viel Grünfutter. Bei uns gehaltene Blaukappensittiche stammen fast ausnahmslos von schon über Jahrzehnte in Europa gezüchteten Vögeln ab. Sie sind häufig wesentlich kleiner (ca. 35 cm) als ihre wilden Verwandten. Die ersten Nachzuchten in Europa gelangen schon im vorigen Jahrhundert. In Australien wurde eine blaue Variante herausgezüchtet.

Bild 58. Blaukappensittich (*Polytelis alexandrea*). Aufnahme H. Bielfeld

Kappensittiche (*Purpureicephalus*)

Diese Gattung enthält nur eine einzige Art, den

Rotkappensittich, Kappensittich (*Purpureicephalus spurius*). Vorkommen: Äußerster Südwesten des australischen Kontinents. Länge 36 cm. Stirn und Scheitel karminrot. Kopfseiten grün, Flügel oberseits grün, unterseits rot. Nacken und Rükken grün, Bürzel gelb, Brust und Bauch violett. Schwanz oberseits grün, unterseits gelblich.

Schenkel rot. Schnabel blaugrau, Augeniris dunkelbraun. Das Weibchen ist etwas matter gefärbt und in der Regel kleiner als das Männchen. Eizahl 4 – 5, Brutzeit 19 Tage. Das Weibchen brütet alleine. Nestlingszeit 35 Tage. Ausgeflogene Jungvögel sind schnell selbständig.
Kappensittiche benötigen viel Bewegung, sie sind deshalb nur für geräumige Volieren geeignet. Importierte Vögel sind sehr empfindlich, einmal richtig eingewöhnt aber verhältnismäßig klimahart. Schon im vorigen Jahrhundert wurden an mehreren europäischen Tiergärten Nachzuchten erzielt. In den Parkanlagen des Herzogs von Bedford (England) hat sich der freifliegende Kappensittich auch gut vermehrt. Neben Sämereien aller Art sollten Kappensittiche täglich Grünfutter, Obst und frische Zweige erhalten. Die Zweige werden geschält; von der Salweide (*Salix caprea*) werden Teile der Rinde auch gefressen. Dem Menschen gegenüber ist der Rotkappensittich meist reservierter als seine näheren Verwandten, und allgemein muß man ihn als einen empfindlichen Pflegling betrachten.

Rosellas *(Platycercus)*

Die Angehörigen dieser Gattung werden zusammen mit den ihnen nahe verwandten Vertretern der Gattung *Barnardius* auch als Plattschweifsittiche bezeichnet. Wegen ihres prächtigen Gefieders und ihres guten Anpassungsvermögens an unsere klimatischen Verhältnisse sind sie hochgeschätzte Volierenvögel. Sie leben im australischen Raum fast ausschließlich als Bewohner von Busch- und Baumsteppen und sind gute Flieger. Sie sind sehr lebhaft und bewegen sich auch geschickt auf dem Boden. Rosellas sind keine Käfigvögel! Wir sollten sie daher zumindest paarweise in einer größeren Voliere halten. Ihre Vermehrung ist, richtige Haltung vorausgesetzt, nicht schwierig. Da alle Rosellas schon seit vielen Generationen in Europa vermehrt werden, sind sie auch gut angepaßt und klimahart. In günstigen Lagen können die meisten von ihnen ganzjährig im Freien gehalten werden.
Nistkästen für Rosellas sollten nicht zu klein sein. Eine Grundfläche von 25×25 cm ist das Minimum. Haben Rosellas die Wahl zwischen einem flacheren und einem tieferen Nistkasten, so ziehen sie eindeutig den tieferen vor. Der Abstand vom Flugloch bis zum Boden des Nistkastens sollte mindestens 35 cm betragen. Als Futter reicht man diesen Vögeln Hirse, Kanariensamen, Sonnenblumenkerne, Hafer und viel Grünfutter, Mohrrübenstückchen und zerschnittene Früchte. Grassämereien aller Art sind, sowohl halbreif als auch reif, sehr geschätzt. Werden die Vögel kühl überwintert, fressen manche von ihnen auch Hanfsamen und Leinsamen. Insekten und Insektenlarven werden von vielen Individuen gefressen. Welches Futter angenommen wird, ist oft Gewöhnungssache. Werden Rosellas längere Zeit einseitig gefüttert, so nehmen sie oft unbekannte Futterstoffe nicht mehr an. Als Aufzuchtfutter reicht man aufgeweichten Zwieback, geriebene Mohrrüben und Insektenfresserfutter. Noch besser als Insektenfresserfutter sind frische Ameisenpuppen.

Gelbbauchsittich, Grüner Rosella (*Platycercus caledonicus*). Vorkommen: Tasmanien und einige kleinere Inseln in der Bass-Straße. Länge 36 cm. Stirn rot, zum Scheitel hin heller und in Gelb übergehend. Wangenflecke blau. Körperfärbung unterseits gelb, Rücken dunkelbraun mit grünlich gesäumten Federn. Flügel dunkel, schwarz bis grün, mit blauen Flügeldecken. Schwanzfedern dunkelgrün bis schwarz. Äußerste Schwanzfedern mit blauem Saum. Sehr unterschiedlich in der Farbintensität. Die Weibchen sind ähnlich gefärbt, nur in den Farben etwas matter. Die Jungvögel sind beim Ausfliegen fast einfarbig dunkelgrün und färben erst im 14. – 15. Monat um. Eizahl 5 – 6, Brutdauer 21 Tage, Nestlingszeit 5 Wochen. Die Zucht ist bei dieser Art nicht einfach. Nachzuchttiere werden selten angeboten. Gelbbauchsittiche sind in ihren Pflegeansprüchen sehr bescheiden und gehören mit zu den klimahärtesten Papageien überhaupt. Sie sind erst im Alter von ca. 2 Jahren geschlechtsreif.

Pennantsittich, Pennants Rosella (*Platycercus elegans*). Vorkommen: Küstengebiete im südlichen Queensland, Neusüdwales und Victoria (südöstliches und östliches Australien). 3 Unterarten. Männchen und Weibchen gleich gefärbt. Beim Weibchen ist jedoch der Kopf etwas kleiner, und der Schnabel ist schmaler. Kopf und Körper leuchtend rot. Wangenflecke und Flügeldecken blau. Rückenfedern schwarz mit breiten roten Säumen. Schwanzfedern dunkelblau.

Bild 59. Pennantsittich (*Platycercus elegans*). Aufnahme W. de Grahl

Äußere Schwanzfedern heller und mitunter mit weißen Spitzen. Exemplare mit höherem Schwarzanteil (Teilmelanismus) sind bei dieser Art nicht selten. Jungvögel überwiegend grün und nur an Kopf und Schenkeln rötlich gefärbt. Eizahl 5 – 8, Brutzeit 21 Tage, Nestlingszeit 5 Wochen. Jungvögel werden noch mehrere Wochen von den Eltern gefüttert. Sie färben sich zwischen dem 12. und 15. Lebensmonat um. Diese Art kann in der Färbung äußerst variabel sein. Selbst bei wildlebenden Vögeln wurden innerhalb derselben Schwärme beträchtliche Farbunterschiede beobachtet.

Strohsittich (*Platycercus flaveolus*). Vorkommen: Einzugsgebiet des Murray-Rivers und Murrumbidgee-Rivers im nördlichen Victoria und südlichen Neusüdwales. Länge 33 cm. Männchen und Weibchen gleich gefärbt, doch wirken die Farben beim Weibchen etwas verwaschen. Länge 33 cm. Stirn rot, Wangenflecken blau, Kopf sonst gelb. Unterseite und Bürzel gelb. Flügeldeckfedern schwarz mit gelben Rändern und zum Flügelbug hin mit einigen bläulichen Federn. Schwanzfedern blau bis schwarz, unterseits heller. Die Weibchen sind blasser gefärbt und unterscheiden sich vom Männchen durch den kleineren Kopf und den schmaleren Schnabel. Eizahl 4 – 6, Brutzeit 21 Tage, Nestlingszeit 5 Wochen. Strohsittiche sind anspruchslose Pfleglinge, die sich meist willig vermehren.

Adelaidesittich, Adelaiderosella (*Platycercus adelaideae,* Synonym *Platycercus elegans adelaideae*). Vorkommen: In zwei kleinen Populationen in der Nähe von Adelaide (Südaustralien). Ähnelt dem Pennantsittich, doch ist das Rot der Körpergrundfärbung beim Adelaidesittich blasser und geht bisweilen auch in Gelbrot bis Gelb über. Länge 34 cm. Männchen und Weibchen fast gleich gefärbt. Die Schwanzfedern sind beim Weibchen jedoch grünlicher und der Schnabel ist etwas schmaler. Eizahl, Brutzeit und Nestlingszeit wie beim Pennantsittich.

Rosella, Prachtrosella, Buntsittich (*Platycercus eximius*). Vorkommen: Mit 3 Unterarten im südlichen Australien und auf Tasmanien. Bei der Unterart *P. eximius cecilae* haben die Rückenfedern breite goldgelbe Ränder. Sie wird deshalb auch Gelbmantelsittich oder Gelbmantelrosella genannt. Durch häufige Kreuzungen sind jedoch bei den heutigen Nachzuchttieren in der Regel die typischen Merkmale der einzelnen Unterarten vermischt. Es ist daher schwierig, wenn nicht sogar unmöglich, Vögel zu finden, die wir als typisch für eine bestimmte Unterart ansehen können.
Länge 31 cm. Kopf, Kehle und Hals rot, Wangenfleck weiß. Rückenfedern schwarz mit gelbgrünen Säumen. Brust gelb und zum Bauch hin in Grün übergehend. Flügeldecken außen mit blauem Feld. Schwanz grün bis blau mit weißen Federkanten. Augeniris braun, Schnabel hornfarben bis weiß, Füße graubraun. Jungvögel im

Bild 60. Rosella oder Buntsittich (*Platycercus eximus*). Aufnahme Th. Brosset

1. Lebensjahr grünlich mit nur wenigen roten Federn am Kopf. Unter den Flügeldecken haben alle Jungvögel weiße Flecken, die bei den Männchen während der Umfärbung verschwinden, während die Weibchen diese Flecken behalten. Im übrigen unterscheidet sich das Weibchen vom Männchen durch einen kleineren Kopf und schmaleren Schnabel. Eizahl 4 – 6, Brutzeit 21 Tage, Nestlingszeit 4 1/2 – 5 Wochen. Wahrscheinlich die am häufigsten gehaltene und vermehrte *Platycercus*-Art.

Blaßkopfrosella, Blaßkopfsittich (*Platycercus adscitus*). Vorkommen: Bewohnt mit 2 Unterarten den nordöstlichen Teil Australiens. Bei wildlebenden Vögeln unterscheiden sich die beiden Unterarten deutlich durch ihre unterschiedliche Bürzelfärbung. Der Bürzel in der Nominatform ist gelb, während er bei der Unterart *P. adscitus palliceps* blau ist. Bei Volierennachzuchten sind jedoch beide Unterarten so miteinander verkreuzt worden, daß es oft unmöglich zu sagen ist, welcher Unterart ein bestimmter Vogel angehört. Außerdem variiert diese Art in der Farbe sehr stark. Selbst bei wildlebenden Schwärmen können Angehörige desselben Schwarmes sehr unterschiedlich gefärbt sein. Kreuzungen mit der vorigen Art kommen auch in der Natur vor. Länge 30 cm. Männchen und Weibchen gleich gefärbt und kaum zu unterscheiden. Beim Weibchen ist der Kopf jedoch etwas kleiner und der Schnabel schmaler. Kopf weißgelb, Wangenflekke weiß, nach unten hin in Weißblau übergehend. Federn des Oberrückens schwarz mit gelben Säumen. Flügeldecken schwarz, vordere Kante blau. Bauch gelbweiß, nach unten in bläuliche Töne und schließlich in Rot übergehend. Schwanz oberseits graublau, unterseits hellblau. Schnabel weiß-hornfarben, Augeniris dunkelbraun, Beine grau. Jungvögel blasser, färben erst zwischen dem 12. und 15. Lebensmonat um. Erst im Alter von ca. 2 Jahren fortpflanzungsfähig. Eizahl 3 – 6, Brutzeit 21 Tage, Nestlings-

Bild 61. Blaßkopfrosella (*Platycercus adscitus*). Aufnahme Th. Brosset

zeit 4 1/2 – 5 Wochen. Neben der vorigen Art ist diese um 1860 erstmals importierte Art die am häufigsten gehaltene Rosella-Art. Alle heute in Europa gehandelten Vögel stammen aus Volierennachzuchten. Eine durch Aussetzung entstandene Population lebt auf Hawaii.

Schwarzkopfsittich, Browns Sittich, Browns-Rosella (*Platycercus venustus*). Vorkommen: Nördliches Australien. Länge 28 cm. Männchen und Weibchen gleich gefärbt. Kopf und Scheitel schwarz, Wangenflecke weiß. Rückenfedern schwarz mit gelben Säumen. Brust und Bauch gelb, Unterschwanzdecken rot. Flügeldeckfedern und Fahnen der Schwungfedern blau. Schwanzfedern schwarzblau mit weißen Spitzen. Schnabel hornfarben-weiß, Augeniris dunkelbraun, Beine dunkelgrau. Beim Weibchen sind Kopf und Schnabel schmaler. Treten Farbunterschiede auf, so handelt es sich bei dieser Art in der Regel um Altersunterschiede. Diese Art ist weitaus weniger an die europäischen Klimaverhältnisse angepaßt als ihre Verwandten. Das gilt auch für die Brutperiode. Meist schreiten diese Vögel während unserer Wintermonate zur Fortpflanzung, was die Nachzucht recht problematisch macht. Am ehesten besteht Aussicht auf Erfolg, wenn große Innenvolieren mit ausreichender Beleuchtung zur Verfügung stehen. Eizahl 5 – 7, Brutzeit 19 – 21 Tage, Nestlingszeit 4 – 5 Wochen. Für die Aufzucht der Jungvögel sollten möglichst Ameisenpuppen zur Verfügung stehen.

Stanley-Sittich (*Platycercus icterotis*). Vorkommen: Südwestaustralien. Länge 25 cm. Kleinste Rosella-Art. Männchen und Weibchen farblich gut zu unterscheiden. Beim Männchen Kopf, Hals, Brust und Bauch rot, Wangenflecken gelb, Schenkel grün. Flügeldecken grün, Armschwingen schwarzbraun, Flügelbug blau. Federn des Rückengefieders schwarz mit gelben und roten Säumen. Schwanzfedern grün, nach der Schwanzaußenseite in Blau übergehend mit weißen Spitzen. Schnabel gelblich-hornfarben, Augeniris dunkelbraun, Beine graubraun. Das Weibchen ist etwas kleiner und wesentlich matter gefärbt. Während der Brutzeit sind Stanley-Sittiche häufig gegenüber Artgenossen unverträglich. Deshalb ist es ratsam, Zuchtpaare einzeln zu halten. Möglichst sollten auch mehrere Nistkästen zur Auswahl zur Verfügung stehen. Nistkästen für Stanley-Sittiche sollten möglichst tief sein und eine Bodenlage aus Torf erhalten. Eizahl 4 – 6, Brutzeit 20 Tage, Nestlingszeit 4 – 5 Wochen. Gut eingewöhnte Stanley-Sittiche brüten in der Regel während einer Brutperiode zweimal. Als Aufzuchtfutter reichen wir in Milch eingeweichten Zwieback, viel Grünfutter und – wenn möglich – frische Ameisenpuppen. Lassen sich keine Ameisenpuppen beschaffen, so sind diese durch ein gutes Universalfutter für Insektenfresser zu ersetzen.

Stanley-Sittiche sind nicht ganz so lebhaft wie ihre größeren Verwandten und lassen sich auch in kleineren Volieren halten. Sie sind recht klimahart und können in günstigen Lagen ganzjährig im Freien gehalten werden. Jungvögel sind zunächst überwiegend grün, die gelben Wangenflecken und das schwarze Rückengefieder fehlen. Sie färben sich zwischen dem 10. und 14. Lebensmonat um. Stanley-Sittiche werden schon seit langer Zeit in Europa gehalten und ver-

Bild 62. Stanleysittich (*Platycercus icterotis*). Aufnahme H. Reinhard

mehrt. Erstimport 1864. Soweit festzustellen ist, gehören fast alle heute gehaltenen Vögel der Nominatform *Platycercus icterotis icterotis* (Westlicher Stanley-Sittich) an.

Barnardius

Die Vertreter der Gattung *Barnardius* stehen den Rosellas nahe und wurden früher mit in die Gattung *Platycercus* einbezogen. Für die nahe Verwandtschaft spricht auch, daß Angehörige der Gattung *Barnardius* schon häufiger mit verschiedenen Rosella-Arten gekreuzt worden sind, z. B. mit Blaßkopfrosellas und Pennantsittichen. Sie sind jedoch größer als die Rosellas und nur für geräumige Volieren geeignet. Trotz ihrer Größe sind die meisten *Barnardius*-Arten verträglich und können mit kleineren Sittichen zusammengehalten werden. Die Gattung umfaßt zwei Arten, jede Art drei Unterarten. Dort, wo sich die Verbreitungsgebiete der beiden Arten berühren, wurden auch wilde Artbastarde beobachtet. Als Volierenvögel werden in Europa wohl nur der Barnardsittich (*Barnardius barnardi*), der Ringsittich (*Barnardius zonarius zonarius*) und der Kragensittich (*Barnardius zonarius semitorquatus*) gehalten. Erstmals wurden sie zwischen 1850 und 1860 importiert, sie werden also schon über 100 Jahre bei uns als Volierenvögel gehalten. Die Zucht der *Barnardius*-Arten ist jedoch nicht einfach und ihr Preis daher immer hoch. Genau wie Rosellas sind auch die Vertreter der Gattung *Barnardius* harte Vögel, die ganzjährig in Außenvolieren verbleiben können, wenn ein frostfreies Schutzhaus zur Verfügung steht. Nistkästen sollten eine Bodenfläche von mindestens 35×35 cm haben und möglichst tief sein. Bei den *Barnardius*-Arten gibt es zahlreiche farbliche Übergangsformen.

Barnardsittich, Gelbnackensittich (*Barnardius barnardi*). Vorkommen: Östliches Australien in 2 geographisch getrennten Gebieten östlich des 138. Längengrades. Südliches Queensland, Neusüdwales, Victoria. Länge 33 cm. Oberkopf und Wangen dunkelgrün, zum Rücken hin in Schwarzblau übergehend. Färbung sonst überwiegend hellgrün. Stirn rot, über den Nacken zieht sich ein braunes bis gelbes Band. Flügel blaugrün mit reinblauen Flügeldecken. Über die Brust läuft ein gelbliches oder orangefarbenes Band. Augeniris dunkelbraun, Oberschnabel hell-hornfarben, Unterschnabel dunkler, Beine grau. Die Weibchen sind kleiner und matter gefärbt. Eizahl 4 – 5, Brutzeit 23 Tage. Das Weibchen brütet sehr „fest" und verläßt nur für ganz kurze Zeit die Bruthöhle. Die Nestlingszeit beträgt 5 Wochen. Als Aufzuchtfutter reichen wir eingeweichten Zwieback, viel Grünfutter, halbreife Fruchtstände, vorgequollene Sämereien und weiches Obst.

Ringsittich (*Barnardius zonarius zonarius*). Vorkommen: Westliches und zentrales Australien. Wildlebende Ringsittiche sind sehr anpassungsfähige Vögel; sie kommen sowohl in ausgesprochen trockenen Gebieten (Halbwüsten und Steppen) als auch in Savannen- und Waldgebieten vor. Teilweise sind sie auch zu Kulturfolgern geworden, die nicht nur landwirtschaftlich genutzte Gebiete besiedelt haben, sondern auch Parks und Gärten bewohnen. In ausgesprochen trockenen Gebieten passen sie ihre Fortpflanzungsperioden an die unregelmäßig fallenden Niederschläge an und vermehren sich in besonders trockenen Jahren überhaupt nicht. Länge 38 cm. Kopf schwarzbraun, zum Unterschnabel hin in Blau übergehend. Leuchtend gelbes Nackenband. Brust grün, Bauch gelb. Übriges Gefieder grün, mit Ausnahme der schwarzbraunen Schwungfederspitzen. Eizahl 4 –7, Brutzeit, Nestlingszeit usw. wie bei der vorigen Art.

Kragensittich (*Barnardius zonarius semitorquatus*). Vorkommen: Küstengebiete des südwestlichen Australiens. Länge 42 cm. Männchen mit rotem Stirnband. Kopf schwarz, Federn mit bläulichen Spitzen. Breites, gelbes Nackenband, Rücken grün. Brust und Bauch dunkelgrün, zu den Bauchseiten hin heller werdend. Schwingen und Schwanz grün, Schwanzfedern mit blauweißen Spitzen. Augeniris braun, Schnabel hellhornfarben, Beine schwarzbraun. Der Kopf des Weibchens ist bräunlicher und der Schnabel schmaler. Übrige Angaben wie bei den beiden vorigen Arten.

Singsittiche *(Psephotus)*

Die Gattung *Psephotus* umfaßt fünf Arten, die mit zahlreichen Unterarten in großen Gebieten des östlichen, nördlichen und zentralen Australiens leben. Teilweise sind sie Bewohner ausgesprochen trockener Gebiete und gute Flieger, die nur ungern den Boden aufsuchen. Manche Arten treten in großen Schwärmen auf und sind Kulturfolger geworden wie z. B. *Psephotus haematonotus.* Andere Arten wie *Psephotus pulcherrimus* und *P. chrysopterygius* sind selten, von der Ausrottung bedroht und entsprechend des Washingtoner Artenschutzabkommens geschützt. Singsittiche sind erheblich einfacher zu halten als die Vertreter der beiden vorher beschriebenen Gattungen. Sie begnügen sich mit wesentlich kleineren Volieren, und mit etwas Glück ist ihre Zucht sogar in einem großen Drahtkäfig möglich. Die regelmäßig als Stubenvögel gehaltenen Arten sind im Bezug auf die Nistgelegenheiten nicht besonders wählerisch: Ein Nistkasten mit den Maßen 20×20×30 cm reicht aus. Auf den Boden des Nistkastens kommt eine mehrere Zentimeter dicke Schicht Torf oder noch besser halbvermulmtes Holz aus Weiden- oder Pappelstümpfen. Neben Körnerfutter (Hirse, Kanariensamen, Sonnenblumenkerne und etwas Hafer) füttert man Grünfutter und Obst. Während der Aufzucht reicht man am besten unreife oder angekeimte Sämereien, die für diese Vögel das beste Aufzuchtfutter sind. Auch frische Zweige werden gerne geschält.

Singsittich (*Psephotus haematonotus*). Vorkommen: Südöstliches Australien. Länge 27 cm. Das ausgefärbte Männchen hat einen grünen Kopf, Stirn und Wangen sind etwas blasser. Rücken dunkelgrün, Bürzelgegend tiefrot. Brustgefieder grün, Bauch gelblich mit leicht rotem Anflug. Flügel blaugrün mit einem helleren Fleck. Schwanzfedern oberseits graubraun, unterseits heller. Augeniris braun, Schnabel dunkelhornfarben bis schwarz, Beine graubraun. Das Weibchen ist überwiegend graubraun mit einigen bläulichen Federn am Flügelbug. Jungvögel ähneln dem Weibchen. Der Lockton ist sehr melodisch, was dem Vogel seinen Namen einbrachte. Beide Geschlechter bringen diesen Ton hervor, der häufig wiederholt wird, so daß der Eindruck einer Strophe entsteht. Mit kleineren Vögeln kann man Singsittiche meist unbedenklich vergesellschaften. Gegenüber größeren Papageien oder Sittichen sind sie jedoch oft unverträglich. Jungvögel verpaaren sich in der Regel schon gegen Ende ihres ersten Lebensjahres, und die Paare halten treu zusammen. Während der Brut wird das Weibchen vom Männchen gefüttert, eigentümlicherweise meist außerhalb des Nistkastens. Die Jungvögel werden während der ersten Lebenstage ausschließlich vom Weibchen gefüttert, das Männchen beteiligt sich erst später an der Fütterung. Eizahl 3 – 7, Brutdauer 20 Tage, Nestlingszeit 30 – 35 Tage. Kürzere Nestlingszeiten können vorkommen, wenn bei Freilandhaltung die Witterungsverhältnisse ungewöhnlich günstig sind und die Anzahl der Jungen gering ist.

Heute gehaltene Singsittiche sind weitgehend domestiziert. Es gibt auch eine gelbe Mutation, bei der die Männchen reingelb und die Weibchen blaß graugelb sind.

Bild 63. Singsittich (*Psephotus haematonotus*). Aufnahme H. Reinhard

Vielfarbensittich, Buntsittich (*Psephotus varius*). Vorkommen: Südliches Inneraustralien. Länge 27 cm. Beim Männchen Stirn gelb, Kopf grün mit einem roten Fleck auf dem Hinterkopf (oft nur angedeutet oder auch braun). Auf den Flügeldecken ein rot-orangefarbener Fleck, Spitzen der Schwungfedern dunkelbraun. Bauch rot, zur Brust hin in Grün übergehend. Rückengefieder dunkler grün. In der Bürzelgegend ein orangefarbener Fleck. Weibchen mehr grüngrau und ohne Gelb auf der Stirn und auf den Schwingen. Flügeldecken „verwaschen" rot und Bauch blaßgrün. Sowohl beim Männchen als auch beim Weibchen sind der Schnabel dunkelgrau, die Augeniris braun und die Beine braungrau. In Bezug auf Haltung und Zucht ähnelt der Vielfarbensittich dem Singsittich, er ist aber erheblich anspruchsvoller und klimaempfindlicher. In Freilandvolieren kommt es bei allzu zeitigem Brutbeginn bei den Weibchen leicht zu Eileiterentzündungen. Eizahl 3 – 6, Brutzeit 20 Tage, Nestlingszeit wie beim Singsittich. Nach PLAZIKOWSKI ähneln Kreuzungstiere zwischen dieser Art und dem Goldschultersittich (*Psephotus chrysopterygius*) stark dem fast ausgestorbenen Paradiessittich (*Psephotus pulcherrimus*) und sind auch unter diesem Namen in den Handel gebracht worden.

Gelbsteißsittich, Gelbbürzelsittich (*Psephotus haematogaster*, Synonym *Northiella haematogaster*). Vorkommen: Südliches und südöstliches Australien. Insgesamt 4 Unterarten, von denen jedoch nur die Nominatform als Käfigvogel Bedeutung hat. Länge 28 cm. Oberkopf und Nakken olivbraun, Stirn und Wangen azurblau. Flügelbug und Flügelränder sowie die großen Handdecken ebenfalls azurblau. Brust licht olivbraun, zum Bauch in Gelb übergehend, und auf der Bauchmitte mit einem leuchtend roten Fleck. Oberseite hauptsächlich olivbraun. Das Weibchen ist ebenso gefärbt, doch sind seine Farben matter. Gelbsteißsittiche sollten bei Zuchtversuchen alleine gehalten werden. Diese Art steht nicht zu Unrecht in dem Ruf, recht unverträglich gegenüber Artgenossen und auch anderen Vögeln zu sein. Zucht nicht einfach. Eizahl 3 – 6, Brutdauer 25 Tage, Nestlingszeit 35 – 40 Tage. Von manchen Züchtern werden Brutkästen mit röhrenartig verlängertem Einflugloch empfohlen. Bei Freilandhaltung recht klimahart.

Goldschultersittich (*Psephotus chrysopterygius*) +. Von dieser Art gibt es zwei deutlich unterscheidbare Unterarten, und zwar *P. c. chrysopterygius* und *P. c. dissimilis.* Die Nominatform wird auch als Gelbschultersittich bezeichnet, während *P. c. dissimilis* Hoodetsittich genannt wird. Die beiden Unterarten kommen in verschiedenen Gebieten vor. Während die Nominatform im nördlichen Queensland zu Hause ist, bewohnt der Hoodetsittich das Arnheim-Land im Norden des Nordterritoriums. Die Nominatform brütet in der Natur in Termitenbauten. Auch der Hoodetsittich scheint diese Brutgelegenheiten zu bevorzugen, doch sind von ihm auch Nester in Baumhöhlen bekannt. Länge 26 cm. Bei der Nominatform ist der Oberkopf schwarzbraun mit gelber Stirnbinde. Der restliche Kopf, Brust und Bauchseiten sind hellblau, Steiß und Bauch rot, Flügeldecken braungrün mit einem gelben Feld. Beim Hoodetsittich erstreckt sich das Schwarz des Oberkopfes auch auf den Nacken. Das Gelb der Flügeldecken ist

Bild 64. Hoodetsittich (*Psephotus chrysopterygius dissimilis*), Männchen. Aufnahme Th. Brosset

Bild 65. Springsittich (*Cyanoramphus auriceps*). Aufnahme H. Reinhard

schärfer markiert und umfangreicher, das Rot der Unterseite ist zarter. Bei dieser Art bestehen zwischen Weibchen und Männchen bedeutende Farbunterschiede. Die Weibchen sind bei beiden Unterarten viel matter gefärbt, und es kann viel schwieriger sein, die Unterarten anhand der Weibchen zu unterscheiden. Beide Unterarten sind nur selten in Volieren der Vogelliebhaber anzutreffen. Am ehesten findet man noch den Hoodetsittich. Die Zucht ist schwierig und bisher in Europa nur gelegentlich gelungen. Wegen der Unzuverlässigkeit der brütenden Paare lassen manche Züchter die Eier dieser Sittiche von Singsittichen ausbrüten. Wildlebende Goldschultersittiche sind nach dem Washingtoner Artenschutzabkommen geschützt.

Paradiessittich (*Psephotus pulcherrimus*) +. Wird kaum als Käfigvogel gehalten. Eventuell unter diesem Namen angebotene Vögel sind mit an Sicherheit grenzender Wahrscheinlichkeit Kreuzungstiere anderer Arten (siehe auch Vielfarbensittich).

Laufsittiche, Springsittiche (*Cyanoramphus*)

Die Angehörigen dieser Gattung sind kleinere, überwiegend grün gefärbte Sittiche. Am Kopf oder an der Stirn haben sie meist farbige Abzeichen. Die Gattung umfaßt 5 Arten. Zwei weitere Arten sind bereits ausgestorben (*C. zealandicus,* der auf Tahiti zu Hause war und *C. ulietanus* von den Freundschaftsinseln). Unter den Laufsittichen findet man auch die Arten, die am weitesten südlich leben, wie z. B. *Cyanoramphus unicolor* von den Antipoden-Inseln. Was Laufsittiche besonders bemerkenswert macht, ist ihr Vermögen, sich laufend auf dem Boden fortzubewegen. Selbst im Gezweig klettern sie nicht, sondern laufen. Als Käfigvögel sind sie äußerst liebenswürdig und anspruchslos, und es ist zu bedauern, daß sie bisher von den Vogelliebhabern so wenig beachtet wurden. Auch ihre Vermehrung ist nicht sonderlich schwierig, denn sie pflanzen sich selbst in einem geräumigen Drahtkäfig fort. Als Käfigvögel kommt in erster Linie die Nominatform von *Cyanoramphus auriceps* in Frage. Alle übrigen *Cyanoramphus*-Arten sind entsprechend des Washingtoner Artenschutzabkommens geschützt. Das gilt auch für die Unterart *C. auriceps forbesi,* die nur auf Little-Mangere-Island, einer kleinen Insel südlich von Neuseeland vorkommt. Vereinzelt ist aber auch die Art *C. novaezelandiae* in Volierennachzuchten vermehrt worden, so daß einzelne Exemplare durchaus in den Handel kommen können.

Springsittich, Goldscheiteliger Neuseelandsittich (*Cyanoramphus auriceps*). Vorkommen: Neuseeland, sowohl auf der Nordinsel als auch auf der Südinsel, außerdem auf mehreren kleinen Inseln vor der Küste. Länge 23 cm. Gefieder grün, an Schwanz und Flügeldecken dunkler. Stirn karminrot, Oberkopf orangefarben oder grüngelb. Schnabel blaugrau, Oberschnabel mit dunklerer Spitze. Augeniris orangefarben, Beine graubraun. Beim Weibchen ist die Augeniris bräunlicher und der Schwanz in der Regel etwas kürzer. Als Käfigvogel, ja selbst als Volierenvogel, legt der Springsittich schnell alle Scheu ab und wird ausgesprochen zahm. Selbst in Volieren gehaltene Vögel nehmen ohne weiteres Futter aus der Hand. Ihre Bewegungen beim Laufen sehen sehr drollig aus; sie bewegen sich ganz anders als die anderen Papageien. Als Nahrung reicht man ihnen mit Sonnenblumenkernen untermischtes Wellensittichfutter. Grünfutter, Obst und frische Zweige zum Schälen werden sehr geschätzt. Während der Brutzeit reicht man außerdem aufgeweichten Zwieback, Eifutter und auch einige Mehlwürmer, die gerne genommen werden. Von Springsittichen werden am ehesten flache, am Boden stehende Nistkästen angenommen, deren Grundfläche 25×25 cm beträgt. Sie schätzen auch natürliche Baumhöhlen mit einem Innendurchmesser von ca. 25 cm. Eizahl 4 – 8, Brutzeit 19 Tage, Nestlingszeit je nach Anzahl der Jungvögel zwischen 25 – 35 Tage. Das Weibchen füttert während der ersten Lebenstage die Jungvögel alleine.

Ziegensittich (*Cyanoramphus novaezelandiae*) +. Vorkommen: Die Nominatform bewohnt Neuseeland. Unterarten dieser Art findet man in kleinen Populationen auf verschiedenen kleineren Inseln und Inselgruppen nördlich und südlich von Neuseeland. In den Handel kommt nur die Nominatform mitunter in Nachzuchtexemplaren. Länge 27 cm. Gefieder überwiegend grasgrün. Stirn bis zu den Augen, Scheitel und Zügel purpurrot, Handschwingen blau, Schwanz grün, Schnabel blaugrau, Augeniris orange, Beine graubraun. Das Weibchen ist etwas kleiner und seine Augeniris bräunlicher. Seinen Namen verdankt der Ziegensittich seinem Lockruf, der an das Meckern einer Ziege erinnert. Vermehrung wie beim Springsittich. Trotz ihrer Herkunft aus einem verhältnismäßig kühlen Klima sind Laufsittiche kälteempfindlich und sollten in Innenräumen überwintert werden.

Hornsittiche *(Eunyphicus)* +

Diese Gattung besteht nur aus einer Art, die mit zwei Unterarten Neukaledonien und einige nordöstlich davon gelegene kleinere Inseln bewohnt. Für den Vogelliebhaber haben sie keine Bedeutung, doch trifft man sie mitunter als ausgesprochene „Kostbarkeiten“ an Zoologischen Gärten an. Beide Unterarten sind entsprechend dem Washingtoner Artenschutzabkommen geschützt.

Ziersittiche, Grassittiche *(Neophema)*

Ziersittiche bewohnen große Gebiete im Süden und Südosten des australischen Kontinents. Außerdem kommt in Nordaustralien eine Art vor, und zwei weitere Arten findet man auf Tasmanien. Insgesamt umfaßt die Gattung 7 Arten, von denen fünf regelmäßig in Europa in Volierenzuchten vermehrt werden. Die kleinsten Arten sind nur wenig größer als der Wellensittich. Wildlebende Ziersittiche bewohnen hauptsächlich Wald-, Savannen- und Buschgelände, wo sie sich vorwiegend in Bodennähe aufhalten. Sie laufen geschickt am Boden und sind auch gute Kletterer. Ziersittiche sind sehr lebhaft und müssen in Volieren gehalten werden. Für die Käfighaltung sind sie nur sehr beschränkt geeignet. In der Voliere bereitet ihre Haltung kaum Schwierigkeiten, und man kann die Voliere sogar mit Büschen bepflanzen, da sie kaum Zweige anknabbern. Ziersittiche sind klimatisch etwas empfindlich, weshalb ihre Volieren mit einem heizbaren Schutzhaus ausgestattet sein müssen. Leider sind manche Ziersittiche trotz ihres „sanften Wesens“ recht unverträglich gegenüber Artgenossen, so daß Zuchtpaare einzeln gehalten werden müssen. Bei nebeneinanderliegenden Volieren sollten feste Zwischenwände aus Drahtglas, hartem Plastik oder ähnlichem Material vorhanden sein, da sich die Vögel während der Paarungszeit sogar durch das Gitter hindurch bekämpfen. Ziersittiche füttert man mit Hirse und Kanariensamen, vermischt mit Sonnenblumenkernen. Auch kleinere Ölsämereien wie Negersaat und Mohnsamen werden gerne gefressen. Vorgequollener Hafer wird ebenfalls gut angenommen. Die Fruchtstände von wilden Gräsern, Hirtentäschelkraut und Wegerich sind ausgesprochene Leckerbissen. Dasselbe gilt für halbreife Fruchtstände von Hirse und Kanariensamen. Frisches Grünfutter, Obst- und Mohrrübenstückchen sollten nie fehlen. Als Aufzuchtfutter für die Jungvögel bereitet man ein Gemisch aus trocken, verriebenem Zwieback, geriebener Mohrrübe und hartgekochtem Ei. Stehen Ameisenpuppen zur Verfügung, so sind diese ein ausgezeichnetes Aufzuchtfutter. Auch in Milch aufgeweichter Zwieback wird von manchen Arten gerne genommen.

Bourkesittich (*Neophema bourkii*), fälschlich oft als „Bourksittich" bezeichnet. Vorkommen: Im Inneren des südlichen Australiens. Bourkesittiche sind heute durch langjährige Volierennachzuchten über viele Generationen hinweg mehr oder weniger domestiziert. Das zeigt sich z. B. darin, daß die Vögel aus Volierennachzuchten größer sind als ihre wildlebenden Verwandten. Während Vögel aus Volierenzuchten gute 22 – 23 cm lang werden, messen Wildvögel lediglich 19 cm. Färbung oberseits olivbraun. Kopf und Hals rötlich, Stirn blau, Brust und oberer Bauch rosig angehaucht, untere Bauch- und Schwanzfedern unterseits blau, Außenfahnen der Handschwingen violett, Schwanzfedern oberseits braun, äußere Schwanzfedern mit weißen Kanten, Schnabel hellgrau, Augeniris braun, Beine graubraun. Das Weibchen ist blasser gefärbt und besitzt kein Stirnband. Eizahl 4 – 5, Brutzeit 18 Tage, Nestlingszeit ca. 4 Wochen. Brütende Vögel nehmen Störungen am Nest meist nicht übel, doch sollte man bei Nestkontrollen immer vorsichtig sein. Bourkesittiche können recht produktiv sein und mehrere Male in kurzen Abständen hintereinander brüten. Als einziger Ziersittich eignet sich diese Art auch für die Haltung in einem großen Drahtkäfig, und sie pflanzt sich mit etwas Glück auch darin fort. Für die Zimmerhaltung spricht auch, daß der Bourkesittich einer der wenigen Papageien ist, dessen Stimme angenehm klingt. Vom Bourkesittich hat man verschiedene Farbmutationen rein herausgezüchtet, wie z. B. isabellfarbige und gelbe. Auch blaue Mutationen wurden bereits gemeldet, doch ist allem Anschein nach ihre Reinzucht bisher noch nicht gelungen.

Bild 66. Bourkesittich (*Neophema bourkii*). Aufnahme H. Bielfeld

Feinsittich (*Neophema chrysostoma*, Synonym *N. chrysostomus*). Vorkommen: Südöstliches Australien einschließlich der Insel Tasmanien. Länge 20 cm. Männchen oberseits olivgrün. Stirn mit schwarzem und blauem Band, übriger Kopf gelblich, Augengegend und Zügel gelb, Flügeldecken intensiv blau, Schwungfedern schwarz mit blauen Außenfahnen, Schwanzfedern blauschwarz mit gelben Spitzen, Schwanz unterseits gelblich, Schnabel graubraun, Augeniris braun, Beine blaugrau. Das Weibchen ist matter gefärbt, ihm fehlt das Stirnband. Als Nistgelegenheit sollte man Feinsittichen möglichst eine natürliche Baumhöhle geben. Ihre Nachzucht ist nicht ausgesprochen schwierig, doch vermehren sich Feinsittiche bei weitem nicht so willig wie Bourkesittiche. Unter den Ziersittichen ist der Feinsittich die verträglichste Art, die sich gut mit anderen kleinen Sittichen oder auch mit Webervögeln vergesellschaften läßt. Vergesellschaftet man jedoch Feinsittiche mit anderen Sittichen, so muß man damit rechnen, daß eventuell unerwünschte Bastardierungen zustandekommen. Wie kaum eine andere Art neigt der Feinsittich dazu, Verbindungen mit verwandten Arten einzugehen. Kreuzungen mit allen anderen *Neophema*-Arten sind bekannt, und sogar Kreuzungen vom Feinsittich mit dem Nymphensittich sind möglich. Eizahl, Brutdauer usw. wie beim Bourkesittich.

Bild 67. Schmucksittich (*Neophema elegans*). Aufnahme H. Bielfeld

Schmucksittich, Elegantsittich (*Neophema elegans*). Vorkommen: Zwei geographisch weit getrennte Verbreitungsgebiete: eines im Südosten Australiens, das andere im Südwesten. Am häufigsten vorkommende Art der Gattung. Länge 23 cm. Männchen oberseits dunkelgrün mit leicht gelblichem Schimmer. Stirn und Augenstrich blau, Wangen gelblich, auf der Bauchmitte ein mehr oder weniger ausgeprägter gelber Fleck, auf den äußeren Flügeldecken ein leuchtend blaues Feld, Schwungfedern schwarzblau, Schwanzfedern graublau, unterseits gelblich, Augeniris braun, Schnabel dunkelgrau, Beine graubraun. Das Weibchen ist matter gefärbt, das Stirnband ist blaßblau, und der Bauchfleck fehlt. Bei Volierenhaltung ist die Zucht des Schmucksittichs nicht schwierig. Nistkästen sollten ungefähr 18×18×25 cm messen. Eizahl 4 – 6, Brutzeit 18 Tage, Nestlingszeit 4 Wochen. Eben ausgeflogene Jungvögel sind oft sehr scheu und neigen zu Panikreaktionen. Man sollte sich deshalb zu diesem Zeitpunkt der Voliere nur mit Vorsicht nähern. Bereits im Alter von 3 – 4 Monaten zeigen sich die ersten Unterschiede in der Färbung zwischen Männchen und Weibchen. Als Aufzuchtfutter sollte man neben in Milch aufgeweichtem Zwieback viel vorgekeimte Sämereien und viel Grünfutter reichen.

Schönsittich, Turkossittich, Rotschultriger Schönsittich (*Neophema pulchella*). Vorkommen: Südöstliches Australien. Während der 20er und 30er Jahre dieses Jahrhunderts war diese Art in ihrer Heimat so selten geworden, daß man sie zeitweise als ausgestorben betrachtete. Während der letzten drei Jahrzehnte hat man aber eine ständige Zunahme der Bestände beobachtet. Länge 20 cm. Männchen oberseits grün, unterseits leuchtend gelb, Stirn und Wangen hellblau, Flügeldecken dunkelblau mit markant hervortretendem, braunrotem Schulterfleck, Schwanzfedern grün mit schwarzen Spitzen, Augeniris gelbbraun, Schnabel schwarzbraun, Beine graubraun. Weibchen matter in den Farben

Bild 68. Glanzsittich (*Neophema splendida*). Aufnahme H. Bielfeld

und ohne braunroten Schulterfleck. Durch langjährige Volierennachzucht ist diese Art weitgehend domestiziert. Ein typisches Phänomen der Domestikation ist die zeitige Geschlechtsreife. Es ist daher dringend anzuraten, nur Weibchen für Zuchtversuche zu verwenden, die mindestens zwei Jahre alt sind. Bei jüngeren Tieren treten häufiger Komplikationen auf wie Legenot, Eileiterentzündung, Eileitervorfall usw. Die Nistkästen erhalten ein Lager aus fest zusammengedrücktem Torfmull, der etwas angefeuchtet wird. Eizahl 4 – 8, Brutzeit 19 Tage, Nestlingszeit 4 Wochen. Genau wie der Feinsittich kreuzt auch der Schönsittich leicht mit verwandten Arten, doch scheinen die Nachkommen solcher Verbindungen nicht fruchtbar zu sein. Beim Schönsittich sind auch schon Farbmutationen aufgetreten, doch scheint eine Reinzucht bisher doch noch nicht gelungen zu sein. Auftretende Farbmutationen haben sich bei dieser Art als geschlechtsgebunden erwiesen.

Glanzsittich (*Neophema splendida*)+. Vorkommen: Inneres Südaustralien. Wie die vorige Art galt auch der Glanzsittich zeitweise als ausgestorben. Die wildlebenden Bestände dieser Art haben sich aber während der letzten Jahrzehnte wieder etwas erholt, und stellenweise ist dieser Bewohner ausgesprochen trockener Gebiete sogar zum Kulturfolger geworden. Der Glanzsittich ist nach dem Washingtoner Artenschutzabkommen geschützt. In Europa wird er als Volierenvogel seit vielen Jahrzehnten regelmäßig vermehrt, weshalb seine Beschaffung für den Vogelfreund kaum ein größeres Problem sein wird. Wildlebende Glanzsittiche kommen mit sehr wenig Wasser aus, oft genügt ihnen der Tau. Diese Eigenschaften haben auch unsere Nachzuchtvögel beibehalten: Wenn sie genug Grünfutter erhalten, trinken sie oft überhaupt nicht.

Länge 19 cm. Männchen oberseits grün, Stirn, Wangen und Kehle blau, obere Brusthälfte scharlachrot, untere Brusthälfte und Bauch intensiv gelb, Flügeldecken blau, Schwungfedern schwarzblau bis schwarz, Schwanz dunkelgrün, Schnabel schwarzgrau, Augeniris braun, Beine graubraun. Das Weibchen ist dunkler, Kopfseiten und Flügeldecken sind hellblau, die Brust ist grün ohne jede Rotfärbung.

Gut gehaltene Glanzsittiche vermehren sich willig, und zwei Bruten je Brutperiode sind keine Seltenheit. Die Nistkästen für diese Art dürfen ruhig etwas tiefer sein. Wenn nämlich die Vögel die Wahl haben zwischen einem flacheren und einem tieferen Nistkasten, dann ziehen sie fast immer den tieferen vor. Als Einlage verwendet man Torf oder halbvermulmtes Holz. Eizahl 4 – 6, Brutdauer 19 Tage, Nestlingszeit 4 Wochen. Die Jungvögel ähneln zunächst dem Weibchen, doch zeigen junge Männchen schon bald einzelne rote Federn in der oberen Brusthälfte.

Schwalbensittiche *(Lathamus)*

Nur aus einer Art bestehende Gattung. Von den in den vorher beschriebenen Gattungen zusammengefaßten Arten weichen sie besonders durch die Art ihrer Ernährung ab, die große Ähnlichkeiten mit der der Loripapageien aufweist.

Schwalbensittich (*Lathamus discolor*). Vorkommen: Südöstliches Australien, Tasmanien und einige kleinere Inseln in der Bass-Straße. Diese Art tritt, bedingt durch die Art ihrer Ernährung, als Zugvogel auf. Länge 25 cm. Grundfärbung grün, auf dem Rücken dunkler und auf der Unterseite in Gelbgrün übergehend. Scheitel

Bild 69. Schwalbensittich (*Lathamus discolor*). Aufnahme Th. Brosset. Aufgenommen am Birdland, Bourton-on-the-Water (England)

blau, Gesicht mit roter Maske, Flügelbug rot, Schwungfedern schwarzblau, Schwingen unterseits rot, Schwanzfedern braunrot und unterseits heller. Weibchen und Jungvögel matter gefärbt. Diese Art lebt in ihrer Heimat hauptsächlich von Pollen und Nektar der Eukalyptusblüten, und ihre Wanderungen hängen mit dieser Nahrung zusammen. Daneben fressen sie Früchte, Beeren und Sämereien. Die Vögel müssen auch in Gefangenschaft eine entsprechende Nahrung erhalten, deshalb werden sie wie Loris versorgt. In der Natur brütet der Schwalbensittich von Oktober bis Januar in Baumhöhlen, meist in Eukalyptusbäumen. Ihre Vermehrung in Gefangenschaft ist schon mehrfach gelungen. Als Nistkasten eignet sich am besten eine natürliche Baumhöhle. Eizahl 3, Bruzeit 20 Tage, Nestlingszeit ca. 7 Wochen.

Wellensittiche *(Melopsittacus)*

Diese Gattung besteht nur aus einer einzigen Art, die aber wahrscheinlich mehr zur Ausbreitung der Stubenvogelhaltung beigetragen hat, als irgendein anderer Vogel.

Wellensittich (*Melopsittacus undulatus*). Man könnte annehmen, daß eine Beschreibung des Wellensittichs überflüssig wäre, denn ihn kennt ja schon jedes Kind. Der Wellensittich, wie wir ihn kennen, ist aber nicht ganz derselbe Vogel, der frei in den großen Weiten des australischen Kontinents umherstreift. In den vielen Generationen seiner Vermehrung in menschlicher Obhut sind nicht nur alle denkbaren Mutationen, Farbschläge usw. entstanden, der Wellensittich ist auch größer geworden. Gerade beim Wellensittich sieht man sehr gut, wie vorsichtig man mit dem Begriff „Länge“ umgehen muß. Wie „lang“ eine Art ist, wird anhand des Durchschnittsmaßes einer bestimmten Zahl von Wildvögeln ermittelt. Zu welchem Resultat man dabei kommt, hängt bei Papageien weitgehend davon ab, ob die Schwanzfedern vollständig und unbeschädigt sind oder nicht. Gewisse Unterschiede in Längenangaben, die man in der Fachliteratur findet, lassen sich so erklären. Während wilde Wellensittiche 15 – 16 cm messen und einzelne Exemplare mit absolut fehlerfreiem Schwanz es vielleicht auch auf 18 cm bringen, messen domestizierte Wellensittiche heute 20 – 22 cm. Auch ihre Körperform ist kräftiger geworden, weshalb der

Bild 70. Wellensittiche (*Melopsittacus undulatus*), von links: Lutino, Wildfarben, Dunkelblau. Aufnahme H. Reinhard

Wildvogel im Vergleich mit unseren „Käfigwellensittichen“ schlank erscheint. Von den Küstengebieten und einer breiteren Zone im Nordosten und im Osten Australiens abgesehen, bewohnt der Wellensittich ganz Australien. Man muß jedoch die besonderen klimatischen Verhältnisse und die Unregelmäßigkeit der Niederschläge in großen Teilen dieses Kontinents berücksichtigen, wenn man sich nur ein einigermaßen richtiges Bild von den Lebensbedingungen wildlebender Wellensittiche machen will. In großen Teilen seines Verbreitungsgebietes tritt er nämlich als Strichvogel auf. Während der Herbstmonate (die dem australischen Frühling entsprechen) können Wellensittiche plötzlich nach starken Regenfällen in Gebieten auftauchen, wo monatelang kein Wellensittich zu sehen war. Kommt es durch ausreichende Niederschlagsmengen zu reichlichem Grassamenansatz, so bricht eine förmliche „Vermehrungseuphorie“ aus. Wie oft gebrütet wird, hängt von der Menge des Aufzuchtfutters ab. Gibt es im Brutgebiet keine Grassamen mehr, so ziehen die Vögel weiter. Ein solches Verhalten ist eine hochgradige Anpassung an die gegebenen Verhältnisse. Durch „übermäßige Vermehrung“ gleicht die Art „übermäßige Verluste“ aus, die während des Umherstreifens und besonders während der unregelmäßig vorkommenden Dürreperioden eintreten. Bei solchen, an spezielle Verhältnisse angepaßten Sittichen (der Wellensittich ist nur einer von ihnen) besteht eine ständig vorhandene hormonelle Vermehrungsbereitschaft, eine „Hypersexualisierung“, die es den Vögeln ermöglicht, fast augenblicklich mit dem Brutgeschäft zu beginnen, sowie die Voraussetzungen günstig sind. Kein Wunder also, daß gerade diese Sittiche sich am ehesten an die Verhältnisse in „menschlicher Obhut“ angepaßt haben, zumal ja die Versorgung mit Aufzuchtfutter ideal war. Dem Wellensittich ist ohne Zweifel diese Anpassung am besten gelungen.

Beim wilden Wellensittich sind Scheitel, Stirn, vordere Wangenhälfte und Kehle gelb. Nacken, Rücken und hintere Wangenhälfte sind gelbgrün mit feinen schwarzen Querstrichen auf jeder Feder. Direkt unter der Wange befindet sich ein blauvioletter Fleck. Beiderseitig der Kehle jeweils eine Reihe von drei bogenförmig angeordneten blauschwarzen Tropfenflecken. Unterrükken und Bürzel grasgrün. Unterseite grasgrün, zur Analgegend in Blaugrün übergehend. Schwingen graugrün, Handfedern schwarzbraun. Übrige Federn mit grüngelben Kanten, die nach innen durch einen schwarzen Strich begrenzt werden. Mittlere Schwanzfedern bläulich und an der Basis blaugrün. Schnabel olivgrau, an der Basis dunkler, Augeniris grauweiß, Beine graublau. Wachshaut des Schnabels beim Männchen blau, beim Weibchen grau. Wie aus Museumsexemplaren hervorgeht, die noch im vorigen Jahrhundert in verschiedenen Teilen Australiens gesammelt wurden, kommen auch unter wildlebenden Wellensittichen gewisse Unterschiede in der grünen Grundfarbe vor, d. h. mehr grasgrüne und mehr olivgrüne Exemplare.

Die ersten lebenden Wellensittiche kamen um 1840 herum nach England, und es zeigte sich sehr bald, daß diese Art sich auch in Gefangenschaft vermehren ließ. Die ersten bedeutenderen Zuchten kamen jedoch in Frankreich, Belgien und Holland zustande. Am Zoo von Antwerpen wurden Wellensittiche erstmals in größerem Umfang vermehrt. Auf die Entstehung der verschiedenen Zuchtformen, Ausstellungsstandards usw. können wir hier nicht eingehen, Interessenten seien auf die Fachliteratur verwiesen. Hier sollen lediglich die wichtigsten Angaben zur Haltung und Vermehrung gemacht werden.

Genau wie andere Papageien sollte man einen Wellensittich als Einzelvogel nur unter folgenden Voraussetzungen halten: 1. Man hat die Zeit, sich viel mit dem Tier zu beschäftigen. 2. Man wählt einen ganz jungen Vogel, der sich an den Menschen als Partner anpassen kann. Kann man diese Bedingungen nicht erfüllen, so sollte man besser ein Pärchen wählen. Wünscht man keine Nachkommen, so vertragen sich auch zwei Männchen fast immer gut, wenn man sie von jung an zusammen hält. Wellensittiche sind lebhafte Vögel und genauso ausgeprägte Einzelpersönlichkeiten wie größere Papageien. Um ihr Bewegungsbedürfnis zu befriedigen, sollte man sie nicht in allzu kleinen Käfigen unterbringen. Gefüttert wird als Grundfutter eine Körnermischung aus verschiedenen Hirsesorten, Kanariensamen und etwas Hafer. Senegalhirse in ganzen Kolben wird sehr geschätzt. Ölhaltige Sämereien werden oft nicht angenommen, sind jedoch meist Gewohnheitssache. Hält man nämlich Wellensittiche zusammen mit größeren Sittichen in Volieren, so fressen die meisten von ihnen nach einiger Zeit auch ölhaltige Sämereien, und viele Wellensittiche lernen sogar, wie man Sonnenblumenkerne öffnet. Grünfutter verschiedenster Art, halbreife Fruchtstände von Hirse, Hafer usw. werden immer gerne genommen. Stückchen von Äpfeln, Birnen, Mohrrüben sowie frische Zweige von Pappel, Weide, Eberesche, Apfel- oder Birnbaum zum Abknabbern vervollkommnen den Speisezettel. So gefüttert erhalten Wellensittiche das, was sie benötigen, und man kann guten Gewissens auf all die Patentfuttermittel verzichten, die heutzutage angeboten werden. All diese Erzeugnisse sind für den Hersteller fast immer bekömmlicher als für unsere Vögel.

Es gibt hier jedoch eine Ausnahme. Wellensittiche sollten immer ein mit Jod angereichertes Futter erhalten, da sie auf Jodmangel sehr empfindlich reagieren. Fehlt Jod in der erforderlichen Menge, so treten Schilddrüsenstörungen (Schilddrüsenhyperplasie) auf. Äußere Symptome dieser Erkrankung sind Atemnot, besonders nach Anstrengungen (Flug). Fettbildungen an Bauch und Brust und Störungen im Federwuchs sind andere Anzeichen, die auf Jodmangel hindeuten.

Schon halbjährig sind Wellensittiche geschlechtsreif, doch sollte man so junge Vögel nicht brüten lassen. Für die Zucht verwendete Vögel sollten mindestens 1 Jahr alt sein. Es gibt auch erfahrene Züchter, die grundsätzlich zur Zucht nur solche Vögel verwenden, die mindestens 1 1/2 Jahre alt sind. Läßt man Wellensittiche nur zweimal im Jahre brüten (und unterbindet weitere Vermehrung durch Entfernen des Nistkastens), so können sie fünf Jahre hintereinander jedes Jahr zwei Bruten aufziehen. Bei älteren Tieren nehmen sowohl die Fruchtbarkeit als auch die Lebensfähigkeit der Nachkommenschaft schnell ab. Hält man Wellensittiche in größerer Zahl in einer Außen- oder Innenvoliere, so darf man ihnen nicht das ganze Jahr hindurch Nistkästen zur Verfügung stellen. Das führt zunächst zu allzu schneller Brutfolge und anschließend zu Erschöpfungszuständen, qualitativ schlechten Nachzuchttieren usw.

Bei größerer Vogelzahl ist auch eine Kontrolle über die Jungvögel nicht mehr möglich. Geeignete Nistkästen für Wellensittiche mit den Maßen 17×25×17 cm und einem Flugloch mit 5 cm Durchmesser kann man heute in jeder Zoologischen Handlung kaufen. Meist werden diese Nistkästen liegend verwendet, was sich gut bewährt hat. Die Eizahl beträgt in der Regel 4 – 6, doch können auch bis zu 10 und 11 Eier gelegt werden. Es hat aber keinen Sinn, mehr als 4 oder 5 Eier ausbrüten zu lassen, da sonst die Qualität der Jungvögel stark sinkt, sofern sie überhaupt überleben. Brutzeit 18 Tage. Sowie man den ersten Jungvogel im Nistkasten hört – er zeigt seine Anwesenheit durch einen feinen, aber gut hörbaren zirpenden Laut –, sollte man täglich den Brutkasten kontrollieren. Brutkästen für Wellensittiche haben ein aufklappbares Dach, was eine Kontrolle sehr erleichtert. Eventuell gestorbene Jungvögel sind zu entfernen. Nur wenige Wellensittiche zerren nämlich abgestorbene Junge selbst aus der Bruthöhle wie andere Papageien. Frischgeschlüpfte Jungvögel sind vollständig nackt und die ersten Flaumfedern zeigen sich erst nach ca. 5 Tagen. Sie öffnen ihre Augen am 10. oder 11. Lebenstag. Die Nestlingszeit wird etwas durch die Zahl der Brutgeschwister beeinflußt, doch beträgt sie selten mehr als 35 Tage. Frischgeschlüpfte Wellensittiche werden anfangs nur vom Weibchen gefüttert, wenn auch das Männchen oft Futter zuträgt. Bei normaler Entwicklung ist das Gefieder des Jungvogels im 4. – 5. Lebensmonat ausgefärbt. Bei den Jungvögeln sind die Farben matter. Die typischen Querbänder sind nur verwaschen angedeutet. Die Wachshaut des Schnabels ist bei jungen Männchen rosaviolett, bei jungen Weibchen heller und bläulicher. Wellensittiche sind auch schon oft mit Erfolg als „Ammen" bei verunglückten Nachzuchten von Sperlingspapageien und kleineren *Agapornis*-Arten eingesetzt worden.

Aus der Vogelwelt Australiens bzw. Neuseelands seien noch zwei Papageienarten erwähnt, die keinerlei Bedeutung als Käfig- oder Volierenvögel haben, aber biologisch so interessant sind, daß der Papageienfreund sie kennen sollte. Vielleicht kann man sie auch einmal in einem Zoologischen Garten sehen.

Erdsittich (*Pezoporus wallicius*). Vorkommen: Küstengebiete im Südwesten und Südosten Australiens und Tasmanien. Länge 30 cm. Färbung unscheinbar grün mit gelben und gelbweißen Flecken. Rücken, Nacken und Oberkopffedern mit schwarzbrauner bis schwarzer Zeichnung. Schnabel braun, Augeniris dunkelgelb, Beine braun. Wie schon sein Name andeutet, ist dieser Vogel ein Bewohner des Erdbodens, auf dem er sich laufend geschickt in dichten Grasbeständen fortbewegt. Seine Lebensweise erinnert also mehr an die von Wachteln, Fasanen und ähnlichen Hühnervögeln, als an die von Papageien. Als echter Bodenbewohner ist er, was für einen Papageien bemerkenswert ist, auch kein Höhlenbrüter. Seine Eier (bis zu 8) legt er in eine flache Mulde am Boden.

Eulenpapagei, Kakapo (*Strigops habroptilus*)+. Vorkommen: Bewohnte früher in Neuseeland sowohl die Nord- als auch die Südinsel. Kommt heute nur noch selten innerhalb eines begrenzten Gebietes im Süden der Südinsel vor. Länge 64 cm. Oberkopf, Nacken, Rücken und Flügeldecken olivgrün mit gelbbraunen Querbändern. Unterseite heller und ins Gelbliche übergehend. Schwanz braungrün, Schnabel gelblich weiß, Augeniris dunkelbraun, Beine braungrau. Beiderseits des Schnabels abstehende, haarförmige Federn (Schnurrbart). Trotz ihres Aussehens und ihres Namens leben Eulenpapageien friedlich von Früchten und Beeren, Nüssen und Sämereien, Wurzeln und Knospen. Sie fressen aber auch Insekten und deren Larven. Eulenpapageien sind praktisch flugunfähig und können im besten Fall kürzere Gleitflüge ausführen. Sie laufen aber ausgezeichnet und klettern gut. Zum Teil nachtaktiv. Eulenpapageien stehen in Neuseeland unter strengem Schutz und sind neuerdings auch entsprechend des Washingtoner Artenschutzabkommens geschützt.

Zwischen den Faunenbereichen des australisch-neuguineanischen Raumes (australische Region), den Faunenbereichen des südasiatischen Raumes (orientalische Region) und des afrikanischen Raumes (äthiopische Region) stellen zwei große Papageiengattungen die Verbindung her, die Fledermauspapageien (*Loriculus*) und die Edelsittiche (*Psittacula*). Fledermauspapageien findet man östlich der Wallacelinie auf Neuguinea und den Philippinen und westlich davon bis nach Sri Lanka und Vorderindien. Edelsittiche leben in Indonesien zwar nicht weiter östlich als auf Borneo, Java und Sumatra, aber ihre Verbreitung erstreckt sich über das südliche asiatische Festland bis nach Afrika und quer durch Afrika bis zur Atlantikküste.
Fledermauspapageien kamen erst während der letzten Jahrzehnte in den Handel; Edelsittiche dagegen sind als Stubenvögel schon „uralt".

Edelsittiche *(Psittacula)*

Edelsittiche besitzen eine schlanke Gestalt und einen langen Schwanz. Ihr Gefieder ist überwiegend grün. Edelsittiche leben in den unterschiedlichsten Biotopen; eine Art lebt in Tibet in Höhen von über 3000 m. Edelsittiche sind gute Flieger und beim Abflug ausgesprochene „Schnellstarter", was bei ihrer Haltung berücksichtigt werden muß. Als Käfigvögel kommen sie nur begrenzt in Frage, besser sind sie für die Volierenhaltung geeignet.

Alexandersittich, Alexanderpapagei, Großer Alexandersittich, Großer Alexanderpapagei (*Psitticula eupatria*). 5 Unterarten werden beschrieben, die sich aber nur unbedeutend unterscheiden. Vorkommen: Indien, Pakistan, das östliche Afghanistan, Sri Lanka, Thailand, Burma, Laos, Kambodscha, Vietnam und Andamanen. Länge 58 cm. Grundfarbe grün. Von der Basis des Unterschnabels aus erstreckt sich ein schwarzes Halsband zum Nacken und vereinigt sich am Oberhals mit einem roten Nackenband. Von der Basismitte des Oberschnabels zieht ein schmaler schwarzer Strich bis zum Auge. Auf den Schultern beidseitig ein rotbrauner bis roter Schulterfleck. Schwanzfedern blaugrün mit gelben Spitzen. Schnabel rot, Augeniris gelbweiß, Beine grau. Weibchen und Jungvögel ohne Halsband.
Einzeln kann man Alexandersittiche als Stubenvögel im Käfig oder auf einem Kletterbaum nur dann halten, wenn man einen ganz jungen Vogel aus einer Volierennachzucht bekommen kann. Solche Vögel können vollständig zahm werden und sogar sprechen lernen. Ältere Vögel gewöhnen sich nur schwer ein, werden kaum zahm und bleiben stürmisch. Als Volierenvogel wird der Alexandersittich schon lange gehalten, und teilweise ist er domestiziert. Es gibt Farbformen in Blau und Gelb. Die gelbe Form hat rote Augen und wird auch Lutino genannt. Bei der Volierenhaltung müssen wir beachten, daß Alexandersittiche recht grobes Material zernagen können; wir dürfen sie also nur in solide gebauten Volieren halten.

Die Zucht gilt als nicht sonderlich schwierig, doch werden wegen seiner geringen Beliebtheit nur wenige Alexandersittiche systematisch nachgezüchtet. Der Nistkasten sollte möglichst groß sein mit einer Grundfläche von mindestens 30×30 cm. Höhe 50 cm, Schlupfloch mit einem Durchmesser von 11 cm. Noch besser ist eine passende natürliche Baumhöhle. Eizahl 2–4, Brutzeit 28 Tage, Nestlingszeit 6–7 Wochen. Das Weibchen brütet alleine und wird während der Brutzeit vom Männchen gefüttert. Der Alexandersittich ist bei Volierenhaltung nur bedingt winterhart, deshalb muß seine Voliere mit einem Schutzhaus versehen sein. Man sollte ihn nie mit kleineren Arten zusammenhalten, da er oft sehr unverträglich ist.

Halsbandsittich, Kleiner Alexandersittich (*Psittacula krameri*). 4 Unterarten, von denen jedoch nur *P. krameri manillenis* aus dem südlichen Indien und Sri Lanka als Stuben- und Volierenvogel Bedeutung hat. Von den übrigen Unterarten lebt *P. k. borealis* sowohl in Asien als auch in Afrika. Die beiden anderen Unterarten *P. k. krameri* und *P. k. parvirostris* kommen nur in Afrika vor. In seiner Heimat lebt der Halsbandsittich in großer Zahl als Kulturfolger und wird ziemlich regelmäßig importiert. Länge 40 cm. Grundfärbung grasgrün. Zum Nacken hin erscheinen die Federn bei ausgefärbten Vögeln etwas bläulich. Unterseits ist das Grün etwas heller und geht in Grau über. Schwanzfedern oberseits grün, mittlere Schwanzfedern bläulich mit gelben Spitzen. Unterseits geht die Färbung der Schwanzfedern mehr ins Gelbliche über. Dünner, schwarzer Strich von der Basis des Oberschnabels bis zum Auge. Ein schwarzes Halsband erstreckt sich von der Basis des Unterschnabels bis zu den Halsseiten und verbindet sich mit einem roten Nackenband. Schnabel dunkelrot, Augeniris mattgelb, Beine gelbbraun. Beim Weibchen fehlt das Halsband, und das Nackenband ist nicht rot, sondern leuchtend smaragdgrün. Bei Jungvögeln fehlen diese Abzeichen vollständig; sie werden erst Ende des 2. oder Anfang des 3. Lebensjahres ausgebildet.

In der Voliere brüten Halsbandsittiche leicht. Die Nistkästen erhalten eine Einlage aus halbvermodertem Holz aus Pappel- oder Weidenstümpfen. Eizahl 3–4, Brutdauer 23 Tage, Nestlingszeit 6 Wochen. Das Weibchen brütet alleine. Der Halsbandsittich wird schon seit längerer Zeit regelmäßig in Volierenzuchten vermehrt. Jung an den Menschen gewöhnt, können diese Vögel sehr zahm werden und lernen meist auch einige Worte sprechen. Vögel aus Volierennachzuchten sind klimahart. Mehrere Mutationen mit teilweise aus Indien stammendem Ausgangsmaterial sind bereits rein herausge-

Bild 71. Halsbandsittich (*Psittacula krameri*), Männchen. Aufnahme W. de Grahl

züchtet worden. Bekannt sind bisher blaue, weiße und Lutino.
Vereinzelt wird mitunter auch die Nominatform *Psittacula krameri krameri* aus Westafrika eingeführt. Diese Art ist etwas kleiner als ihre indischen Vettern und mehr olivgrün gefärbt.

Chinasittich (*Psittacula derbiana*). Vorkommen: Südwestliches China und südöstliches Tibet. Länge 50 cm. Kopf blaugrau mit schwarzem Band über der Stirn bis zum Auge. Nacken, Rücken und Schwingen grün, auf den Schwingen ein gelbes Feld. Großer, schwarzer Kehlfleck. Brust und Bauch blaugrau bis rötlich. Schwanz oberseits grün bis blaugrün, unterseits graugrün. Augeniris gelblichweiß, Beine blaugrau. Oberschnabel beim Männchen leuchtend rot, Unterschnabel schwarz. Beim Weibchen sind beide Schnabelhälften schwarz. Bei Jungvögeln färben sich die Schnäbel gegen Ende des 2. Lebensjahres um, und erst im 3. Lebensjahr färbt das Gefieder vollständig aus. Chinasittiche ähneln in Benehmen und Temperament dem Großen Alexandersittich, sind genauso unverträglich und „Meister“ in der Demontage schlecht gebauter Volieren. Von Vogelliebhabern werden sie nur selten gehalten; sie sind aber an Tiergärten wegen ihrer großen Klimahärte sehr beliebt, und in manchen Zoologischen Gärten (z. B. in Prag) wurden sie über Generationen hinweg vermehrt. Fortpflanzung wie beim Großen Alexandersittich.

Taubensittich, Malabarsittich (*Psittacula columboides*). Vorkommen: Südwestlicher Teil Indiens, etwa von der Höhe von Bombay im Norden bis zur Malabarküste im Süden. Der Taubensittich lebt auf Kulturland, Grassteppen und im Gebirge. Im Gebirge lebt er in Höhen bis 1600 m. Länge 38 cm. Beim Männchen Kopf, Nacken und Rücken hellgrau, Nackenband oben schwarz und unten smaragdgrün. Bei manchen Exemplaren ist das untere Band mehr bläulich gefärbt. Flügeldecken grün mit gelbumrandeten

Bild 72. Chinasittich (*Psittacula derbiana*), Männchen. Aufnahme W. de Grahl

Bild 73. Taubensittich (*Psittacula columboides*), Männchen. Aufnahme W. de Grahl

Bild 74. Pflaumenkopfsittich (*Psittacula cyanocephala*). Aufnahme H. Bielfeld

Federn. Schwungfedern blaugrün. Schwanzfedern blaugrün, unterseits heller, mittlere Federn mit gelben Spitzen. Oberschnabel rot mit heller Spitze. Unterschnabel dunkler rot bis fast schwarz. Augeniris gelb, Beine grau. Weibchen grün, unterseits gelbgrün mit schwarzem Halsband. Schnabel mattschwarz. In der Natur leben diese Vögel weitgehend von Früchten und Grünzeug, das muß bei der Eingewöhnung beachtet werden. Auch eingewöhnte Vögel sollten täglich Früchte, Beeren und Grünfutter erhalten. Als Körnergemisch reicht man Hirse, Hafer, Kanariensamen und Sonnenblumenkerne. Frische Weidenzweige zum Schälen und auch Insekten werden fast immer angenommen. Die Nachzucht des Taubensittichs ist bisher noch nicht in größerem Umfang gelungen, doch sind schon mehrere Zuchterfolge bekannt geworden. Wir werden diese Vögel zukünftig wohl häufiger bei uns antreffen, zumal sie ruhig und recht verträglich sind und sich gut als Volierenvogel eignen. Eizahl 3–4, Brutdauer 27 Tage, Nestlingszeit 7–8 Wochen. Das Weibchen brütet alleine. Als Aufzuchtfutter gibt man in Milch eingeweichten Zwieback, geriebene Äpfel und hartgekochtes Ei.

Pflaumenkopfsittich (*Psittacula cyanocephala*). Vorkommen: Indien, Nepal, westliches Bengalen, östliches Pakistan, sowie Sri Lanka. Länge 33 cm. Männchen mit pflaumenrotem Kopf, schwarzem Halsband und rotbraunem Schulterfleck. Flügel grün mit blaugrünem Rand, Schwanzfedern blaugrün mit gelben Spitzen. Oberschnabel orangefarben, Unterschnabel schwarzbraun. Augeniris hellgelb, Beine blaugrau. Kopf des Weibchens blaugrau mit gelbem Halsband. Schulterfleck fehlt, alle Farben blasser. Jungvögel ähneln den Weibchen.
Von allen Halsbandsittichen ist der Pflaumenkopfsittich wohl die bei Vogelliebhabern verbreitetste Art. Richtig eingewöhnt sind diese Vögel ausdauernd und fortpflanzungswillig; sie haben sich selbst in großen Drahtkäfigen schon vermehrt. Pflaumenkopfsittiche sind aber auch empfindlicher als die meisten anderen Hals-

bandsittiche. Deshalb erfordern neuimportierte Vögel viel Aufmerksamkeit. Importtiere sollten mit Hilfe von gekochtem, ungeschältem Reis vorsichtig an Körnerfutter gewöhnt werden. Bei der Eingewöhnung und auch später sollten täglich Fruchtstückchen als zusätzliches Futter gegeben werden. Auch Mehlwürmer und andere Insekten werden von den meisten Pflaumenkopfsittichen gern gefressen. Nistkästen erhalten eine Einlage aus halbvermodertem Holz aus Pappel- oder Weidenstümpfen. Eizahl 3 – 6, Brutdauer 23 Tage, Nestlingszeit 7 Wochen. Das Weibchen brütet alleine und verläßt selbst nach dem Schlüpfen der Jungvögel den Nistkasten anfangs nicht. Das Männchen bringt während dieser Zeit die ganze Nahrung heran. Während der Brutzeit sind Pflaumenkopfsittiche oft gegen Störungen äußerst empfindlich. Deshalb sollten Nistkästen immer dort angebracht werden, wo Störungen am wenigsten zu erwarten sind. Als Aufzuchtfutter gibt man in Milch eingeweichten Zwieback, hartgekochtes Ei, Mehlwürmer und Insektenfresserfutter oder noch besser frische Ameisenpuppen. Als Volierenvogel kann man den Pflaumenkopfsittich unbedenklich auch mit kleineren Vögeln vergesellschaften. Sein Lockruf ist melodisch und stört auch bei Zimmerhaltung nicht. Von dieser Art ist eine gelbe Farbmutante bekannt.

Rosenkopfsittich, Burmasittich (*Psittacula roseata*). Vorkommen: Schließt östlich an das Verbreitungsgebiet des Pflaumenkopfsittichs an: von Bangladesch zur Assamküste, nach Norden bis in das Himalaya-Vorland. Fehlt auf der Malakkahalbinsel. Systematisch steht der Rosenkopfsittich dem Pflaumenkopfsittich äußerst nahe; er ist auch schon mit diesem gekreuzt worden. Die Kreuzung ergab fruchtbare Nachzuchttiere. In der Färbung von der vorigen Art hauptsächlich durch eine mehr rötliche Kopffarbe unterschieden. Weibchen mehr aschgrau, doch sieht man bei ihm zumindest angedeutet einen rostfarbenen Schulterfleck, der beim Weibchen des Pflaumenkopfsittichs fehlt. In ihren Forderungen und Brutgewohnheiten stimmt die Art weitgehend mit dem Pflaumenkopfsittich überein.

Schwarzkopfedelsittich, Schwarzkopfsittich, Himalayasittich (*Psittacula himalayana*). 2 Unterarten (*P. himalayana himalayana* und *P. h. finschii*) lassen sich farblich gut unterscheiden. Zwischen diesen Unterarten kommen jedoch fließende Übergänge vor, so daß bei manchen Exemplaren die Bestimmung schwierig sein kann. Bei der Nominatform ist die Grundfärbung dunkler, die Flügeldecken sind olivgrün, das Blau des Kopfes dunkler. Die Unterart *P. h. finschii* ist heller, mehr gelbgrün mit grasgrünen Flügeldecken und mehr reinblauer Kopfzeichnung. Vorkommen: Während der Sommermonate (Brutzeit) lebt zumindest die Nominatform in Höhen bis zu 2800 m. Während der kälteren Jahreszeit suchen die Vögel jedoch tiefere Lagen auf. Verbreitung vom nördlichen Afghanistan über das nördliche Indien, Burma und Nepal bis zum südlichen China, und östlich über Burma und Thailand bis nach Vietnam.
Länge 40 cm. Zum Nacken und Hals hin ist der Kopf durch ein feines, schwarzes Halsband abgesetzt, das zum Hals hin breiter wird. Männchen mit kleinem, braunrotem Schulterfleck. Schwanzfedern grün und blau mit weißen Spitzen. Oberschnabel rot mit heller Spitze, Unterschnabel hellgelb, Augeniris weiß, Beine gelbgrau. Weibchen blasser gefärbt mit grünerem Kopf und hornfarbenem Schnabel. Unterschnabel mit brauner Basis. Obwohl diese Vögel bis in verhältnismäßig hohe Lagen steigen, sollte man bei einer Volierenhaltung ihre Klimahärte nicht überschätzen. Ein frostfreier Schutzraum sollte immer vorhanden sein. Schwarzkopfedelsittiche sind ruhige Vögel, die nichts vom oft fahrigen Benehmen ihrer meist größeren Verwandten aufweisen. Im Gegensatz zu Pflaumenkopfsittichen und Rosenkopfsittichen können sie jedoch durchdringend schreien, wenn sie erschreckt werden. Importe bleiben oft recht schreckhaft, und man sollte sich in ihrer Nähe nie ruckartig bewegen. Als Käfigvogel ist der Schwarzkopfsittich nur geeignet, wenn man ein ganz junges Exemplar erhalten kann. Nachzuchten sollen bei Volierenhaltung bereits gelungen sein, doch liegen keine näheren Einzelheiten vor. Ihr Brutverhalten dürfte sich jedoch kaum von dem anderer Halsbandsittiche unterscheiden.

Bartsittich, Rosenbrustsittich (*Psittacula alexandri*). Vorkommen: Vom Himalaya-Vorland im nördlichen Indien bis nach Vietnam, dem südlichen China und der Insel Hainan. Auch auf

Java, Bali und Sumatra. Eine durch Aussetzung entstandene Population existiert auf Borneo und schließlich lebt diese Art auch noch auf den Andamanen. Insgesamt 8 Unterarten. Für den Vogelfreund kommen wohl die Unterarten *P. alexandri fasciata* und die Nominatform in Betracht. *P. a. fasciata* wird auch als Rosenringsittich oder Conchinchinasittich bezeichnet, während die Nominatform auch Rosenbrüstiger Alexandersittich genannt wird. Die deutschen Na-

Bild 75. Bartsittich (*Psittacula alexandri*), Weibchen. Aufnahme W. de Grahl

men sind natürlich keinerlei Hinweis auf die Richtigkeit der Bezeichnung. Dazu kommt, daß die Unterarten in Volierenzuchten häufiger miteinander gekreuzt worden sind. Da diese Kreuzungstiere fruchtbar sind, kommen in heutigen Volierenzuchten alle denkbaren Zwischenformen vor. Importvögel sind jedoch fast immer gut zu unterscheiden. Bei der Nominatform tritt das Rot der Brust mehr hervor; *P. a. fasciata* ist ein wenig größer, die Graufärbung des Kopfes ist etwas blau angehaucht und das Brustgefieder ist blasser. Länge (je nach Unterart) 33 – 38 cm. Kopf grau, Zügel und schmales Stirnband schwarz. Am Unterschnabel erstreckt sich ein breites, schwarzes Band bis zur Halsseite und stößt dort mit einem großen, smaragdgrünen Nackenfleck zusammen. Rücken und Bürzel grün, Brust hellrot, Bauch grün, Schwingen grün mit gelbem Schulterfleck. Schwanzfedern oberseits blaugrün, unterseits heller, mittlere Schwanzfedern mit gelbweißen Spitzen. Augeniris hellgelb, Beine braungrau. Die Farbe des Schnabels kann bei vollständig ausgefärbten Vögeln als Geschlechtsmerkmal dienen. Beim Männchen ist der Oberschnabel korallenrot, der Unterschnabel schwarz. Beim Weibchen sind Ober- und Unterschnabel schwarz.

Bartsittiche können verhältnismäßig einfach vermehrt werden, ihre Zucht ist sogar schon in großen Drahtkäfigen gelungen. Eizahl 3 – 4, Brutzeit 28 Tage, Nestlingszeit 7 Wochen. Neben Körnerfutter und Grünzeug gibt man während der Brutzeit eingeweichten Zwieback und hartgekochtes Ei.

Langschwanzsittich (*Psittacula longicauda*). Vorkommen: Südlicher Teil der Malakkahalbinsel, Andamanen, Nikobaren, Sumatra und Borneo samt mehreren kleineren, dazugehörenden Inseln. Insgesamt fünf Unterarten, aber nur die Nominatform ist bisher regelmäßiger importiert worden. Länge 42 cm. Stirn und Scheitel schwarz, Kopfseiten rot, nach unten vorderseitig abgegrenzt durch ein breites, schwarzes Band von der Basis des Unterschnabels bis zum Schulteransatz. Brust und Bauch grün, Rücken heller grün mit gelbem Anflug. Bürzelgegend blaugrün. Schwingen dunkel olivgrün, Schwungfedern mit schwarzem Anflug. Sehr langer Schwanz. Mittlere Schwanzfedern bläulich mit weißen Spitzen, seitliche Schwanzfedern grüngrau. Oberschnabel rot, Unterschnabel bräunlich. Augeniris hellgelb bis weiß, Beine hellgrau. Beim Weibchen sind die Farben etwas „verwaschen", und die Kopfseiten sind mehr orangefarben. Im Schwanz sind die mittleren Federn kürzer, Ober- und Unterschnabel sind bräunlich gefärbt.

Der Langschwanzsittich ist bei Vogelfreunden nicht ganz so häufig anzutreffen wie der Bartsittich. Neuimporte sind vorsichtig einzugewöhnen und an das Futter anzupassen. Während der Eingewöhnung sollten viel Obst und auch vorgequollene Sämereien gereicht werden. Die Nachzucht in Volieren ist während der letzten Jahre einige Male gelungen. Brutgewohnheiten wie beim Bartsittich.

Von der lediglich knapp 30 cm langen *Psittacula*-Art *Psittacula calthorpae* wurden in früheren Jahren mitunter einzelne Vögel importiert, doch ist diese von Sri Lanka stammende Art heute bei Vogelfreunden kaum mehr anzutreffen.
Von den endemisch auf kleineren Inseln oder Inselgruppen vorkommenden *Psittacula*-Arten sind mehrere bereits ausgestorben, andere sind vom Aussterben bedroht, wie z. B. *Psittacula echo,* die auf Mauritius und den Mascarenen vorkommt. Diese Art unterliegt heute den Schutzbestimmungen des Washingtoner Artenschutzabkommens. Eine weitere, ebenfalls bedrohte Art ist *Psittacula caniceps* von den Nikobaren.

Fledermauspapageien *(Loriculus)*

Fledermauspapageien sind kleine und lebhafte Vögel. Sie sind überwiegend grün gefärbt, tragen jedoch häufig Abzeichen in anderen Farben, vorzugsweise an Kopf, Kehle oder Bürzel, so daß sie recht bunt wirken. Je nach Art sind sie lediglich 10 – 15 cm lang. Ihren Namen verdanken sie ihrer Angewohnheit, sich mit dem Kopf nach unten aufzuhängen und so zu ruhen und zu schlafen. Schlafen erwachsene Fledermauspapageien sitzend wie andere Vögel, so ist das ein sicheres Zeichen dafür, daß sie sich nicht wohlfühlen, oder daß sie z. B. in einer neuen Umgebung verunsichert sind. Gegenüber anderen Vögeln sind Fledermauspapageien friedlich, doch ist es auf Grund ihrer besonderen Lebens- und Futtergewohnheiten besser, sie nicht zu vergesellschaften. Ihr Schnabel ist schmal, verhältnismäßig schwach und nicht zum Schälen härterer Samen geeignet. Man füttert Fledermauspapageien mit Hirse und Kanariensamen, vermischt mit einigen zerquetschten Hanfkörnern, außerdem sollten sie täglich gekochten Reis, in Milch aufgeweichten Zwieback und die gleiche Nährlösung wie Loripapageien erhalten. Daneben reicht man Grünfutter, Beeren und weiche Früchte. Als Aufzuchtfutter kann man zusätzlich Ameisenpuppen oder gekochtes Ei anbieten.
Fledermauspapageien sind während der letzten Jahre regelmäßig in Gefangenschaft vermehrt worden, das Blaukrönchen (*Loriculus galgulus*) sogar über mehrere Generationen. Zur Haltung von Fledermauspapageien eignet sich ein größerer Käfig oder eine Zimmervoliere. Wird ein Drahtkäfig verwendet, so muß dieser richtig aufgestellt werden. Der beste Standort ist eine Zimmerecke, da man hier zwei geschlossene Seiten hat und die Vögel sich sicherer fühlen. Noch besser ist es, Kastenkäfige zu verwenden, die nur eine offene Gitterseite haben. Ein ruhiger Standort ist für den Erfolg der Brut sehr wichtig. Einmal eingewöhnte Fledermauspapageien sind aber keineswegs scheu. Als Nistkasten bietet man diesen Vögeln am besten eine natürliche Baumhöhle; sie nehmen aber auch ohne Schwierigkeit einen entsprechenden kleinen Nistkasten an. Im Nistkasten bauen sie aus Rinden- und Baststückchen eine Höhle. Man sollte ihnen deshalb reichlich frische Pappel-, Weiden- oder Obstbaumzweige zum Schälen zur Verfügung stellen. Hält man sie in Drahtkäfigen, so schlafen sie in der Regel hängend am Gitterdach. In Volieren und Kastenkäfigen sollte man möglichst hoch einige geeignete Zweige anbringen, an denen sie sich aufhängen können.

Frühlingspapageichen (*Loriculus vernalis*). Vorkommen: In großen Teilen des indischen Subkontinents. Von der Umgebung Bombays im Westen bis zur Küste Vietnams im Osten. Von Burma und Thailand im Süden bis Nepal im Norden. Länge 13 cm, Grundfärbung grün, auf dem Scheitel etwas dunkler und mitunter in Blau übergehend. Kehle leuchtend blau. Obere Brust hell gelblich. Oberschwanzdecken rot bis braunrot. Flügeldecken dunkler, Schwungfedern dunkel olivgrün. Schnabel korallenrot mit gelblicher Spitze. Augeniris gelblichweiß, Beine orangefarben. Weibchen blasser gefärbt, der blaue Kehlfleck fehlt oder ist lediglich angedeutet. Diese Art ist äußerst variabel, so daß je nach Herkunft mehr oder weniger große Abweichungen in der Farbe vorkommen. Die Vermehrung des Frühlingspapageichens ist schon mehrere Male gelungen. Die Brutgewohnheiten ähneln weitgehend denen des Blaukrönchens (siehe dort). Die Jungvögel färben sich erst im 2. Lebensjahr aus.

Blumenpapageichen, Ceylon-Fledermauspapagei (*Loriculus beryllinus*). Vorkommen: Sri Lanka.

Länge 13 cm. Grundfärbung grün, oberseits dunkler, unterseits ins Gelbliche übergehend. Stirn und Scheitel hellrot. Augenring rot, Nakkenfedern leicht rötlich angehaucht. Kehle blaugrün, Bürzelgegend leuchtend rot. Schwingen etwas dunkler, Schwungfedern olivgrün. Schwingen und Schwanz unterseits blaugrün. Schnabel orangefarben, Augeniris hellgelb, Beine gelborange. Weibchen ohne blaugrünen Kehlfleck. Blumenpapageichen wurden bisher nur ganz vereinzelt importiert, und sie sind bisher allem Anschein nach noch nicht nachgezüchtet worden.

Philippinen-Fledermauspapagei (*Loriculus philippensis*). Vorkommen: Die gesamte Inselgruppe der Philippinen einschließlich des Sulu-Archipels. Insgesamt 11 Unterarten, von denen neben der Nominatform besonders *L. philippensis bournsi* häufiger importiert worden ist. Vereinzelt sind auch Vertreter weiterer Unterarten nach Europa eingeführt worden. Länge 14 cm. Grundfärbung grün, oberseits dunkler. Schwingen dunkelgrün, unterseits blaugrün, Stirn und Scheitel rot, Männchen mit großem, rotem Kehlfleck, der beim Weibchen fehlt. Kleiner roter Nackenfleck, oft nur angedeutet oder auch vollständig fehlend: Unterrücken und Schwanz oberseits rot, Schwanzfedern mit grünbraunen Spitzen und unterseits leicht bläulich gefärbt. Schnabel orangerot, Augeniris braun, Beine orangefarben. Bei der Unterart *L. philippensis bournsi* hat das Männchen hinter dem roten Scheitel einen gelben Fleck. Sowohl die Nominatform als auch *L. p. bournsi* sind schon häufiger nachgezüchtet worden. Die Brutgewohnheiten ähneln weitgehend dem Blaukrönchen (siehe unten).

Blaukrönchen (*Loriculus galgulus*). Vorkommen: Südlicher Teil der Malakka-Halbinsel, Sumatra, Borneo sowie auf kleinen Inseln und Inselgruppen dieses Gebietes. In ihrem Verbreitungsgebiet ist diese Art ziemlich häufig. Sie ist der Prototyp aller Fledermauspapageien und wurde bereits von CARL VON LINNÉ beschrieben. Länge 12 cm. Ausgefärbte Vögel leuchtend grün, junge Vögel matter grün. Auf der Kopfmitte mit inten-

Bild 76. Blaukrönchen (*Loriculus galgulus*). Aufnahme H. Schrempp

siv dunkelblauem Fleck. Dieser kann beim Weibchen fehlen oder auch nur angedeutet sein. Das Männchen hat einen großen, scharlachroten Kehlfleck, und auf dem Vorderrücken sind die Federn orange angehaucht (auch dieses Merkmal kann fehlen). Bürzelgegend und Oberschwanzdecken scharlachrot. Schwanzfedern oberseits grün, unterseits blaugrün. Unterseite der Schwingen gleichfalls blaugrün. Schnabel und Schnabelwachshaut schwarz. Augen fast schwarz, Beine orangefarben. Wie beim Frühlingspapageichen kommen auch beim Blaukrönchen geographische Farbabweichungen vor. Bei in Gefangenschaft erbrüteten Jungvögeln zeigen sich drei Monate, nachdem sie das Nest verlassen haben, schon die ersten Farbunterschiede zwischen den Geschlechtern. Bei jung importierten Vögeln zeigen sich die gleichen Unterschiede erst im 2. Lebensjahr. Allem Anschein nach wird die Umfärbung bei Importen durch Fang, Reisestrapazen usw. verzögert.
Blaukrönchen brüten ohne größere Schwierigkeiten, wenn ein passendes Paar zusammen ist. In die Nisthöhle tragen sie Rindenstückchen und ähnliches Material ein, das sie genau wie manche Unzertrennliche zwischen das gesträubte Rückengefieder stecken. Eizahl 2 – 4, Brutzeit 21 – 24 Tage, Nestlingszeit 4 – 5 Wochen. Blaukrönchen entwickeln sich also, obwohl sie recht kleine Vögel sind, verhältnismäßig langsam. Wahrscheinlich werden sie erst gegen Ende des 2. Lebensjahres geschlechtsreif. Gut eingewöhnte Blaukrönchen sind, richtige Fütterung vorausgesetzt, keineswegs empfindlich. Sie sind sehr drollig und ihrem Pfleger gegenüber bald vertraut.

Außer den hier genannten Arten sind ganz vereinzelt auch noch andere Fledermauspapageien importiert worden. Beim Gelbkehl-Fledermauspapagei (*Loriculus pusillus*) ist am Vogelpark Wassenaar (Holland) die Nachzucht gelungen.

Die Unzertrennlichen *(Agapornis)*

Der Name „Agapornis" ist aus den altgriechischen Wörtern für Liebe und Vogel zusammengesetzt und bedeutet also „Liebesvögel", ein Name, der auch ins Englische übernommen wurde: „Lovebird". Die Bezeichnung Unzertrennliche geht auf LINNÉ zurück, der sie „de oskiljaktiga", also „die Unzertrennlichen" nannte. Es sind 13 – 17 cm lange Papageien aus Afrika, die sich neben anderem dadurch auszeichnen, daß die Partner treu zusammenhalten und ständig beieinander sind. Als Stubenvögel sind sie äußerst beliebt, und die meisten Arten vermehren sich willig. Man findet in Afrika Unzertrennliche südlich der Sahara hauptsächlich in Savannenlandschaften. Sie leben gesellig und streifen zeitweilig in großen Scharen weit umher. Auf der Insel Madagaskar lebt eine Art. Unzertrennliche eignen sich sowohl für eine Volierenhaltung als auch für die Haltung in größeren Käfigen, und sie brüten auch bei Käfighaltung. Bei der Haltung in Wohnräumen muß man aber beachten, daß manche Arten (z. B. *A. roseicollis*) recht laut sein können. Hält man Unzertrennliche in aneinandergrenzenden Volieren, so sollten die Zwischenwände geschlossen sein. Andernfalls bekämpfen sie sich durch das Gitter hindurch, wobei es leicht zu Fußverletzungen kommen kann. Seltsamerweise kann man oft mehrere Arten in derselben Voliere halten, ohne daß es zu größeren Störungen kommt. Selber habe ich über Jahre hinweg die Arten *A. roseicollis, A. personata* und *A. taranta* in derselben Voliere gehalten, ohne daß es zu größeren Streitigkeiten kam. Unter den Nachzuchttieren kamen jedoch viele unerwünschte Paarungen zwischen *A. roseicollis* und *A. personata* zustande, so daß die Zahl der Bastarde immer größer wurde. Unzertrennliche legen ihre Eier nicht wie die meisten anderen Papageien einfach in die Nisthöhle, sondern sie bauen in der Nisthöhle eine röhrenförmige Brutkammer, die überdacht ist und an der Rückseite eine Eingangsöffnung hat. Nicht alle Individuen sind gleichgute Nestbauer, die am besten ausgeführten Brutkammern werden von importierten Vögeln gebaut. Ein ausreichend großer Nistkasten mit den Innenmaßen 20 × 20 × 30 cm, hergestellt aus ungehobelten Brettern, wird gut angenommen. Wird der Kasten liegend angebracht, so sollte zwischen Einflugraum und Brutraum eine Schwelle vorhanden sein. Äußerst wichtig bei allen Zuchtversuchen mit Unzertrennlichen in Innenräumen ist die Einhaltung der notwendigen Luftfeuchtigkeit. Hier sind Nistkästen mit doppelten, Feuchtigkeit lagernden Wänden (siehe Seite 67) anzuraten. In Außenvolieren besteht dieses Problem kaum. Nistkästen für Unzertrennliche sollte man jedoch einige Stunden lang in Wasser legen, bevor man sie aufhängt. Als

Nistmaterial gibt man den Vögeln viele Zweige zum Entrinden, dazu Stroh, Kokosfasern und abgefressene Stengel der Kolbenhirse. Sehr geschätzt wird auch vorjähriges Gras, das an Rainen, Gartenzäunen usw. den Winter unter dem Schnee liegend heil überstanden hat und in der Frühlingssonne getrocknet ist.

Bei langdauernder Käfignachzucht über viele Generationen kann es bisweilen zu Störungen im Brutverhalten kommen, z. B. daß die Federn der Jungvögel angeknabbert werden, daß die Weibchen neue Eier legen und die Jungen aus dem Nistkasten werfen, bevor sie vollständig entwickelt sind usw. Ammenaufzucht durch Wellensittiche oder gar Handaufzucht kann hier zwar helfen, schafft aber keine wirkliche Abhilfe. Hier sollte man neue Zuchttiere zuführen.

Bei *Agapornis*-Arten, die geschlechtlich nicht differenziert sind, kommt es nicht selten zu gleichgeschlechtlichen Bindungen zwischen zwei Weibchen. Legen „Paare" eine ungewöhnliche große Anzahl Eier ohne Schlupfergebnis, so muß man diese Möglichkeit in Betracht ziehen. Bei Volierenhaltung können solche Verbindungen zwischen Weibchen auch bei vorhandenen überzähligen Männchen vorkommen.

Zur Systematik der Gattung *Agapornis* sei noch vermerkt, daß von manchen Autoren die Arten *A. personata, A. nigrigenis, A. fischeri* und *A. lilianae* als eine Art betrachtet werden. Dabei wird entsprechend den Nomenklaturbestimmungen *A. personata* zur Nominatform, die anderen werden zu Unterarten von *A. personata.* Für diese Einteilung spricht sehr viel, da z. B. oft bewiesen werden konnte, daß Kreuzungstiere zwischen diesen „Arten" voll fortpflanzungsfähig waren.

Bild 77. Grauköpfchen (*Agapornis cana*). Aufnahme H. Bielfeld

Grauköpfchen (*Agapornis cana*). Vorkommen: Madagaskar. Durch Aussetzung sind Populationen auf Mauritius, Sansibar und den Seychellen entstanden. Länge 14 cm. Körper überwiegend grün. Männchen mit hellgrauem Kopf, Schnabel dunkelgrau, Augeniris dunkelbraun, Beine grau. Wurde in früheren Jahren in großen Mengen importiert und war fast immer im Handel zu haben. Heute ausgesprochen selten. Importierte Vögel sind anfangs sehr scheu, und die Zucht mit Importvögeln ist nicht einfach. Die Erfahrung hat jedoch gezeigt, daß in Gefangenschaft geschlüpfte Vögel weitaus brutwilliger sind. Für eine Haltung in Außenvolieren ist das Grauköpfchen nicht sonderlich geeignet, und eine solche Haltung ist nur in klimatisch besonders günstigen Lagen möglich. Eizahl 3 – 7, Brutzeit 20 Tage, Nestlingszeit 4 – 5 Wochen. Beim Nestbau wird vom Männchen Nistmaterial eingetragen und für den Transport zwischen das Rückengefieder gesteckt. Das Weibchen brütet alleine und wird während der Brutzeit vom Männchen gefüttert. Wir füttern Grauköpfchen mit einem Gemisch aus Hirse, Kanariensamen, Sonnenblumenkernen und etwas Hafer. Grünfutter und Obststückchen vervollständigen den Speisezettel. Während der Brutzeit gibt man zusätzlich trockenen, verriebenen und mit geriebenen Mohrrüben vermischten Zwieback und hartgekochtes Ei.

Von *Agapornis cana* kennt man 2 Unterarten, die sich jedoch nur geringfügig unterscheiden. Die im Südwesten Madagaskars beheimatete

Unterart *A. cana ablectanea* ist dunkel blaugrün gefärbt.

Orangeköpfchen (*Agapornis pullaria*). Vorkommen: Von der Westküste Afrikas bis zum Victoria-See in Ostafrika, außerdem auf mehreren Inseln im Golf von Guinea. 2 Unterarten. Länge 15 cm. Grundfärbung intensiv grün, oberseits dunkler. Scheitel und Gesicht orangerot. Bürzel leuchtend blau. Flügelbug schwarz und Flügelrand bläulich. Schwanzfedern grün, äußere Schwanzfedern rot mit grünen Spitzen. Zwischen dem Rot und Grün läuft quer über den Schwanz oberseits eine schwarze Binde. Schnabel rot, Unterschnabel etwas heller. Augeniris braun, Beine blaugrau. Das Weibchen ist am Kopf weniger intensiv gefärbt, und sein Bürzelgefieder ist blasser blau.
In der Natur brütet das Orangeköpfchen in Nisthöhlen, die vom Weibchen in Termitenbauten gegraben werden. Bei der Zucht ist bisher versucht worden, den Vögeln ähnliche Substrate zum Anlegen einer Nisthöhle zur Verfügung zu stellen, so z. B. lichte Netzkörbe, gefüllt mit einer Mischung aus Torf und Lehm. Die Nachzuchterfolge waren jedoch gering. Eizahl 2 – 5, Brutdauer 22 Tage, Nestlingszeit 5 Wochen. Bei der Fütterung von Orangeköpfchen muß man beachten, daß sie weit mehr als andere Unzertrennliche Frucht- und Insektenfresser sind. Neben Körnerfutter sollten sie deshalb ständig viel Obst erhalten. Während der Brutperiode gibt man das schon beim Grauköpfchen erwähnte Aufzuchtfutter, möglichst vermischt mit frischen Ameisenpuppen. Diese Art ist sehr empfindlich, und wir sollten sie deshalb nur in günstigen Lagen in Außenvolieren halten.

Bergpapagei, Tarantinerpapagei, Schwarzschwingenpapagei (*Agapornis taranta*). Vorkommen: Äthiopisches Hochland in Höhen bis zu 1600 m. Grundfärbung überwiegend grün. Handschwingen und äußere Armschwingen schwarz. Schwanz grün mit schwarzem Querband. Männchen mit rotem Vorderkopf, beim Weibchen ist der ganze Kopf grün. Schnabel korallenrot, Augeniris dunkelbraun, Beine grau. Neuimportierte Bergpapageien sind scheu, doch passen sie sich oft erstaunlich schnell an ihre Umgebung an. Bei mir sind Neuimporte bereits acht Monate nach ihrer Einfuhr zur Fortpflanzung geschritten. Diese Art ist ruhiger als alle ihre Verwandten. Bergpapageien sind, einmal richtig eingewöhnt, recht klimahart und eignen sich gut für eine Haltung in Außenvolieren. Sie können auch unbedenklich mit Sittichen von mindestens gleicher Größe vergesellschaftet werden. Gegenüber anderen Untertrennlichen sind sie nicht immer verträglich, doch muß man dieses von Fall zu Fall ausprobieren. Zum Nestbau verwenden Bergpapageien vorwiegend Rinden- und Baststückchen, die vom Weibchen sowohl im Schnabel als auch im Rückengefieder eingetragen werden. Bei dieser Art gibt es Weibchen, die kunstvolle Nester in den Nistkasten bauen,

und andere, die kaum Material eintragen und ihre Eier einfach auf den Boden legen. Eizahl 3 – 6, Brutzeit 24 Tage, Nestlingszeit 6 – 8 Wochen. Außer dem üblichen Körnerfutter und Obst gibt man zur Brutzeit ein Aufzuchtfutter aus aufgequollenen Sämereien. Außerdem reicht man eingeweichten Zwieback und geriebene Mohrrüben. Bergpapageien können das ganze Jahr über im Freien bleiben, wenn die Voliere mit einem frostfreien Schutzhaus versehen ist.

Rosenköpfchen (*Agapornis roseicollis*). Vorkommen: Südliches Angola und Namibia bis zum Oranje-Fluß im Süden. Länge 16 cm. Männchen und Weibchen sind gleich gefärbt. Grundfarbe hellgrün, zum Bauch hin mehr in Gelbgrün übergehend. Stirn rosenrot. Kopfseiten und Kehle heller rot. Gesichtsmaske ist geschlossen. Bürzel und Oberschwanz leuchtend blau. Flügeldecken grün, Schwungfedern schwarz mit grünem Außensaum, Schwanz grün. Äußere Schwanzfedern orangerot-schwarz mit blauen Spitzen. Schnabel hell- hornfarben, Augeniris braun, Beine grau. Die Geschlechter sind nicht ganz einfach zu unterscheiden, bei gleichaltrigen Vögeln ist jedoch die Rotfärbung im Gesicht bei den Männchen intensiver. Jüngere Männchen können aber sehr leicht mit älteren Weibchen verwechselt werden. Noch nicht umgefärbte Jungvögel sind blaßgrün mit nur angedeuteter roter Gesichtsmaske. In der Natur ist das Rosenköpfchen mit seinen Nistgelegenheiten nicht sonderlich wählerisch; man hat sie schon brütend in allen erdenklichen Hohlräumen angetroffen. So brüten sie in Baumhöhlen, in Felsspalten, in Löchern, an steilen Hängen, unter mächtigen Baumwurzeln verlassenen Webervogelnestern usw. Die ersten Rosenköpfchen importierte Carl Hagenbeck 1860 nach Deutschland, und etwa von 1870 an liegen Zuchtberichte vor. Zwar sind in der Zwischenzeit immer wieder Wildfänge eingeführt worden, doch mit immer größerem zeitlichen Abstand. Die heute gehaltenen Rosenköpfchen kann man zumindest als teilweise domestiziert ansehen.

Rosenköpfchen brüten willig selbst in größeren Käfigen. Bei fortlaufendem Brutgeschäft ist darauf zu achten, daß sich die Vögel nicht erschöpfen. Nach zwei aufeinanderfolgenden Bruten wird der Nistkasten entfernt. Hält man mehrere Paare zusammen in einem Flugraum oder in einer Voliere, so müssen immer mehr Nistkästen als Paare vorhanden sein. Der Nistkasten wird auch oft zum Schlafen aufgesucht. Die Weibchen sind äußerst geschickt im Eintragen von Nistmaterial, geschickter als alle anderen Arten. Sie stecken Nistmaterial verschiedener Art zwischen das Rücken- und Bürzelgefieder und zwischen die Deckfedern der Flügeldecken und schlüpfen so in den Nistkasten. Die Männchen helfen zwar beim Heranschaffen des Nistmateri-

Bild 78. Rosenköpfchen (*Agapornis roseicollis*). Aufnahme H. Bielfeld

als, tragen aber selber keines in den Nistkasten ein. Da Rosenköpfchen sehr fleißig bauen, ist der Verbrauch an Nistmaterial groß. In der Materialauswahl sind sie nicht sonderlich anspruchsvoll und tragen selbst Papier oder Pappstückchen ein. Eizahl 3 – 5, Brutdauer 21 Tage, Nestlingszeit 5 Wochen. Aufzuchtfutter wie bei der vorigen Art angegeben. Rosenköpfchen kreuzen leicht mit anderen Unzertrennlichen, insbesondere mit *A. personata* und *A. fischeri.* Solche Kreuzungstiere sehen fast immer den Rosenköpfchen ähnlicher als den anderen Arten. Farblich können diese Bastarde recht hübsch sein, doch sind sie allem Anschein nach unfruchtbar.

Schwarzköpfchen, Masken-Unzertrennliche (*Agapornis personata*). Vorkommen: Nordöstliches Tansania. Eine durch Aussetzung zustande gekommene Population lebt in der Umgebung der Stadt Dar es-Sal'am. Länge 15 cm. Männchen und Weibchen gleich gefärbt. Stirn, Scheitel, Kopfseiten und Kehle schwarz, Augenring weiß. Über den Nacken läuft ein gelbes Band, das sich zur Brust hin verbreitert. Brust gelb, Bauch grün. Oberschwanzdecken und Bürzel graublau. Flügeldecken grün, Schwungfedern schwarz mit grünen Außenfahnen. Schwanz grün, äußere Schwanzfedern orangefarben mit schwarzem Querband und gelben Spitzen. Augeniris braun, Schnabel rot, Beine dunkelgrau. Der nackte, weiße Augenring verleiht dieser (und den folgenden drei Arten) ihr typisches Aussehen.

Die Zucht des Schwarzköpfchens ist einfach und auch im Drahtkäfig möglich. Bei Volierenzucht können – wenn genügend Nistkästen zur Verfügung stehen – mehrere Papageien zusammen gehalten werden. Das Nistmaterial wird hauptsächlich im Schnabel eingetragen. Im Nistkasten wird ein umfangreiches Nest aus Rinden- und Baststreifen gebaut. Steht genug Nistmaterial zur

Bild 79. Schwarzköpfchen (*Agapornis personata*). Aufnahme H. Bielfeld

Verfügung, dann versehen die Vögel das Nest mit einem röhrenförmigen Eingang. Am erfolgversprechendsten sind Zuchtversuche während der Frühjahrsmonate, doch schreiten die heute gehaltenenen und weitgehend domestizierten Vögel auch zu jeder anderen Jahreszeit zur Brut, wenn die notwendigen Voraussetzungen vorhanden sind. Dazu gehört im Spätherbst bzw. in den Wintermonaten eine ausreichende künstliche Beleuchtung. Eizahl 5 – 7, Brutdauer 21 Tage, Nestlingszeit 5 Wochen. Aufzuchtfutter wie bei *A taranta* angegeben. Von *Agapornis personata* existieren eine ganze Anzahl rein durchgezüchteter Mutationen. In England wurde während der frühen 30er Jahre eine Mutation herausgezüchtet, die kein gelbes Pigment besitzt. Durch das Fehlen des gelben Pigmentes wird Grün zu Blau und Gelb zu Weiß. Diese Zuchtform ist heute häufig und wird Blaues Schwarzköpfchen genannt. Weiterhin gibt es rein durchgezüchtete Stämme gelber (Lutino) und weißer (Albino) Vögel.

Rußköpfchen (*Agapornis nigrigenis*). Vorkommen: Südwestliches Sambia. Länge 14 cm. Ähnelt stark dem Schwarzköpfchen, ist jedoch etwas kleiner und zierlicher. Männchen und Weibchen sind gleich gefärbt. Stirn, Wangen und Kehle dunkel schwarzbraun. Brust rötlich, die übrige Unterseite hellgrün. Rücken und Flügeldecken dunkler grün. Augeniris braun, Augenring weiß, Schnabel rot und an der Basis etwas heller, Beine grau. Die Augeniris des Weibchens soll heller sein als die des Männchens. Die Zucht ist bei passenden Paaren nicht schwierig. Eizahl 4 – 5, Brutzeit 21 Tage, Nestlingszeit 5 Wochen. Aufzuchtfutter wie bei *A. taranta* angegeben. Das Rußköpfchen ist bereits mit fast allen anderen *Agapornis*-Arten gekreuzt worden, besonders mit dem Schwarzköpfchen. Wirklich reinrassige Tiere sind deshalb unter Umständen schwierig zu beschaffen.

Pfirsichköpfchen, Fischers Unzertrennlicher (*Agapornis fischeri*). Vorkommen: Norden Tansanias, südlich des Victoria-Sees. Eine eingebürgerte Population lebt in der Umgebung von Tanga. Länge 15 cm. Männchen und Weibchen gleich gefärbt. Stirn, Kopfseiten und Kehle orangefarben, Färbung der Stirn am kräftigsten. Nakken blaß orangefarben, zum Rücken hin zunächst in Gelb und dann in Grün übergehend. Bürzel und Oberschwanzdecken blau. Flügel dunkelgrün, äußere Schwungfedern fast schwarz. Bauch heller grün. Schwanzfedern grün, an der Basis orangefarben mit bläulichen Spitzen, äußere Schwanzfedern mit schwarzer Außenfahne. Augeniris braun, Augenring weiß, Schnabel rot, Beine dunkelgrau (s. Umschlagbild). Brutgewohnheiten wie bei *A. taranta*. Pfirsichköpfchen sind verhältnismäßig leicht nachzuzüchten. Auch von dieser Art gibt es heute blaue und gelbe Zuchtformen.

Erdbeerköpfchen (*Agapornis lilianae*). Vorkommen: Südliches Tansania, Malawi, östliches Sambia und nordwestliches Mosambique. Länge 12 – 13 cm. Kleine und zierliche Art, die im Aussehen der vorigen gleicht. Die rote Kopffärbung ist jedoch beim Erdbeerköpfchen stärker, besonders auf der Stirn und gleicht im Farbton mehr dem Rot des Rosenköpfchens. Das Erdbeerköpfchen besitzt jedoch einen nackten, weißen Augenring. Nacken und Flügeldecken dunkelgrün. Schwungfederspitzen schwarzbraun. Unterseite heller grün, Bürzel und Oberschwanzdecken gelbgrün. Schwanz grün, äußere Schwanzfedern rötlich-orange mit schwarzem Querband und grüner Spitze. Schnabel korallenrot, Augeniris braunrot, Beine graubraun. Männchen und Weibchen sind gleich gefärbt. Die Geschlechtsunterscheidung ist oft schwierig, da sich eventuell geringfügige Farbunterschiede nur bei gleichaltrigen Vögeln erkennen lassen.
Das Erdbeerköpfchen wird weitaus seltener angeboten als die vorherigen Arten (mit Ausnahme von *Agapornis pullaria*). Es ist auch empfindlicher und fordert mehr Aufmerksamkeit in der Pflege. Gut eingewöhnt, bereitet jedoch seine Zucht in der Regel keine größeren Schwierigkeiten, und die Vögel brüten am ehesten, wenn man mehrere Paare zusammenhält. Erdbeerköpfchen sind gesellige Vögel, und Streitereien unter ihnen nehmen nur selten ernstere Formen an. Im Nistkasten bauen sie ähnlich wie die Rosenköpfchen umfangreiche Nestkammern aus Zweigstückchen, Stroh und ähnlichem Nistmaterial. Eizahl 4– 5, Brutzeit 21 Tage, Nestlingszeit 5 Wochen. Schlüpfen nur 1 oder 2 Jungvögel, kann sich die Nestlingszeit etwas verringern. Während der Brutperiode gibt man als zusätzliches Aufzuchtfutter in Milch aufgeweichten

Zwieback. Neben dem üblichen Körnerfutter sollten Erdbeerköpfchen viel Obst, Grünfutter und Kolbenhirse erhalten.
Das Erdbeerköpfchen ist schon erfolgreich mit *A. nigrigenis, A. personata, A. fischeri* und *A. roseicollis* gekreuzt worden. Es gibt blaue und gelbe Mutationsformen, bei der gelben Form ist die Rotfärbung des Kopfes erhalten geblieben.

Im Inneren Westafrikas und in Zentralafrika gibt es eine weitere *Agapornis*-Art, *Agapornis swinderniana,* mit insgesamt 3 Unterarten. Als Stubenvögel sind sie bisher kaum gehalten worden, wenn auch schon vereinzelt Tiere mitgebracht worden sind. Über ihre Vermehrung ist nichts Näheres bekannt.

Vasapapageien *(Coracopsis)*

Die Gattung der Vasapapageien umfaßt zwei Arten, die beide auf Madagaskar leben. Sie sind für Papageien ungewöhnlich dunkel gefärbt und werden deshalb auch als Schwarzpapageien bezeichnet. Beide Arten stehen unter Naturschutz, und der Kleine Vasapapagei (*Coracopsis nigra*) unterliegt den Schutzbestimmungen des Washingtoner Artenschutzabkommens. Vasapapageien werden kaum im Handel angeboten, man findet sie aber manchmal an Zoologischen Gärten. In Deutschland z. B. hält der Vogelpark Walsrode beide Arten. In ihrem Wesen sind Vasapapageien ruhig, und sie können recht zutraulich werden.

Vasapapagei (*Coracopsis vasa*). Vorkommen: Madagaskar und die Komoren, ausgesetzt auf Réunion. Länge 50 cm. Grundfärbung dunkelbraun bis schwarz, unterseits etwas in Grau übergehend. Schwanz lang und abgerundet. Schwanzfedern unterseits grau, oberseits dunkler. Schnabel hell-hornfarben, Augeniris braun, um das Auge eine schmale, federlose Zone, Beine braungrau. Der Vasapapagei wird auch Großer Vasapapagei oder Großer Schwarzpapagei genannt.

Schwarzpapagei, Kleiner Vasapapagei (*Coracopsis nigra*)+. Vorkommen: Madagaskar,Komoren und Seychellen. Länge 35 cm. Stimmt abgesehen von der Größe fast vollständig mit der vorigen Art überein.

Bild 80. Vasapapagei (*Coracopsis vasa*). Aufnahme H. Schrempp

Graupapageien *(Psittacus)*

Die Gattung *Psittacus* enthält eine Art mit 3 Unterarten.

Graupapagei, Afrikanischer Graupapagei, Jako (*Psittacus erithacus*). Die Unterart *P. erithacus timneh* wird Timneh-Graupapagei genannt. Die auf Principé und Fernando Poo lebende Unterart *P. erithacus princeps* ist entsprechend dem Washingtoner Artenschutzabkommen geschützt und ohne Bedeutung für den Vogelliebhaber.
Vorkommen der Nominatform: Zentralafrika, vom Golf von Guinea bis zum westlichen Kenia und zum nordwestlichen Tansania. Die Unterart *P. e. timneh* ist in ihrer Verbreitung auf das südliche Guinea, Sierra Leone und Liberia begrenzt, sie kommt hauptsächlich in Küstennähe vor und wird weiter im Inneren durch die Nominatform ersetzt.

Männchen und Weibchen sind gleich gefärbt. Grundfarbe grau, an Bauch und Bürzel heller. Schwanzfedern scharlachrot. Schnabel schwarz, Augeniris hellgrau, um das Auge eine nackte, federlose Zone. Beine dunkelgrau. Jungvögel dunkler grau gefärbt, Augeniris bis zum 7.–9. Lebensmonat dunkelgrau, Schwanzfedern blasser gefärbt. Beim Timneh-Graupapagei ist der Schwanz braunrot und die vordere Hälfte des Oberschnabels rötlichgrau gefärbt. Beim Weibchen ist der Kopf mehr gerundet und im Verhältnis zum Körper etwas kleiner. Die Flügel sollen sich im Gegensatz zu denen des Männchens hinter der Schwanzspitze kreuzen (vergleiche auch Hinweise zur Geschlechtsunterscheidung, Kapitel „Einkauf und Eingewöhnung").

Wenn man einen Jungvogel erhalten kann und ihm viel Zeit widmet, dann kann der Graupapagei ein äußerst dankbarer Vogel zur Einzelhaltung sein. Außerdem findet man unter den Angehörigen dieser Art die besten Sprecher. Fast alle Graupapageien lernen Worte und Laute nachzuahmen. Gleichzeitig sei aber auch eine Warnung ausgesprochen: Als Einzelvögel gehalten sind Graupapageien oft „psychologische Problemkinder", die sehr streßanfällig sind und empfindlich gegenüber Veränderungen in ihrer Umgebung. Einmal richtig eingewöhnt und an die Menschen in ihrer näheren Umgebung angepaßt, können sie äußerst dankbare Pfleglinge sein und sehr alt werden. Die Nachzucht von Graupapageien ist schon häufiger gelungen, und zwar nicht nur an Zoologischen Gärten oder in großen Volieren. Selbst in großen Käfigen ließen sich Graupapageien schon mehrere Male züchten. Bei der Vermehrung dieser Art scheint der Platz eine weitaus geringere Rolle zu spielen als der Umstand, daß das Zuchtpaar vollständig mit seiner näheren Umgebung vertraut ist. Ausgesprochen „handzahme" Vögel sind jedoch kaum für Zuchtversuche geeignet. Nistkästen für Graupapageien sollten mindestens die Maße 25×25×40 cm haben, können aber auch gerne größer sein. Einflugloch 11 cm Durchmesser. Als Unterlage bringt man am zweckmäßigsten halbvermulmtes Holz aus alten Baumstümpfen ein, notfalls ein Torflager. In der Regel werden 2–3 Eier gelegt, doch sind auch Gelege mit 4 Eiern bekannt geworden. Brutdauer 30 Tage, Nestlingszeit ca. 3 Monate. Das Weibchen brütet alleine und wird während der Brutzeit vom Männchen gefüttert.

Der Erfolg einer Nachzucht hängt in erster Linie davon ab, ob es gelingt, ein harmonierendes Zuchtpaar zusammenzustellen. Dies gelingt am sichersten, wenn die Möglichkeit besteht, mehrere importierte Jungvögel zusammen zu halten. Paare, die sich sozusagen selber finden, brüten am zuverlässigsten. Hierbei ist jedoch zu beachten, daß Graupapageien erst im 4. bzw. 5. Lebensjahr geschlechtsreif werden. Gefüttert werden Graupapageien mit einem Körnergemisch aus Sonnenblumenkernen, Erdnüssen, Kürbiskernen und Hafer. Daneben sollten sie täglich Früchte, Beeren, Mohrrüben usw. erhalten. Halbreifer Mais oder Weizen und grüne Haferrispen werden meist mit Begeisterung gefressen. Besonders einzeln gehaltene Vögel können aber bestimmte Futterarten völlig verweigern, die von anderen Artgenossen gerne genommen werden. In solchen Fällen muß man einfach ausprobieren, was dem Vogel zusagt. Einzeln gehal-

Bild 81. Graupapagei (*Psittacus erithacus*). Aufnahme H. Bielfeld

tene Graupapageien sollte man nicht länger als notwendig in kleine Drahtkäfige einsperren.

Langflügelpapageien *(Poicephalus)*

Die Gattung *Poicephalus* umfaßt insgesamt 9 Arten mit – von wenigen Ausnahmen abgesehen – zahlreichen Unterarten. Als Stubenvögel kommen aber nur wenige von ihnen in Betracht.

Kap-Papagei, Großer Braunkopfpapagei (*Poicephalus robustus*)+. Vorkommen: Die Nominatform lebt in der Kap-Provinz Südafrikas, die Unterart *P. robustus suahelicus* in Namibia, Angola und über das Stromgebiet des Kongos bis in das westliche Tansania. Die Unterart *P. robustus fucicollis* lebt in Gambia und Senegal. Kap-Papageien sind immer nur vereinzelt nach Europa mitgebracht worden und selbst an Zoologischen Gärten eine Rarität. Ihr unverhältnismäßig großer Kopf läßt sie plump erscheinen. Der Körper ist überwiegend dunkelgrün, Kopf und Hals sind grau, Flügel, Bug und Schenkel rot. Schwanz dunkelgrün, Schnabel hell-hornfarben, Augeniris braun, Beine blaugrau. Bei *P. r. suahelicus* ist die Graufärbung des Kopfes heller als bei der Nominatform, *P. r. fucicollis* ist mehr blaugrün gefärbt. Für die Vogelliebhaberei sind diese Vögel ohne Bedeutung; sie unterliegen den Schutzbestimmungen des Washingtoner Artenschutzabkommens.

Mohrenkopf, Mohrenkopfpapagei (*Poicephalus senegalus*). Bei den im Handel erhältlichen Vögeln handelt es sich in der Regel um die Nominatform. Doch kommt es bei größeren Importen mitunter vor, daß nicht nur andere Unterarten von *P. senegalus* mitimportiert werden, sondern daß auch Vertreter anderer, ähnlich aussehender *Poicephalus*-Arten als „Mohrenköpfe“ verkauft werden.
Vorkommen: Westafrika und Guinea bis Kamerun. 3 Unterarten. Länge 23 cm. Beim Männchen Stirn und Scheitel dunkelgrau. Kopfseiten etwas heller grau und zur Kehle hin wieder dunkler werdend. Hals und Oberseite grün, Flügel olivgrün, Schwungfedern schwarzbraun mit grünen Außenfahnen. Unterseite gelb, bei älteren Tieren oft in Orange übergehend. Schwanz braun, äußere Schwanzfedern mit grünen Außenfahnen. Schnabel dunkelgrau, Augeniris gelb, Beine braungrau. Beim Weibchen ist die Kopffärbung heller. Die Geschlechtsbestimmung ist jedoch schwierig, da sich Farbunterschiede nur bei etwa gleichaltrigen Tieren feststellen lassen. Als weiteres Geschlechtsmerkmal kann man die Kopfform heranziehen: Das Männchen hat einen gröberen Kopf und eine geradere Stirnlinie. Die beiden anderen Unterarten unterscheiden sich farblich nur wenig von der Nominatform. Bei *P. senegalus versteri* ist das Grün dunkler und der Bauch mehr rötlich. Ähnliche, wenn auch nicht so ausgeprägte Unterschiede findet man bei *P. senegalus mesotypus*.
Neben den Graupapageien ist der Mohrenkopf der weitaus am häufigsten gehaltene afrikanische Großpapagei. Zu den Großpapageien sollte man ihn wegen seines Benehmens rechnen, auch wenn er nur gut 20 cm lang ist. In ihrem Benehmen haben Mohrenköpfe viel mit Amazonenpapageien gemeinsam. Genau wie diese schätzen sie es sehr, wenn man sie duscht, und gibt man ihnen ein geeignetes Gefäß mit Wasser, so baden sie auch gerne. Neuimportierte Vögel sind anfänglich recht scheu und können erschreckt fürchterlich schreien. Einmal richtig eingewöhnt,

Bild 82. Mohrenkopf (*Poicephalus senegalus*). Aufnahme H. Jesse

Bild 83. Rüppels Blausteißpapagei (*Poicephalus rüppelii*), Paar. Aufnahme W. de Grahl

werden sie jedoch zutraulich und lassen dann einen feinen, piependen Laut hören. Manche Vögel lernen auch einige Worte sprechen. Hat man das Glück, einen ganz jungen Mohrenkopf zu erhalten, so kann dieser sehr zahm und äußerst drollig werden.

Neben dem für größere Papageien normalen Körnerfutter sollten Mohrenköpfe immer viel Früchte und Grünfutter erhalten. Feigen und Datteln sind besondere Leckerbissen, und auch ganze Hirsekolben werden gerne genommen. Regelmäßig sollte man ihnen auch frische Zweige zum Benagen geben. Lange Zeit stand der Mohrenkopf in dem Ruf, in Gefangenschaft nicht züchtbar zu sein. Während der letzten Jahrzehnte haben sich jedoch die Berichte über gelungene Zuchten gehäuft. Eizahl bis zu 4, Brutdauer 22 Tage (es liegen aber auch Berichte vor, in denen von längerer Brutdauer die Rede ist), Nestlingszeit 2 1/2 – 3 Monate.

Goldbugpapagei (*Poicephalus meyeri*). Vorkommen: In großen Gebieten Zentral- und Ostafrikas. Länge 21 cm. Männchen und Weibchen gleich gefärbt. Kopf, Rückengefieder, Schwingen und Schwanzfedern braungrau mit einem leicht grünlichen Anflug. Scheitel, Flügelbug, Unterflügeldecken und Schenkel leuchtend gelb. Unterseite grün, Bürzel blaugrün. Schnabel dunkelgrau, Augeniris rotbraun, Beine schwarzgrau. Insgesamt 6 Unterarten, zwischen denen zahlreiche Übergänge vorkommen. In ihrem Benehmen erinnern Goldbugpapageien stark an Mohrenköpfe, und jungimportierte Vögel können sehr zahm werden. Im Handel nur selten angeboten. Wie der Mohrenkopf zu halten und zu füttern. Nach einem Zuchtbericht von GREENWAY (1967) wurden 3 Eier gelegt, aus denen nach ca. 30 Tagen die Jungen schlüpften.

Rüppels Blausteißpapagei, Rüppels Langflügelpapagei (*Poicephalus rueppelii*). Vorkommen: Südliches Angola und nördliches Namibia. Länge 22 cm. Grundfärbung dunkelbraun mit silbergrauem Anflug. Flügel, Bug und Schenkel gelb. Beim Weibchen ist das Bürzelgefieder kobaltblau. Schnabel schwarzgrau, Augeniris orangefarben, Beine braungrau. Wie die vorige Art ist Rüppels Blausteißpapagei erst während der letzten Jahre häufiger importiert worden. Zuchterfolge sind bisher noch nicht bekannt, dürften aber wahrscheinlich nicht lange auf sich warten lassen. Diese Art ist bereits erfolgeich mit dem Goldbugpapagei gekreuzt worden. (WOOLDRIGE 1969). Als Stubenvögel sind Rüppels Blausteißpapageien äußerst liebenswürdige Gesellen, die wie Mohrenköpfe zu halten und zu versorgen sind.

Weitere Arten der Gattung *Poicephalus* sind bisher lediglich ganz vereinzelt importiert worden. Es gibt jedoch unter ihnen noch mehrere Arten, die sicher gute Stubenvögel wären. Hier sei besonders auf folgende Arten aufmerksam gemacht, die alle schon vereinzelt eingeführt worden sind:

Somalipapagei, Rotbauchpapagei (*Poicephalus rufiventris*). Vorkommen: Kenia. Die Männchen unterscheiden sich durch hellrotes Brustgefieder von den Weibchen. Sonst unterseits grün, Kopf, Rücken und Schwingen grau.

Poicephalus cryptoxanthus. Vorkommen: Südliches Tansania, Malawi und Mosambique. Erinnert stark an den Mohrenkopf, ist jedoch unterseits grün. Typisch für die Art ist der gelbe Unterschnabel.

Gulielmis Kongopapagei, Gulielmis Rotstirnpapagei (*Poicephalus gulielmi*). Vorkommen: Zentralafrika von der Westküste bis zum Victoria-See. Färbung dunkel olivgrün. Roter Scheitel, roter Flügelbug und rote Schenkel.

Gelbstirn-Mohrenkopfpapagei (*Poicephalus flavifrons*). Vorkommen: Äthiopisches Hochland in Höhen zwischen 1000 und 3000 m. Grün mit dunklerem Schwanz und dunkleren Schwingen. Stirn, Scheitel und Kopfseiten gelb. Die beiden letzten Arten erinnern in ihrem Aussehen etwas an Amazonenpapageien. Sie werden fast 30 cm lang und wurden schon vor dem 1. Weltkrieg eingeführt.

Amerikanische Papageien

Die bisher behandelten Arten gehörten alle dem australisch-neuguineanischen bzw. dem asiatisch-afrikanischen Verbreitungsgebiet an. Zwischen diesen beiden Verbreitungsgebieten bestehen, wie wir gesehen haben, gewisse Zusammenhänge. Amerikas Papageien stellen dagegen eine abgetrennte und in sich geschlossene Einheit dar. Entwicklungsgeschichtlich sind Amerikas Papageien mit an Sicherheit grenzender Wahrscheinlichkeit jünger als die Papageien der Alten Welt und des australisch-neuguineanischen Raumes. Papageien kommen heute nur noch in Mittel- und Südamerika vor, sie sind aber aus Nordamerika noch nicht allzu lange verschwunden. Die größte Art- und Individuenkonzentration findet man auch in Amerika im tropischen Bereich, so z. B. im östlichen Brasilien, in Guayana, Venezuela und im nordöstlichen Kolumbien. Ein zweites artenreiches Verbreitungsgebiet liegt an der Westküste im Raum von Peru und Ecuador. Doch gibt es fast in ganz Mittel- und Südamerika Papageien. Sie fehlen weder im nördlichen Mexiko noch ganz im Süden auf Feuerland. In den Gebirgsketten der Anden und Kordilleren leben sie bis in Höhen von 3600 m ü. M. Hochinteressant sind auch die Vorkommen im karibischen Raum, wo zahlreiche Inseln und Inselchen die Bildung endemischer Arten begünstigt haben.
Für den Vogelfreund gibt es unter den Papageien Mittel- und Südamerikas eine große Zahl geeigneter Arten. Es gibt große Vögel mit äußerst persönlicher Prägung wie die Aras, kleine, nur 12 – 13 cm lange Sperlingspapageien, ausgezeichnete Gesellschafter wie die Amazonen, eigentümliche und biologisch hochinteressante Arten wie Weißbauch- und Fächerpapageien und viele andere. Dagegen fehlen in Amerika Arten, die man mit den eleganten australischen Sittichen vergleichen könnte. Es gibt zwar auch in Südamerika Sittiche, die steppenähnliche Graslandschaften besiedelt haben, doch wirken diese Vögel plump, wenn man sie z. B. mit Rosellas und Grassittichen vergleicht. Auch Arten, die man mit den leuchtend bunten und verspielten Loris vergleichen könnte, fehlen unter den Papageien Amerikas.

Die Aras

Trotz ihrer sichtbaren, äußeren Ähnlichkeit gehören Arapapageien nicht in eine Gattung, sondern werden in drei Gattungen gestellt. Eine dieser Gattungen, die nur aus einer Art bestehende Gattung der Blauaras (*Cyanopsitta*) wird von manchen Autoren der Gattung *Ara* zugerechnet. In den folgenden Artbeschreibungen wird die Einteilung in Hyazintharas, Blauaras und Aras beibehalten. Unter den Aras findet man die größten Papageien überhaupt; die größte Art wird ca. 1 m lang. Doch sind nicht alle Aras so groß, die kleinste Art mißt lediglich 30 cm.
Größere Aras sind keine Vögel, die man in ei-

nem Käfig halten sollte. Sie leiden ohne Zweifel darunter, von allen Seiten mit Gittern umgeben zu sein, klettern unaufhörlich im Gitter herum, zerschleißen ihr Federkleid und sterben nicht selten nach einigen Jahren an den Folgen eines Magengeschwürs. Abgesehen davon demontieren sie auf längere Sicht fast jeden Käfig. Daß die im Käfig gezeigte Ruhelosigkeit mit der Käfighaltung in direktem Zusammenhang steht, merkt man sofort, wenn man einen Ara aus dem Käfig herausläßt und ihn auf einem Kletterbaum, Klettergestell oder sogar nur auf einem Bügel unterbringt. Der Vogel wird fast sofort viel ruhiger. Es ist daher dringend anzuraten, Aras im Heim nur freisitzend unterzubringen. Selbst wenn es dabei notwendig sein sollte, sie zeitweilig anzuketten, ist diese Haltung einer Käfighaltung vorzuziehen.

Als Einzelvögel gehalten, werden Aras fast ausnahmslos zahm. Bei großen Arten wie Gelbbrustaras, Roten Aras oder Soldatenaras darf man bei der Eingewöhnung nicht den Fehler begehen, dem Vogel gegenüber – wegen seines gewaltigen Schnabels – übertrieben vorsichtig zu sein. Merkt ein Ara erst einmal, daß man Angst vor ihm hat, dann kann er sich später durchaus als Herr im Haus aufspielen.

Aras füttert man mit Sonnenblumenkernen, Kürbiskernen, Erdnüssen und Hafer. Nach Möglichkeit sollten sie häufig halbreife Fruchtstände von Hafer und Weizen sowie Maiskolben bekommen. Früchte in jeder Form, aber auch anderes Grünzeug, wie z. B. Gurken, Kürbis, Rosenkohl, Mohrrüben, Kohlrabi, Schwarzwurzeln, Spargel, usw. wird von den meisten Aras gerne angenommen. Unbedingt berücksichtigen müssen wir ihr großes Nagebedürfnis. Gibt man ihnen keine Gelegenheit zum Nagen oder hindert sie sogar daran, kann es leicht zu Schnabeldeformationen kommen. Mindestens einmal in der Woche sollte man Aras frische Zweige geben.

Kleinere Araarten werden leider meist nicht so leicht zahm wie die größeren. Nur wenn man ein ganz junges Exemplar erhält, hat man wirklich Aussicht, einen wirklich zahmen Vogel zu bekommen. Aras sollten möglichst täglich geduscht werden. Im Freien gehaltene, größere Aras baden auch in Staub oder Sand wie Hühner. Hält man Aras paarweise in genügend großen Vogelräumen oder Volieren, so brüten sie verhältnismäßig leicht. Der Blaugelbe Ara (*Ara ararauna*) ist sogar schon einmal in einem Drahtkäfig mit den Maßen 1,5×2,5×2 m mit Erfolg vermehrt worden. Ein ausreichend großer, hohler Baumstamm oder ein solider Nistkasten mit den Maßen 0,5×0,5×1 m ist für die größeren Arten erforderlich. Aus Platzgründen werden nur wenige Vogelliebhaber Aras vermehren können, und so kamen auch die meisten bisher erzielten Nachzuchten in Zoologischen Gärten zustande. Die kleineren Araarten eignen sich aber auch für Zuchtversuche in gewöhnlichen Zimmer- oder Gartenvolieren. Während der Brutperiode gibt man aufgequollene Sämereien. Sind die Jungvögel geschlüpft, vervollständigt man das Aufzuchtfutter mit eingeweichtem Zwieback, geriebenen Mohrrüben und hartgekochtem Ei.

Aras haben ein gewaltiges Stimmvolumen. Daran sollte man denken, bevor man sich einen solchen Vogel anschafft. Zwar schreien gut eingewöhnte Aras, die sich wirklich wohlfühlen selten, aber wenn sie schreien, dann hören es auch die Nachbarn.

Hyazintharas *(Anodorhynchus)*

Hyazintharas sind große, bis 1 m lange, überwiegend dunkelblau gefärbte Vögel mit sehr großen Schnäbeln.

Großer Hyazinthara (*Anodorhynchus hyacinthicus*). Vorkommen: Südliches Brasilien, Mato Grosso. Länge 100 cm. Größter Papagei. Männchen und Weibchen gleich gefärbt. Das Weibchen ist jedoch in der Regel etwas kleiner und hat einen schwächeren Schnabel. Grundfärbung kobaltblau, Schwingen etwas dunkler als der Körper. Schwanzfedern unterseits in Grau übergehend. Nackte, gelbe Zone rund um die Augen und an der Basis des Unterschnabels. Schnabel schwarzgrau, Augeniris dunkelbraun, Beine schwarzgrau. Hyazintharas werden nur selten im Handel angeboten und sind sehr teuer. An Zoologischen Gärten ist ihre Nachzucht schon einige Male gelungen, z. B. in Poznań (Polen).

Glaucous-Ara (*Anodorhynchus glaucus*)+. Vorkommen: Paraguay und nordöstliches Argentinien. Länge 72 cm. Grundfärbung grünblau, unterseits mehr grünlich schimmernd, besonders bei auffallendem Licht. Kehle und Brust mehr graublau. Kahler, gelber Augenring und beider-

Bild 84. Großer Hyazinthara (*Anodorhynchus hyacinthinus*), Paar. Aufnahme W. de Grahl

seits des Unterschnabels je eine gelbe, federlose Zone, die größer ist als beim Großen Hyazinthara. Der Glaucous-Ara ist ebenso wie die folgende Art nach dem Washingtoner Artenschutzabkommen geschützt.

Kleiner Hyazinthara, Lears Ara (*Anodorhynchus leari*)+. Vorkommen: Nordöstliches Brasilien. Länge 75 cm. Grundfärbung kobaltblau, unterseits mehr grau. Die Schwungfedern sind matter blau. Allgemein wirkt das Blau beim Kleinen Hyazinthara nicht so intensiv wie beim Großen Hyazinthara. Mit nacktem, gelbem Augenring und ebenfalls gelber, federloser Zone beiderseits des Unterschnabels von gleicher Größe wie bei der vorigen Art. Schnabel, Augeniris und Beine sind bei allen Hyazintharas gleich gefärbt. Kleine Hyazintharas sind sehr selten und selbst an Zoologischen Gärten Raritäten. Nachzuchten sind bisher allem Anschein nach noch nicht gelungen.

Blauaras *(Cyanopsitta)*

Die Gattung *Cyanopsitta* besteht nur aus einer Art.

Spix-Blauara (*Cyanopsitta spixii*)+. Vorkommen: Äußerst selten und allem Anschein nach auf das westliche Pernambuco (Brasilien) begrenzt. Länge 56 cm. Grundfärbung blau, oberseits dunkler, unterseits heller. Schwingen und Oberseite des Schwanzes hellblau bis blaugrau. Kopf blaugrau, Zügel und Augenring federlos und dunkelgrau. Schnabel schwarz, Augeniris gelb, Beine dunkelgrau. Über den Blauara weiß man sehr wenig, selbst große Museen haben fast kein Material. Auch in Gefangenschaft ist er allem Anschein nach bisher noch nicht vermehrt worden. In Deutschland wird der Spix-Blauara im Vogelpark in Walsrode gehalten. Auch diese Art ist nach dem Washingtoner Artenschutzabkommen geschützt.

Aras *(Ara)*

Diese Gattung umfaßt 13 noch heute lebende und 2 ausgestorbene Arten. Eine dieser ausgestorbenen Arten, der Kubanische Ara (*Ara tricolor*) wurde erst gegen Mitte des vorigen Jahrhunderts ausgerottet. Die letzte verbürgte Beobachtung dieser Vögel stammt aus dem Jahre 1864. Heute sind vom Kubanischen Ara nur noch einige ausgestopfte Exemplare und ein paar Bälge an einigen großen Museen vorhanden.
Aras leben in Mittel- und Südamerika von Mexiko im Norden bis nach Paraguay im Süden und von den Anden im Westen bis zur Atlantikküste im Osten. Ihre Größe bewegt sich zwischen 30 und 90 cm. Sie sind meist auffallend gefärbt, einige Arten sind ausgesprochen bunt. Als Stubenvögel sind sie unempfindlich und leicht zu pflegen.

Gelbbrustara, Blaugelber Ara, Ararauna (*Ara ararauna*). Vorkommen: Größter Teil des nördlichen Südamerikas, vom südlichen Panama im

Norden bis nach Paraguay im Süden. In Venezuela und Guayana bis zur Atlantikküste und auch auf der Insel Trinidad. Länge 86 cm. Stirn grünlich schimmernd, Scheitel, Nacken, Rücken, Schwanzoberseite und Schwingen hellblau, die Spitzen der Schwungfedern etwas dunkler. Halsseiten, Körperunterseite und Unterseite der Schwanzfedern gelb, bei manchen Exemplaren mit leicht orangem Anflug. Steißfedern blau. Schwarzer Kehlfleck, der bogenförmig eine weiße, federlose Zone beiderseits des Unterschnabels umschließt. Zügelgegend gleichfalls weiß und nackt, mit einem Strichmuster aus feinen schwarzen Federn. Schnabel schwarz, Augeniris gelbweiß, Beine dunkelgrau. Männchen und Weibchen gleich gefärbt. Die Weibchen sind meist etwas kleiner und ihr Schnabel ist schmaler. Als Einzelvogel gehalten, werden Gelbbrustaras meist schon nach sehr kurzer Zeit zahm. Ihre Vermehrung ist schon häufiger gelungen, und sie haben sich auch erfolgreich mit Grünflügelaras gekreuzt. Eizahl 2 – 3, in seltenen Fällen auch 4. Brutzeit 21 – 25 Tage, Nestlingszeit 80 – 85 Tage. Das Sprachtalent von Gelbbrustaras ist nicht sonderlich groß, doch lernen einzeln gehaltene Vögel meist einige Worte nachzusprechen.

Caninde-Ara (*Ara caninde*). Eine der seltensten Papageienarten. Wurde als Unterart des Gelbbrustaras und zeitweise auch als Jugendform dieser Art angesehen. Heute betrachtet man ihn als selbständige und äußerst seltene Art. Vorkommen: Paraguay und südöstliches Bolivien. Länge 85 cm. Gleicht in seinen Grundfarben dem Gelbbrustara, doch sind Vorderhals und Kehle hellblau, die Strichelfedern auf den nackten Wangen sind nicht schwarz, sondern hellblau. In Deutschland am Vogelpark Walsrode gehalten.

Kleiner Soldatenara (*Ara militaris*). Vorkommen: In vier geographisch weit auseinanderliegenden Gebieten. Eines im Norden Mexikos, ein zweites in Kolumbien, zwei kleinere Gebiete im Grenzgebiet zwischen Peru und Bolivien und im Nordwesten Argentiniens. In Mexiko lebt diese

Bild 85. Gelbbrustara (*Ara ararauna*). Aufnahme H. Bielfeld

Art in Höhen bis zu 2500 m. Länge 70 cm. Grundfärbung überwiegend olivgrün. Stirn rot, Flügel, Bug und Schwungfedern blau. Kehlgefieder braungrün, Steißfedern blau. Schwanzfedern rotbraun mit blauen Spitzen. Wangen und Augenumgebung nackt, im unteren Teil mit schwarzen, beiderseits des Auges mit roten Strichelfedern. Diese Strichelfedern bilden auf der nackten Haut ein Streifenmuster. Schnabel schwarzgrau, Augeniris weißgelb, Beine dunkelgrau. Neben der Nominatform kommen noch zwei weitere Unterarten vor, die aber äußerst ähnlich aussehen. Männchen und Weibchen sind gleich gefärbt. Nachzuchten sind bisher allem Anschein nach noch nicht gelungen, doch ist eine Kreuzungszucht mit dem Hellroten Ara gemeldet worden. Als Einzelvogel werden Soldatenaras schnell zahm, doch können sie erschreckt einen fürchterlichen Lärm machen. Im Handel verhältnismäßig selten und dementsprechend teuer. Der Kleine Soldatenara wird oft mit der folgenden Art verwechselt.

Bild 86. Großer Soldatenara (*Ara ambigua*). Aufnahme W. de Grahl

Großer Soldatenara, Buffons Ara, Rotstirnara (*Ara ambigua*). Vorkommen: Von Nicaragua über Costa Rica und Panama bis in das westliche Kolumbien. Die Unterart *A. ambigua guayaquilensis* lebt im westlichen Ecuador. Die beiden Verbreitungsgebiete sind also voneinander getrennt. Der Große Soldatenara lebt sowohl im Tiefland als auch im Gebirge, wo man ihn in Höhen bis zu 3500 m angetroffen hat. Über sein Leben in Freiheit ist wenig bekannt. Obwohl man Große Soldatenaras schon Anfang des vorigen Jahrhunderts nach Europa mitbrachte, sind sie auch in Tiergärten immer selten geblieben. Als Einzelvögel werden sie sehr zahm. Länge 85 cm. Grundfärbung etwas heller, gleicht sonst aber dem Kleinen Soldatenara. Unter den Aras findet man bei dieser Art die besten Sprecher. Nachzuchten sind nicht bekannt geworden.

Hellroter Ara, Arakanga, Gelbflügelara (*Ara macao*). Vorkommen: Südliches Mexiko, Guatemala, Honduras, Nicaragua sowie das nördliche Südamerika westlich der Anden bis zum Atlantik mit dem Mato Grosso als südlichste Ausbrei-

Bild 87. Hellroter Ara (*Ara macao*). Aufnahme H. Pinter

tungsgrenze. Fehlt in Panama und auf der Insel Trinidad. Länge 85 cm. Prächtig gefärbt und einer der schönsten Aras. Stirn und Scheitel, Hals, Rücken, Brust und Bauch sind scharlachrot. Schwingen, große Handdecken, untere Schwanzdecken und Bürzel hellblau. Obere Schulterdeckfedern leuchtend gelb. Schwanzfedern scharlachrot und die äußersten Federn mit blauer Außenfahne, Oberschnabel hell-hornfarben mit dunkler Spitze und Unterkante an der Basis. Unterschnabel schwarz. Augeniris gelb, Beine dunkelgrau. Hellrote Aras besitzen vollständig nackte Wangen ohne irgendwelche Strichelfedern, Farbe der Wangenhaut weiß. Trotz der Größe seines Verbreitungsgebietes sind kaum Abweichungen in der Farbe usw. bekannt. Unterarten sind nicht beschrieben.

Beide Geschlechter sind gleich gefärbt. Unterschiede sind, falls überhaupt vorhanden, unbedeutend. Die Unterscheidung der Geschlechter beim Hellroten Ara ist daher schwierig. Als Hausgenosse ist diese Art bei Einzelhaltung wahrscheinlich die allerliebenswürdigste unter den großen Ara-Arten. Einzeln gehaltene Vögel werden sehr zahm und lernen meist auch einige Worte sprechen. Fühlen sie sich wohl, so schreien sie kaum, wie überhaupt das Bestreben, die eigene Lautstärke zu prüfen, bei dieser Art wenig ausgeprägt ist. Abgesehen von der Schwierigkeit, wirkliche Zuchtpaare zusammenstellen zu können, sind die Aussichten, daß es zu einer Brut kommt, bei dieser Art gut. Ihre Vermehrung ist schon häufiger gelungen, sowohl an Zoologischen Gärten als auch bei Liebhabern. Eizahl 2 – 3, Brutzeit 25 Tage, Nestlingszeit 90 Tage. Mischlinge zwischen dieser Art und dem Gelbbrustara, dem Grünflügelara und dem Kleinen Soldatenara sind bereits vorgekommen. Solche Kreuzungen kommen meist unbeabsichtigt zustande, wenn an Zoologischen Gärten Aras verschiedene Arten zusammen gehalten werden.

Bild 88. Grünflügelara (*Ara cloroptera*). Aufnahme Th. Brosset

Grünflügelara, Dunkelroter Ara (*Ara chloroptera*). Vorkommen: Sein Verbreitungsgebiet deckt den größten Teil des nördlichen Südamerikas von Panama im Norden bis zum nördlichen Argentinien im Süden, fehlt jedoch westlich der Anden. Länge 90 cm. Diese Art wurde erst 1859 beschrieben, sie war aber schon seit der Entdekkung Amerikas in Europa bekannt und der Schweizer Naturforscher KONRAD GESSNER erwähnt sie bereits 1557. Grundfärbung überwiegend dunkelrot. Auf den Schwingen sind die kleinen Deckfedern karminrot, die mittleren Deckfedern grün und die Schwungfedern blau. Die beiden mittleren Schwanzfedern sind rot mit blauen Spitzen, die daran anschließenden Federn sind blau und haben in ihrem oberen Teil rote Außenfahnen. Auf den kahlen Wangenflekken bilden feine, rote Strichelfedern ein Streifenmuster. Oberschnabel hell-hornfarben mit dunkler Kante gegenüber dem Unterschnabel. Unterschnabel schwarzgrau bis schwarz, Augeniris gelb, Beine dunkelgrau. Männchen und Weibchen sind gleich gefärbt; die Weibchen sind jedoch meist etwas kleiner mit mehr gerundetem Kopf und etwas schwächerem Schnabel. Die Geschlechtsbestimmung ist beim Grünflügelara in der Regel einfacher als bei der vorigen Art. Als Einzelvogel gehalten, können auch Grünflügelaras sehr liebenswürdig sein, wenn man einen jungen Vogel erhalten kann. Ältere Tiere gewöhnen sich nicht so leicht ein wie Gelbbrustaras oder gar Hellrote Aras. Das ist selbstverständlich nur eine ganz allgemeine Regel, denn Papageien sind im allgemeinen und Aras im besonderen Individualisten. Nach meinen Erfahrungen gibt es jedoch unter Grünflügelaras mehr „griesgrämige“ Exemplare als unter den beiden anderen häufig gehaltenen großen Araarten. Auch an Lautstärke übertrifft der Grünflügelara die meisten anderen Aras. Genau wie bei Amazonenpapageien kommen auch Grünflügelaras in den Handel, die aufgepäppelt worden sind. Solche Vögel können entzückende Hausgenossen sein. Die Zucht der Grünflügelaras ist in Volieren schon häufiger gelungen, und sie sind auch schon mit anderen Arten gekreuzt worden, besonders mit dem Gelbbrustara. Eizahl, Brutdauer usw. stimmen mit der vorigen Art überein.

Rotohrara (*Ara rubrogenys*). Vorkommen: Nur innerhalb eines begrenzten Gebietes in Bolivien (in den Provinzen Cochabamba und Santa Cruz). Nur selten importiert und teuer. Länge 60 cm. Grundfärbung olivgrün. Stirn und Scheitel sowie der Ohrenfleck zwischen Auge und Nacken leuchtend rot. Flügelbug rot bis orangefarben, Schwungfedern blaugrün. Schwanz oberseits olivgrün, unterseits mehr gelblich. Um das Auge herum eine nackte, federlose Zone, umgeben von einem Muster aus dünnen, schwarzen Strichelfedern. Schnabel schwarzgrau, Augeniris orangefarben, Beine dunkelgrau. Selbst an Zoologischen Gärten ist diese Art eine Rarität.

Goldnackenara, Gelbnackenara (*Ara auricollis*). Vorkommen: Südöstliches Brasilien, Bolivien

Bild 89. Goldnackenara (*Ara auricollis*). Aufnahme H. Pinter

und Paraguay. Länge 38 cm. Stirn schwarzbraun, Scheitel dunkelgrün, im Nacken mit einem leuchtend goldgelben Fleck. Färbung im übrigen hauptsächlich grün. Äußere Deckfedern der Schwingen und Schwungfedern blau. Schwanz oberseits braunrot, mit blauen Federspitzen, unterseits gelblichbraun. Goldnackenaras wurden bisher nur selten importiert, doch dürfte sich dieser kleine Ara gut für eine Haltung in Volieren eignen. Seine Nachzucht ist bereits gelungen.

Zwergara, Rotbugara (*Ara severa*). Vorkommen: Die Nominatform *A. severa severa* bewohnt große Gebiete des nordöstlichen Südamerikas von der Provinz Bahia (Brasilien) im Süden über den unteren Teil des Amazonas-Stromgebietes bis zum Stromgebiet des Orinoco. Nördlich daran schließt sich das Verbreitungsgebiet der Unterart *A. severa castaneifrons* an, das sich bis nach Panama erstreckt. Die Unterschiede zwischen den Unterarten sind gering, und die meisten importierten Vögel gehören der Nominatform an. Länge 46 cm. Grundfärbung grün, oberseits dunkler olivfarben, unterseits heller grün. Stirn und ein schmaler Streifen unterhalb der nackten Wangen dunkelbraun, Flügelbug rot. Die vorderen der mittleren Schwingendekken und die Schwungfedern sind blau. Schwanzfedern rotbraun, die äußersten Schwanzfedern oberseits grün mit blauen Spitzen. Wangen nackt, mit einem Muster feiner, schwarzer Strichelfedern. Augeniris rötlich gelb, Schnabel schwarz, Beine schwarzgrau.
Von den kleineren Ara-Arten ist der Zwergara die am häufigsten von Liebhabern gehaltene Art. Einzelvögel sind jedoch sehr lebhaft und ständig aktiv, was man bedenken sollte, wenn man sich einen Einzelvogel anschafft. Einzeln gehalten werden Zwergaras sehr zahm; sie fordern aber auch viel Aufmerksamkeit und Zeit. Ihre Nachzucht ist in Volieren schon häufig gelungen. Nistkästen sollten bei Zuchtversuchen immer ein Bodenlager aus feuchtigkeitsbewahrendem Material wie Torf, Moos oder halbvermulmtes Holz enthalten. Eizahl 2 – 3, Brutzeit 28 Tage. Das Weibchen brütet alleine und wird vom Männchen gefüttert, doch sucht das Männchen oft während der Nacht den Nistkasten auf. Als Aufzuchtfutter gibt man eingeweichten Zwieback, gekochten Reis vermischt mit geriebenen Mohrrüben und hartgekochtes Ei. Männchen und Weibchen sind sehr ähnlich gefärbt. Das Weibchen hat jedoch ein weniger markant gefärbtes Stirnband, ist außerdem in der Regel etwas kleiner, und sein Schnabel ist schmaler.

Bild 90. Zwergara (*Ara severa*). Aufnahme H. Bielfeld

Rotbauchara (*Ara manilata*). Vorkommen: Bewohnt den Nordosten Südamerikas zwischen Venezuela und dem Amazonas-Stromgebiet und von der Atlantikküste bis zum Mato Grosso und dem östlichen Peru. Auch auf der Insel Trinidad. Länge 50 cm. Grundfärbung grün, oberseits dunkler und mehr olivfarben, unterseits heller. Auf der Bauchmitte mit großem, braunrotem Fleck. Deckfedern der Schwingen zum Flügelbug hin und Schwungfedern blau. Schwanzfedern olivgrün, unterseits mehr gelblich. Nackte Wangen leicht gelblich. Schnabel schwarz, Augeniris dunkelbraun, Beine dunkelgrau. Nur selten importiert und bisher allem Anschein nach noch nicht in Europa nachgezüchtet.

Rotrückenara, Marakana (*Ara maracana*). Vorkommen: Südöstliches Brasilien, Paraguay und nordöstliches Argentinien. Länge 43 cm. Stirn rot, Scheitel blau, Halsseiten bläulich angehaucht. Brust und Oberbauchhälfte grasgrün, auf der unteren Bauchhälfte mit rotem Feld, das daran anschließende Bürzelgefieder grasgrün. Oberseite olivgrün, Unterrücken rot. Schwingen grün, Deckfedern zum Flügelbug hin und Schwungfedern mehr oder weniger bläulich. Die nackten Wangen sind gelblich mit feinem Streifenmuster aus feinen, gelben Strichelfedern. Unterschiede zwischen Männchen und Weibchen geringfügig. Das Rot der Stirn ist jedoch beim Weibchen in der Regel etwas matter, und der Schnabel ist schmaler. Von den kleineren Arten einer der schönsten Aras. Als Einzelvogel wird der Rotrückenara sehr zahm, ist jedoch genau wie der Zwergara äußerst lebhaft. Rotrückenaras sind schon wiederholt nachgezüchtet worden. Der Nistkasten für diese Art sollte möglichst groß sein, und seine Bodenfläche sollte 35×35 cm nicht unterschreiten. In der Regel werden nur 2 Eier gelegt. Brutdauer 24 Tage, Nestlingszeit 7 Wochen. Aufzuchtfutter wie beim Zwergara.

Blaukopfara (*Ara couloni*). Vorkommen: Östliches Peru. Länge 41 cm. Kopf blau, um das Auge herum eine nackte, ebenfalls blaue Zone. Grundfärbung grün, äußere Flügeldeckfedern und Schwungfedern blau. Schwanz oberseits rotbraun, unterseits gelb. Schwanzfedern mit blauen Spitzen. Schnabel an der Basis dunkel, vorderer Teil des Oberschnabels und die Spitze des Unterschnabels hell-hornfarben. Seltene Art, die kaum importiert wird.

Blaustirniger Zwergara, Rotschulterara, Hahns Zwergara (*Ara nobilis*). Vorkommen: Vom östlichen Venezuela und Guayana bis zum Amazonenstrom (Nominatform). Die Unterart *A. nobilis cumanesis* lebt in Brasilien südlich des Amazonas; sie ist etwas größer als die Nominatform. Die Unterart *A. nobilis longipennis* lebt im Mato Grosso. Diese beiden Unterarten unterscheiden sich nur geringfügig, doch lassen sie sich aufgrund ihrer Schnabelfarbe sicher von der Nominatform unterscheiden. Während die Nominatform einen schwarzgrauen Schnabel hat, ist bei den beiden anderen Unterarten der Oberschnabel hell-hornfarben und der Unterschnabel grau. Länge: *A. n. nobilis* 30 cm, *A. n. cumanensis* und *A. n. longipennis* 34 cm. Die meisten importierten Vögel gehören der Nominatform an. Grundfärbung grün, unterseits mehr ins Gelbliche übergehend. Stirn blau, bei manchen Exemplaren ist die blaue Stirnfärbung aber nur angedeutet oder kann gänzlich fehlen. Außenfahnen der Flügelfedern blau. Flügelbug und Unterflügeldecken scharlachrot, im unteren Teil gelb. Schwanzfedern oberseits olivgrün, unterseits gelb. Die nackte Zone um das Auge herum ist rein weiß und ohne Strichelfedern. Augeniris braunorange, Beine dunkelgrau. Diese Art wurde während der 70er Jahre des vorigen Jahrhunderts zum ersten Mal eingeführt, jedoch erst 1951 zum ersten Mal in Gefangenschaft vermehrt. Seitdem ist jedoch ihre Nachzucht schon mehrere Male gelungen. Eizahl 2 – 3, Brutzeit 24 Tage, Nestlingszeit 6 – 7 Wochen. Neuimportierte Vögel können recht empfindlich sein und sollten während des ersten Jahres nach ihrer Ankunft in Europa nicht in Außenvolieren gehalten werden. Richtig eingewöhnt sind sie jedoch später recht unempfindlich.

Keilschwanzsittiche *(Aratinga)*

Keilschwanzsittiche sind mittelgroße, langschwänzige Papageien, die an Aras erinnern. Typisch für sie sind der keilförmige Schwanz, der verhältnismäßig kräftige Schnabel und ein federloser Ring um das Auge. Mit ihren langen und spitzen Flügeln sind sie gute und schnelle Flieger. Keilschwanzsittiche findet man vom nördlichen Mexiko bis zum nördlichen Argentinien. Einige Arten leben auch westlich der Anden, und *Aratinga wagleri* und *Aratinga mitrata* wurden an den Hängen der Anden noch bis in Höhen von 3400 m beobachtet. Auch im karibischen Raum fehlen Keilschwanzsittiche nicht. Endemische Arten dieser Sittiche gibt es auf Kuba und Haiti, und der Aztekensittich *Aratinga nana* kommt sowohl auf dem mittelamerikanischen Festland als auch auf Jamaika vor. Die Gattung *Aratinga* umfaßt 19 Arten, von denen viele in eine große Zahl von Unterarten unterteilt sind. Nicht alle Keilschwanzsittiche sind jedoch für den Vogelliebhaber wichtig, und manche von ihnen sind nur ganz selten importiert worden oder überhaupt noch nicht nach

Bild 91. Blauscheitelsittich (*Aratinga acuticaudata*). Aufnahme W. de Grahl

Europa gekommen. Am besten hält man Keilschwanzsittiche in Volieren, die aber sehr solide gebaut sein müssen, da die Vögel große Materialzerstörer sind. Keilschwanzsittiche lassen sich aber auch in geräumigen Drahtkäfigen halten, etliche Arten haben sogar schon in solchen Drahtkäfigen gebrütet. Die meisten Keilschwanzsittiche sind sehr anspruchslos. Man füttert sie mit einem Futtergemisch aus Hirse, Kanariensamen, Hafer, ungeschältem Reis und Sonnenblumenkernen. Außerdem sollten sie täglich Grünfutter bzw. Obst erhalten. Baumknospen und frische Zweige zum Schälen sind immer willkommen. Früher wurden Keilschwanzsittiche weitaus häufiger eingeführt als heute. Manche Arten werden als Einzelvögel recht zahm und anhänglich, doch kann ihr lautes Schreien sehr stören.

Blauscheitelsittich (*Aratinga acuticaudata*). Vorkommen: In 3 Unterarten vom nördlichen Venezuela bis nach Paraguay. Länge 37 cm Kopfgefieder blau. Grundfärbung sonst grün, unterseits heller. Schwingen olivgrün, unterseits mehr braungrün. Schwanzfedern oberseits olivgrün, unterseits bronzefarben. Nackter Augenring gelbweiß, Augeniris gelb. Oberschnabel hellbraun-hornfarben, Unterschnabel schwarzgrau, Beine rosa. Nur selten eingeführt.

Grüner Keilschwanzsittich (*Aratinga holochlora*). Vorkommen: Mexiko bis Nicaragua. 5 Unterarten, von denen sich aber nur *A. holochlora rubritorquis* durch ihr rotes Kehlgefieder leicht von den übrigen unterscheiden läßt. Länge 32 cm. Grundfärbung grün, unterseits matter und mehr gelblich. Schwingenunterseite und Schwanz unterseits braungelblich. Der nackte Augenring ist leicht bräunlich getönt. Augeniris braun, Schnabel hell-hornfarben, Beine rotbraun. Die Unterart *A. h. rubritorquis* hat rote Federn an der Kehle und der Oberbrust. Sowohl die Nominatform als auch *A. h. rubritorquis* sind schon in Europa vermehrt worden.

Finschsittich (*Aratinga finschi*). Vorkommen: Nicaragua und Panama. Ihr Verbreitungsgebiet schließt sich an das der vorigen Art an. Länge 28 cm. Ähnelt der vorigen Art, hat jedoch eine rote Stirn und einen roten Scheitel sowie einen roten Flügelbug. Nur selten eingeführt.

Goldsittich (*Aratinga guarouba*) +. Vorkommen: Nordosten Brasiliens, südlich des Amazonas. Sehr selten und nach dem Washingtoner Artenschutzabkommen geschützt. Grundfärbung rein goldgelb. Mittlere Schwingendeckfedern und Schwungfedern dunkelgrün. Schnabel sehr kräftig, hell-hornfarben. Nackte Augenzone weiß, Augeniris gelb, Beine rosa. In Gefangenschaft bereits nachgezüchtet worden. Eizahl 2 – 3, Brutzeit 28 – 30 Tage, Nestlingszeit 60 – 65 Tage.

Rotstirnsittich (*Aratinga wagleri*) und **Rotkopfconure** (*Aratinga mitrata*) sind zwei Arten, die sich nicht nur äußerlich ähnlich sind, sondern auch in ihren Lebensgewohnheiten übereinstimmen. *A. wagleri* hat 4, *A. mitrata* 2 Unterarten. Die Unterarten unterscheiden sich hauptsächlich durch mehr oder weniger ausgeprägte rote Abzeichen. Grundfarbe dunkelgrün. Auf Stirn, Scheitel, Hals und Brust je nach Unterart mehr oder weniger umfangreiche rote Flecke. Bei *A. mitrata* ist auch die Umgebung des Auges mit Ausnahme des nackten Augenringes rot. Die Beine sind bei *A. mitrata* mehr braunrot. Augeniris beider Arten gelborange, Schnabel hellhornfarben. Beide Arten sind teilweise Gebirgsvögel, die auch noch in Höhenlagen von über 3000 m beobachtet worden sind. Früher recht selten, doch ist während der letzten Jahre besonders *Aratinga wagleri frontana* aus dem westlichen Peru häufiger importiert worden. Länge beider Arten 26 – 28 cm.

Elfenbeinsittich, Orangestirnsittich, Petz-Sittich (*Aratinga canicularis*). Vorkommen: Westküste Mittelamerikas von Mexiko bis Costa Rica. Länge 24 cm. Grundfärbung olivgrün, unterseits heller. Schwanz oberseits dunkel olivgrün, unterseits heller grün. Schwungfedern dunkelgrün bis fast schwarz. Nackter Augenring gelblichorange, Augeniris braun, Beine dunkelgrau, Schnabel hell-hornfarben. Schöne und anspruchslose Art, die leider nur selten importiert wird. Bereits nachgezüchtet; Brutgewohnheiten wie beim Goldstirnsittich (*Aratinga aurea*), beschrieben auf Seite 160.

Rotkopfsittich, Guajaquilsittich (*Aratinga erythrogenys*). Vorkommen: Peru, Ecuador. Länge 33 cm. Männchen und Weibchen gleich gefärbt, Stirn, Scheitel und Kopfseiten bis hinter das Auge rot. Übriges Gefieder grün. Nackter Augenring weiß, Augeniris gelb. Schnabel hellhornfarben, Beine grau. Als Einzelvögel gehaltene Rotkopfsittiche können sehr liebenswürdig sein, lernen einzelne Worte nachzuplappern und Signale zu pfeifen und schließen sich eng an den Pfleger an. Störend ist nur, daß sie mitunter alle „Kinderstube“ vergessen und wie richtige Keilschwanzsittiche schreien. Hält man sie im Käfig, sollte man sie täglich frei fliegen lassen, da sie ein starkes Bewegungsbedürfnis haben. Eine verbürgte Nachzucht gelang 1977 im Zoologischen Garten Riga (UdSSR).

Pavuasittich, Weißaugensittich (*Aratinga leucophthalmus*). Vorkommen: In großen Gebieten des nördlichen und mittleren Südamerikas, fehlt westlich der Anden. Länge 32 cm. Grundfär-

Bild 92. Goldsittich (*Aratinga guarouba*). Aufnahme W. de Grahl

bung grün, unterseits deutlich heller. Kleine unregelmäßige rote Flecken am Kopf und im Nakken. Obere Deckfedern der Schwingeninnenseite leuchtend rot, mittlere Deckfedern intensiv gelb. Nur selten importiert, jedoch während der letzten Jahre häufiger eingeführt.

Haitisittich (*Aratinga chloroptera*) und **Kubasittich** (*Aratinga euops*) sind endemische Arten von Haiti bzw. Kuba. Im Aussehen ähneln sie der vorigen Art. Länge von *A. chloroptera* 32 cm, von *A. euops* 26 cm. In den Handel kommen diese Arten kaum. Von *A. euops* sind jedoch eine Anzahl Vögel von Kuba an osteuropäische Tierparks abgegeben worden, und in der DDR wurde *A. euops* mit Erfolg nachgezogen.

Aratinga nana. Vorkommen: Küstenzone Mittelamerikas zum Karibischen Meer und Jamaica. Unscheinbare Vögel, die nur selten importiert werden. Länge 26 cm. Grundfärbung grün, Brust und Bauch graubraun. Äußere Schwungfedern blau. Nackter, weißer Augenring, Augeniris orange, Schnabel grau, Beine grau. Unterarten, Nominatform auf Jamaica.

Jendayasittich (*Aratinga jendaya*). Vorkommen: Östliches Brasilien. Länge 30 cm. Kopf und Hals leuchtend goldgelb. Stirn, eine Zone um das Auge und Kehle orangefarben. Flügeldekken grün, mittlere Schwingendeckfedern und Schwungfederspitzen blau. Schwanzfedern oberseits bläulich, zur Basis hin blaugrün, unterseits grau. Schnabel schwarzgrau, Augeniris graubraun, Beine grau. Der Jendayasittich ist gut für die Volierenhaltung geeignet. Seine Zucht ist nicht schwer und schon oft gelungen. Schwierig ist nur die Zusammenstellung des Zuchtpaares, da die Geschlechter vollständig gleich gefärbt sind. Das Weibchen ist jedoch in der Regel etwas kleiner. Eizahl 4, Brutdauer 30 Tage, Nestlingszeit 50 – 55 Tage. Die Eier werden nicht selten in größeren zeitlichen Abständen gelegt, was große Unterschiede bei der Entwicklung der Jungvögel zur Folge hat. Beide Partner brüten, das Männchen aber immer nur während kürzerer Perioden. Während der Brutzeit sehr agressiv. Außerhalb der Brutzeit sind Jendayasittiche friedlich

Bild 93. Jendayasittich (*Aratinga jandaya*). Aufnahme Th. Brosset

Bild 94. Goldstirnsittich (*Aratinga aurea*). Aufnahme H. Reinhard

und können mit Artgenossen wie auch mit anderen, gleichgroßen Sittichen zusammen gehalten werden. Für die Einzelhaltung nicht geeignet, es sei denn, man bekommt einen gerade ausgeflogenen Jungvogel.

Goldstirnsittich (*Aratinga aurea*). Vorkommen: Amazonas-Stromgebiet, östliches Bolivien und nördliches Paraguay. Zwei verschieden große Unterarten. Länge bei *A. aurea aurea* 26 cm, bei *A. aurea major* 30 cm. Ähnelt der vorigen Art, die goldene Stirnzeichnung ist jedoch ausgedehnter und erstreckt sich auch auf den Scheitel. Augenzone stärker orangefarben als bei der vorigen Art. Als Einzelvogel gehalten, können Goldstirnsittiche zahm und zutraulich werden. Sie lernen meist auch einzelne Worte nachzusprechen und einfache Melodien zu pfeifen. Die Art hat sowohl in Volieren als auch in größeren Käfigen schon mit Erfolg gebrütet. Männchen und Weibchen sind gleich gefärbt, deshalb ist eine Geschlechtsunterscheidung schwierig. Der

Bild 95. Goldscheitelsittich (*Aratinga auricapilla*). Aufnahme H. Reinhard

Schnabel des Weibchens ist jedoch meist etwas schwächer, und seine Farben sind etwas matter. Nistkasten mit mindestens 25 × 25 cm Bodenfläche. Eizahl 2 – 3, Brutzeit 26 Tage, Nestlingszeit 50 Tage. Sowohl das Weibchen als auch das Männchen brüten und lösen sich beim Brutgeschäft ab. Goldstirnsittiche sind ziemlich klimahart und können in Außenvolieren mit frostfreiem Schutzhaus überwintern. Mit etwa gleich großen anderen Sittichen lassen sie sich gut vergesellschaften. Kleineren Arten gegenüber sind sie jedoch sehr unverträglich. Während der Brutzeit gibt man als Zusatzfutter gekochten Reis und hartgekochtes Ei.

Goldscheitelsittich (*Aratinga auricapilla*). Vorkommen: Südöstliches Brasilien. Zwei farblich nur geringfügig verschiedene Unterarten. Länge 30 cm. Einer der schönsten Keilschwanzsittiche. Grundfärbung dunkelgrün. Stirn und Scheitel sowie ein schmaler Rand rund um den nackten Augenring rot. Grundfärbung im übrigen dunkelgrün. Bei der Nominatform sind Kehle und obere Brust rot, bei *A. auricapilla aurifrons* sind Kehle und Oberbrust tiefgrün und der Bauch scharlachrot. Bei der Nominatform sind untere Brust und Bauch hellgrün. Unterschwingendekken orangefarben. Schwanz oberseits olivgrün mit weißblauen Spitzen, unterseits grau. Augeniris braun, Schnabel schwarzgrau, Beine grau. Am Vogelpark Walsrode ist diese Art bereits nachgezüchtet worden.

Sonnensittich (*Aratinga solstitialis*). Vorkommen: Im Nordosten Brasiliens und am Unterlauf des Amazonas. Länge 30 cm. Mit Ausnahme der mittleren Schwingendeckfedern hellgrün, Schwungfedern dunkelgrün. Schwanzfedern oberseits olivgrün mit hellblauen Spitzen, unterseits grau. Schnabel grau, Augeniris dunkelbraun, Beine grau. Sonnensittich und Jendayasittich sind sich sowohl in ihrer Erscheinung als auch in ihrem Benehmen äußerst ähnlich, weshalb der Jendayasittich von manchen Autoren als eine Unterart des Sonnensittichs angesehen wird. Männchen und Weibchen gleich gefärbt. Die Zucht ist einfach und sogar schon in größeren Drahtkäfigen gelungen. Eizahl 4 – 6, Brutdauer 28 Tage, Nestlingszeit 55 Tage. Jungvögel sind matter und mehr grün gefärbt; sie färben erst nach 7 – 9 Monaten um. Wie der Jendayasittich kaum für die Einzelhaltung geeignet.

Bild 96. Sonnensittich (*Aratinga solstitialis*), Paar. Aufnahme W. de Grahl

St. Thomas-Sittich (*Aratinga pertinax*). Die Nominatform wurde bereits von LINNÉ beschrieben und kommt lediglich auf der Insel Curaçao und in einer durch Aussetzung entstandenen Population auf St. Thomas vor. Den Nomenklaturregeln entsprechend ist diese Unterart die Nominatform, obwohl das Verbreitungszentrum der Art sicher auf dem Festland liegt. 13 weitere Unterarten sind beschrieben, von denen neben dem St. Thomas-Sittich noch der Braunwangensittich (*Aratinga pertinax aeruginosa*) aus Guayana und Venezuela für den Vogelliebhaber von Bedeutung ist.
Länge beider Unterarten 25 cm. Beim St. Thomas-Sittich sind beim Männchen Stirn, Wangen und Kehle rotgelb, Oberseite grün, Unterseite ins Gelbliche übergehend. Schwingen mit blauen Handschwingendeckfedern. Schwanz grün, Schnabel schwarz, Augeniris gelbbraun. Beine braungrau. Das Weibchen ist kleiner und blasser gefärbt.
Beim Braunwangensittich sind Stirn, Wangen und Kehle braun, im übrigen wie der St. Thomas-Sittich gefärbt. Auch bei ihm ist das Weibchen matter gefärbt. Wilde St. Thomas-Sittiche brüten in der Regel in Höhlen, die sie selbst in Bauten der Baumameisen graben. Diese Ameisenbauten ähneln in ihrem Aussehen und ihrer Struktur Termitenbauten.

Kaktussittich (*Aratinga cactorum*). Vorkommen: Nordöstliches Brasilien. Typischer Bewohner von teilweise mit Kakteen bewachsenem, trockenem Buschgelände. Stirn braungrau, Scheitel blaugrau, sonst oberseits dunkelgrün. Kehle graubraun, Brust und Bauch orangegelb. Nackter Augenring weiß, Augeniris orangefarben, Schnabel hell-hornfarben, Beine graubraun. Das Weibchen ist matter gefärbt. Von allen *Aratinga*-Arten ist der Kaktussittich wohl am besten für die Einzelhaltung geeignet. Kaktussittiche werden schnell zahm und zutraulich und sind nicht so laut wie die meisten ihrer Verwandten. Neben dem üblichen Körnerfutter fressen sie gerne etwas härtere Früchte wie Äpfel und Birnen. Kaktussittiche sind nicht klimahart und müssen warm überwintert werden. Die Zucht von Kaktussittichen ist schon öfters gelungen. In der Natur graben diese Vögel ihre Nisthöhlen selber in geeignete Kakteen, doch nehmen sie ohne Schwierigkeit auch gewöhnliche Nistkästen an.

Eizahl 3 – 5, Brutzeit 26 Tage, Nestlingszeit 55 Tage.

Außer den hier aufgeführten *Aratinga*-Arten sind ganz vereinzelt noch Exemplare anderer Arten importiert worden. Die Systematik der Keilschwanzsittiche ist jedoch äußerst problematisch, und die Existenz vieler Unterarten ist nach modernen systematischen Gesichtspunkten zumindest zweifelhaft. Namenangaben in Händlerpreislisten sind mit einer gewissen Skepsis zu betrachten.

Nandaysittiche *(Nandayus)*

Die Gattung *Nandayus* wurde früher der Gattung *Aratinga* zugerechnet. Sie besteht nur aus einer Art.

Nandaysittich (*Nandayus nenday*, Synonym *Aratinga nenday*). Vorkommen: Mato Grosso, südöstliches Bolivien, Paraguay und nördliches Argentinien. Länge 30 cm. Stirn und Scheitel schwarz. Wangen schwarzgrau, federloser Augenring weiß. Brust bläulich, Bauch grün, Schenkel rot. Nacken und Rücken grasgrün. Schwanzfedern oberseits olivgrün, unterseits graubraun. Schwungfedern schwarzblau. Augeniris dunkelbraun, Schnabel schwarz, Beine braungrau mit schwarzen Krallen. Nandaysittiche sind nicht für eine Einzelhaltung geeignet. Einzelngehaltene Vögel fühlen sich nicht wohl und schreien viel. In der Voliere sind sie jedoch dankbare Pfleglinge, legen dort dem Pfleger gegenüber auch bald alle Scheu ab und nehmen z. B. Leckerbissen aus der Hand. Neben Körnerfutter benötigen Nandaysittiche viel Grünfutter und frische Zweige. Während der Brutzeit sollten sie, wenn überhaupt möglich, halbreife Fruchtstände von Hirse, Weizen, Hafer oder Mais erhalten. Ist dies nicht möglich, gibt man aufgequollene oder angekeimte Körner. Richtig gehalten und versorgt, brüten Nandaysittiche recht zuverlässig. Das Männchen ist etwas größer als das Weibchen; das Weibchen hat einen runderen Kopf. Diese Unterschiede sind jedoch nur geringfügig, und das Unterscheiden der Geschlechter erfordert einige Routine oder zumindest gute Vergleichsmöglichkeiten. Eizahl 3 – 4, Brutdauer 25 Tage, Nestlingszeit 45 – 50 Tage. Nandaysittiche werden heute in Europa so regelmäßig nachgezüchtet, daß sie fast immer im Handel zu haben sind. Importvögel werden nur selten angeboten.

Bild 97. Nandaysittich (*Nandayus naday*). Aufnahme W. de Grahl

Arasittiche *(Rhynchopsitta)*

Eine nur aus einer Art bestehende Gattung, die stark an Aras erinnert.

Arasittich (*Rhynchopsitta pachyrhyncha*) + . Vorkommen: Hochland des nördlichen und mittleren Mexikos in Höhen bis zu 3000 m. Länge 38 cm. Zwei deutlich unterscheidbare Unter-

Bild 98. Arasittich (*Rhynchopsitta pachyrhyncha*), Paar. Aufnahme W. de Grahl

arten. Selten und entsprechend dem Washingtoner Artenschutzabkommen geschützt. Grundfärbung der Nominatform hellgrün. Stirn und ein Streifen über dem Auge rot. Flügelbug und die untersten Schenkelfedern ebenfalls rot. Um das Auge eine nackte, federlose Zone von fast weißer Färbung. Unterseite der Schwingen und des Schwanzes grau. Schnabel schwarz, Augeniris orange, Beine grau. Die Unterart *R. pachyrhyncha terrisi* ist etwas dunkler gefärbt; Stirn und Augenstreifen sind bei ihr kaffeebraun. Arasittiche sind bereits nachgezüchtet worden. Eizahl 2, Brutdauer 28 Tage, Nestlingszeit 45 – 50 Tage. Die Jungvögel werden während der ersten 10 Lebenstage ausschließlich vom Weibchen gefüttert.

Patagonien- oder Felsensittiche *(Cyanoliseus)*

Gattung mit nur einer Art. Andere „Arten", die mit in diese Gattung einbezogen wurden, haben sich als Naturkreuzungen erwiesen. Die einzige Art dieser Gattung ist der

Felsensittich, Patagoniensittich (*Cyanoliseus patagonus*). 3 Unterarten, von denen zwei in Argentinien, die dritte in Chile vorkommen. Länge 45 cm. Kopf grau mit einem grün-gelblichen Schimmer. Federloser Augenring weiß. Bauchseiten und Steißgefieder gelb, Bauchmitte rot. Rücken olivbraun, Schwingen mehr in Grünbraun übergehend, Schwanzfedern olivbraun. Schnabel grau, Augeniris weißgelblich, Beine fleischfarben. Jungvögel haben helle Schnäbel und eine dunkle Augeniris. Die Unterart *C. patagonus andinus* unterscheidet sich von der Nominatform durch ein dunkleres Gefieder. Die in Chile lebende Unterart *C. patagonus byroni* hat dagegen ein blaßgelbes Bauchgefieder und einen hellroten Bauchfleck. Wildlebende Felsensittiche leben von allen möglichen Sämereien, Beeren und Früchten. Ganz besonders sollen sie die Samen der Riesendistel (*Carduus mariae*) schätzen. Gefüttert werden sie mit dem für größere Sittiche üblichen Körnergemisch, und neben Früchten aller Art sollten sie auch regelmäßig Mohrrübenstückchen und frische Zweige erhalten. Einzelngehaltene Felsensittiche gewöhnen sich trotz anfänglicher Scheu meist schnell ein und können sehr zahm werden. Da die Art sehr gesellig lebt, sollte man sie besser zumindest paarweise halten, wenn man dem einzelngehaltenen Vogel nicht sehr viel Zeit widmen kann. In ausreichend großen Volieren kann man Felsensittiche auch in größerer Zahl zusammen halten. Felsensittiche baden gern, man sollte ihnen daher eine Bademöglichkeit geben. In der Natur brütet der Felsensittich in Felsspalten oder in Bruthöhlen, die er selber in Lößwände oder Steilufer gräbt. Dabei werden bis zu 2 m lange Gänge in das Erdreich gegraben, und erst dann wird der Gang zu einer Bruthöhle erweitert. Felsensittiche sind in Volieren schon vermehrt worden. Eizahl 3, Brutdauer 25 Tage, Nestlingszeit 55 – 60 Tage. Während des Brutgeschäftes wird das Weibchen vom Männchen gefüttert. Färbung bei beiden Geschlechtern gleich.

Bild 99. Felsensittich (*Cyanoliseus patagonus*). Aufnahme W. de Grahl

Rotschwanzsittiche *(Pyrrhura)*

Artenreiche Gattung mittelgroßer und meist schlanker Papageien. Ihre in der Regel begrenzten Verbreitungsgebiete findet man, vom äußersten Süden abgesehen, in ganz Südamerika. Für den Vogelliebhaber sind jedoch nur wenige Arten wichtig.
Während der letzten Jahre sind jedoch diese Arten häufiger importiert und vermehrt worden.

Weißohrsittich (*Pyrrhura leucotis*). Vorkommen: Mit 5 Unterarten in vier geographisch getrennten Verbreitungsgebieten. Drei dieser Gebiete liegen im östlichen Brasilien, das vierte in Venezuela. Länge 23 cm. Männchen und Weibchen gleich gefärbt. Stirn, Scheitel und Nacken hellgrau und dunkelgrau gesprenkelt. Wangen und Augenumgebung rotbraun, Ohrenfleck weißgelb. Halsseiten blau, obere Brust schwarzweiß und grün gesprenkelt. Bauch grün mit einem rotbraunen Fleck in der Mitte. Flügeldekken grün, äußerste Schwungfedern blau, Flügelbug rot. Schwanz braun. Schnabel graubraun bis schwarz, Augeniris braun, Beine schwarz. Zur Volierenhaltung gut geeignet und auch züchtbar. Nistkästen mit mindestens 25×25 cm Bodenfläche. 2 Eier, die vom Weibchen alleine bebrütet werden. Brutzeit 26 Tage, Nestlingszeit etwa 6 Wochen. Während der Brutperiode sind Weißohrsittiche sehr agressiv und vertreiben alle anderen Vögel aus der Nähe des Nistkastens. Als Aufzuchtfutter gibt man gekochten Reis, vermischt mit geriebenen Mohrrüben, und hartgekochtes Ei.

Braunohrsittich (*Pyrrhura frontalis*). Vorkommen: Südöstliches Brasilien, Uruguay, Paraguay und nördliches Argentinien. Länge 26 cm. 3 Unterarten. Stirn rotbraun, Ohrenflecken braungelb. Scheitel, Nacken und Rücken dunkelgrün. Vorderhals und Brust lichtgrau mit schwarzem Wellenmuster. Bauchseiten grün, Bauchmitte rotbraun. Flügeldecken grün, Schwungfedern blau. Nackter Augenring weiß. Augeniris dunkelorange, Schnabel schwarz und Beine schwarzgrau. Genau wie der Weißohrsittich läßt sich der Braunohrsittich am besten in einer Voliere halten. Er wurde schon mehrfach gezüchtet und auch bereits mit dem Weißohrsittich gekreuzt. Brutgewohnheiten wie bei der vorigen Art.

Bild 100. Perlsittich (*Pyrrhura perlata*). Aufnahme Th. Brosset

Perlsittich, Blausteißsittich (*Pyrrhura perlata*). Vorkommen: Nordöstliches Brasilien. Länge 24 cm. Grundfärbung grün. Stirn und Scheitel braun, Ohrenfleck gelblich. Die Federn des Halses und des Nackengefieders sind blaugrau mit gelben Säumen. Rücken und Flügeldecken dunkelgrün, Schwungfedern blau, Flügelbug rot. Kehle und obere Brust braun, Federn mit blauweißen Spitzen. Schwanzfedern oberseits braun, unterseits braunrot. Schnabel grau, Augeniris rotbraun, Beine dunkelgrau. 4 Unterarten in voneinander getrennten Verbreitungsgebieten. Während der letzten Jahre sind mehrere dieser Unterarten eingeführt worden.

Braunschwanzsittich (*Pyrrhura melanura*). Vorkommen: Oberes Amazonasgebiet. Länge 24 cm. Grundfärbung grün. Stirn und Scheitel braun, Kopfseiten grün, kahler Augenring weiß. Hals, Kehle und obere Brust mit schwarzweißem Wellenmuster, das durch weiße Federsäume gebildet wird. Die Schwingen haben an der Außenkante, etwa in der Mitte, einen roten Fleck. Schwanzfedern braun, an der Basis grün. Schnabel grau, Augeniris dunkelbraun, Beine braun. Männchen und Weibchen gleich gefärbt. Während der letzten Jahre sind hauptsächlich Vögel der Unterart *P. melanura souancei* aus dem nördlichen Peru eingeführt worden.

Rotscheitelsittich (*Pyrrhura picta*). Vorkommen: Mit mehreren Unterarten im Amazonasgebiet und in Kolumbien. Stirn grünblau, Wangen braun, fast weißer Ohrenfleck. Hals und Brust schwarzbraun und weiß gesprenkelt, ein Muster, das durch schwarzbraune Federn mit hellen Säumen gebildet wird. Flügelbug rot, Unterbauch und Unterseite der Schwanzfedern braun. Rücken, Schwingen und Körperseiten grün. Schnabel schwarz, Augeniris braun, Beine grau.
Von Zeit zu Zeit tauchen im Handel noch andere *Pyrrhura*-Arten auf. Genau wie bei der Gattung *Aratinga* sind auch bei *Pyrrhura* viele Unterarten und möglicherweise auch Arten systematisch zweifelhaft.

Bild 101. Rotscheitelsittich (*Pyrrhura picta luciani*). Aufnahme Th. Brosset

Langschnabelsittiche *(Enicognathus)*

Langschnabelsittiche sind mittelgroße Papageienvögel mit verhältnismäßig schmalen Schnäbeln. Sie leben im südlichsten Teil Südamerikas.

Langschnabelsittich (*Enicognathus ferrugineus*). Vorkommen: Südliches Argentinien und südliches Chile bis nach Feuerland. Länge 33 cm. Grundfärbung dunkelgrün, unterseits matter. Federn auf Rücken und Schwingen mit dunklen Rändern. Scheitel mit dunklem Wellenmuster, Stirn und ein Streifen bis zum Auge rotbraun. Unterer Bauch, Steißgefieder und Schwanz braun. Oberschnabel stark verlängert. Schnabel grau, Augeniris rotbraun, Beine grau. Einzelngehalten kann dieser Sittich recht zahm und anhänglich werden. Als Volierenvogel ist er hart und unempfindlich. Neben Körnerfutter sollten die Tiere viel Beeren, Früchte und Grünzeug erhalten. Auch Knospen und Zweige zum Schälen werden gerne angenommen. In der Natur leben diese Vögel weitgehend von Grassamen und den Nüssen von Araucarien. Sie graben auch nach Knollen und Wurzeln. Erstmals 1915 in Holland nachgezüchtet und in der Zwischenzeit gelegentlich vermehrt. Während der letzten Jahre ist die Zucht in Schweden erneut gelungen. Eizahl 2 – 4, Brutdauer 27 Tage, Nestlingszeit 7 – 8 Wochen. Das Weibchen füttert während der ersten Tage nach dem Schlüpfen alleine.

Smaragdsittich (*Enicognathus leptorhynchus*). Vorkommen: Mittleres Chile. Länge 40 cm. Grundfärbung dunkelgrün mit leicht bläulichem Schimmer, zum Kopf hin etwas heller. Unterseits heller grün und auf der Bauchmitte mit einem braunen Fleck. Fast alle Deckfedern mit dunklen Säumen, wodurch der Eindruck eines Schuppenmusters entsteht. Über der Stirn erstreckt sich bis zu den Augen ein braunes Band. Spitzen der Schwungfedern blau und Schwanz braun. Im Gegensatz zur vorigen Art ist der Schnabel bei dieser Art wie bei anderen Sittichen geformt. Schnabel braungrau, Augeniris rot, Beine braun. Auch diese Art ist ein harter und dankbarer Volierenvogel. Seine Vermehrung ist bereits gelungen. Bei der Zucht dieser und der vorigen Art besteht das hauptsächliche Problem darin, daß Importvögel, ihrer südlichen Heimat entsprechend, nicht selten mit dem Brutgeschäft im Dezember beginnen. Erst nach mehreren Jahren passen sie sich unserem Jahreszeitenrhythmus an.

Mönchssittiche *(Myiopsitta)*

Die Gattung besteht nur aus einer Art.

Mönchssittich (*Myiopsitta monachos*). Vorkommen: Argentinien, Uruguay, Bolivien und südliches Brasilien. 4 Unterarten, die sich hauptsächlich durch ihre Größe unterscheiden. Länge 29 cm. Stirn, Scheitel, Kopfseiten, Vorderhals und Brust hellgrau. Halsfedern mit hellen Säumen. Oberseite dunkelgrün, Unterseite gelbgrün. Schwingen grün, Schwungfedern blau. Schwanz oberseits grün, unterseits bläulich. Schnabel hellhornfarben, Augeniris dunkelbraun, Beine grau. Baut aus Zweigen ein großes, kugelförmiges Nest, das in der Regel in zwei Hälften eingeteilt ist: Vorraum und Brutkammer. Eizahl 4 – 6. Brutdauer 26 Tage, Nestlingszeit 45 Tage. Mönchssittiche leben sozial in großen Schwärmen, und es kommen auch Gemeinschaftsnester mit mehreren Brutkammern vor. In Volieren ist die Vermehrung des Mönchssittichs einfach, er eignet sich aber nicht für eine Haltung in der Wohnung. Die Vögel können sehr zahm werden, stören aber durch ihr ständiges Gezeter. Neben dem üblichen Körnerfutter aus Hirse, Kanariensamen, Hafer und Sonnenblumenkernen und Grünfutter gibt man zur Brutzeit aufgeweichten Zwieback. Der Mönchssittich ist klimahart und kann im Freien überwintert werden. Er wurde schon mit Erfolg in mehreren Zoologischen Gärten im Freiflug gehalten. Vom Mönchssittich ist eine blaue Zuchtform bekannt.

Dickschnabelsittiche *(Bolborhynchus)*

Die Sittiche dieser Gattung haben dicke, kräftige Schnäbel. Insgesamt 5 Arten in verschiedenen Gebieten Süd- und Mittelamerikas. Nur zwei Arten werden häufiger als Volieren- oder Stubenvögel gehalten.

Katharinasittich (*Bolborhynchus lineola*). Vorkommen: In drei geographisch getrennten Gebieten. Eines in Mittelamerika von Mexiko bis Panama, das zweite im westlichen Venezuela und das dritte im zentralen Peru. 3 Unterarten. Länge16 cm. Kopf und Hals gelblichgrün. Oberseite und Körperseiten dunkler grün. Rükkenfedern mit deutlichen schwarzen Säumen, die beim Männchen breiter sind als beim Weibchen. Bürzelfedern und obere Schwanzdeckfedern mit schwarzem Dreieck an der Spitze. Schwanz grün, beim Männchen mit schwarzer Spitze. Schnabel blaugrau, Augeniris dunkelbraun, Beine rosa. Katharinasittiche sind liebenswürdige Vögelchen, die sich auch gut zur

Bild 102. Mönchssittich (*Myiopsitta monachus*). Aufnahme Th. Brosset

Käfighaltung eignen. Sie werden bald zutraulich und haben eine verhältnismäßig angenehme Stimme. Die Zucht ist auch im Käfig möglich. Der Nistkasten sollte eine Bodenfläche von 18×18 cm und eine Bodeneinlage aus angefeuchtetem Torf haben. Eizahl 2 – 5. Das Weibchen brütet alleine und wird während der Brutzeit vom Männchen gefüttert. Brutzeit 26 Tage, Nestlingszeit 40 Tage. Auch nach dem Verlassen des Nestes kehren die Jungvögel während der ersten Nächte in den Nistkasten zurück. Neben dem üblichen Körnergemisch erhalten Katharinasittiche Obststückchen und möglichst oft frische Zweige. Sie bevorzugen eindeutig Zweige von Obstbäumen oder Salweiden. Einzeln gehaltene Vögel können sehr zahm werden, und manche lernen auch einige Worte sprechen. Bei der Volierenhaltung halten sich Katharinasittiche viel am Boden auf; sie sind gegenüber anderen

Bild 103. Katharinasittich (*Bolborhynchus lineola*), Männchen. Aufnahme W. de Grahl

Vögeln verträglich und ziemlich klimahart. Sie sollten jedoch im geheizten Schutzhaus oder im Hause überwintert werden. Das erste Mal wurde diese Art um 1860 nach Europa eingeführt.

Aymarasittich (*Bolborhynchus aymara*). Vorkommen: Zentralbolivien bis Nordargentinien. Länge 20 cm. Stirn und Oberkopf sowie die Kopfseiten braungrau. Wangen, Vorderhals und Brust hellgrau. Rücken und Flügeldecken grün. Schwanz oberseits blaugrün, unterseits dunkelgrün, Schnabel hellgrau bis rötlich, Augeniris braun, Beine braun. Der Aymarasittich ist eine selten angebotene Art, die aber schon häufiger in Europa nachgezüchtet worden ist. Die Zucht ist auch im Käfig möglich. Die Unterscheidung der Geschlechter ist nicht schwierig, wenn beide Geschlechter verglichen werden können. Die Weibchen sind etwas kleiner und blasser grün gefärbt. Eizahl 4 – 6, in seltenen Fällen bis zu 8. Brutdauer 26 – 28 Tage, Nestlingszeit 40 – 45 Tage. Als zusätzliches Aufzuchtfutter gibt man hartgekochtes Ei, aufgeweichten Zwieback und viel Grünfutter. Volierenvögel müssen warm überwintert werden. Im übrigen gilt das für die vorige Art Gesagte.

Sperlingspapageien *(Forpus)*

Mit Längen zwischen 12 – 14,5 cm sind die Sperlingspapageien die kleinsten Papageien des amerikanischen Raumes. Fälschlicherweise spricht man bei Vogelliebhabern auch heute noch von Zwergpapageien und faßt damit die Unzertrennlichen und die Sperlingspapageien zusammen. Abgesehen von der Größe und davon, daß beide Gruppen Papageienvögel sind, haben sie aber nicht viel gemeinsam. Die Gattung *Forpus* umfaßt 7 Arten, von denen die meisten in zahlreiche Unterarten aufgeteilt sind. Sie haben einen gedrungenen Körper, einen kräftigen Schnabel und einen kurzen, abgerundeten Schwanz. Sperlingspapageien sind drollige Vögel, doch steht ihr so selbstbewußt wirkendes Benehmen im umgekehrten Verhältnis zu ihrem Mut. Sperlingspapageien sind nämlich äußerst furchtsam und ängstlich. Neuimporte sind oft sehr empfindlich, besonders gegen Abkühlungen. Während der ersten Zeit sollte man sie deshalb bei hohen Temperaturen halten. Richtig eingewöhnt, sind sie jedoch gut haltbar. In ausreichend großen Volieren kann man sie auch mit kleineren Vögeln, z. B. Prachtfinken, gut zusammen halten. Dagegen vertragen sie sich kaum mit Wellensittichen und auch nicht mit Unzertrennlichen. Auf begrenzterem Raum sind sie jedoch allen anderen Vögeln gegenüber unverträglich. Gut eingewöhnte Paare brüten auch in kleineren Käfigen. Im Käfig gehalten sind Sperlingspapageien jedoch träge, und sie sitzen, eng aneinandergedrückt, stundenlang herum. Erst bei der Volierenhaltung kommt ihr wirkliches Wesen voll zum Ausdruck, und man merkt, daß sie geschickte Kletterer sind und schnell fliegen können. Es gibt jedoch Unterschiede zwischen den einzelnen Arten: Die einen sind lebhaft, die anderen träger. Gefüttert werden Sperlingspapageien mit einer Körnermischung aus verschiedenen Hirsesorten, Kanariensamen, geschältem Hafer und etwas Sonnenblumenkernen. Fruchtstände von Gräsern, von halbreifem Getreide, Grünfutter aller Art, Obst und häufig frische Zweige zum Abknabbern ergänzen den Speisezettel. Während der Brutzeit gibt man außerdem etwas gekochten Reis und hartgekochtes Ei.

Die Unterscheidung der Geschlechter ist bei Sperlingspapageien einfach, da Männchen und Weibchen sich farblich unterscheiden. Schwer kann es bisweilen dagegen sein, die Weibchen verschiedener Arten bzw. Unterarten voneinander zu unterscheiden. Hinweise werden dazu bei den Artbeschreibungen gegeben. Wir müssen beachten, daß die Systematik dieser kleinen Papageien zumindest unsicher ist. Insgesamt sind 7 Arten beschrieben, von denen 5 mehrere Unterarten aufweisen. Man kennt 20 Unterarten. Wahrscheinlich würde sich die Zahl der Unterarten, ja sogar vielleicht die der Arten verringern, wenn die Gattung einer Revision nach modernen systematischen Gesichtspunkten unterworfen würde.

Mexikanischer Sperlingspapagei, Hellfarbiger Sperlingspapagei (*Forpus cyanopygius*). Vorkommen: Nordwestliches Mexiko einschließlich der Tres Marias-Inseln. 3 Unterarten. Länge 13 cm. Unterscheidet sich von seinen südamerikanischen Verwandten durch einen etwas plumperen Körperbau und ist zumindest im Käfig träger. Grundfärbung grün, oberseits dunkler, unterseits mehr gelbgrün. Beim Männchen sind der untere Rücken und der Bürzel blau. Mittlere Schwingendeckfedern blau. Schnabel hell-hornfarben, Augeniris braun, Beine hellgrau. Beim Weibchen sind Unterrücken und Bürzel gelbgrün. Als Bruthöhle werden natürliche Baumhöhlen mit mindestens 13 cm Durchmesser vorgezogen. Verwendet man einen gewöhnlichen Nistkasten, so sollte dieser eine Grundfläche von mindestens 15 × 15 cm haben und mit einer Einlage von halbvermulmtem Holz versehen sein. Das Flugloch sollte einen Durchmesser von 5 cm haben. Eizahl 4 – 5, Brutdauer 20 Tage, Nestlingszeit ca. 30 Tage. Jungvögel werden nach dem Ausfliegen noch mindestens zwei weitere Wochen von den Eltern gefüttert. Zwei Bruten kurz nacheinander sind nicht ungewöhnlich.

Blaubürzeliger Sperlingspapagei (*Forpus passerinus*). Vorkommen: Nördliches Brasilien, Guayana, Venezuela. Ausgesetzt auch auf den Inseln Curaçao, Trinidad, Barbados und Jamaica. Die Nominatform von *Forpus passerinus* hat trotz ihres Namens keinen blauen Bürzel und wird daher Grünbürzeliger Sperlingspapagei genannt. Blaubürzelige Sperlingspapageien gehören also anderen Unterarten von *Forpus passerinus* an. Die meist gebräuchliche Bezeichnung für den Blaubürzeligen Sperlingspapagei *Forpus passeri-*

Bild 104. Blauflügel-Sperlingspapagei (*Forpus xanthopterygius*). Aufnahme Th. Brosset

nus vividus ist aber wahrscheinlich nicht korrekt. Länge 12 cm. Abgesehen von der Nominatform *F. p. passerinus* haben die Männchen der anderen Unterarten blaue Bürzel, im übrigen ist ihre Färbung gleich. Grundfärbung grasgrün, unterseits etwas heller. Unterer Rücken und Bürzel intensiv blau. Flügeldecken im vorderen Teil hellblau. Schnabel hell-hornfarben, Augeniris dunkelbraun, Füße dunkelgrau. Die Männchen aller Unterarten haben blaue Federn auf der Schwingenunterseite, die beim Weibchen fehlen. Die Weibchen des Grünbürzeligen Sperlingspapageis haben fleischfarbene Füße, während die Füße der Weibchen bei den Blaubürzeligen Sperlingspapageien grau sind. Brutbedingungen wie beim Mexikanischen Sperlingspapagei. Eizahl 4 – 5, Brutdauer 20 Tage. Das Weibchen brütet alleine und wird während der Brutzeit vom Männchen gefüttert. Blaubürzelige Sperlingspapageien sind gegen Störungen des Brutgeschäftes oft empfindlich. Importvögel bleiben meist Zeit ihres Lebens etwas scheu und lassen, wenn man sie erschreckt, einen krächzenden Laut hören. Als Käfig- oder Volierenvögel aufgewachsene Junge werden jedoch bald zutraulich und können sehr drollig sein.

Blauflügel-Sperlingspapagei (*Forpus xantopterygius*). Vorkommen: Fast das gesamte Stromgebiet des Amazonas von der Atlantikküste bis zum östlichen Peru und bis nach Paraguay im Süden. Ein kleineres, isoliertes Vorkommen liegt im Nordwesten Kolumbiens. Länge 12 cm. Grundfärbung grün. Dem Blaubürzeligen Sperlingspapagei sehr ähnlich, doch sollen bei dieser Art die blauen Zeichnungen auf den Flügeldekken aus zweimal 5 Federn in der oberen und mittleren Deckfedernreihe bestehen. Es ist anzunehmen, daß diese Art schon öfter eingeführt und mit dem Blaubürzeligen Sperlingspapagei verwechselt worden ist. Haltung wie bei diesem. Bereits in Gefangenschaft nachgezüchtet. Die Brutzeit soll 18 Tage und die Nestlingszeit 30 Tage betragen.

Bild 105. Augenring-Sperlingspapagei (*Forpus conspicillatus*). Aufnahme W. de Grahl

Augenring-Sperlingspapagei (*Forpus conspicillatus*). Vorkommen: Östliches Panama und Kolumbien. Länge 12 cm. 3 Unterarten. Grundfärbung dunkelgrün, unterseits etwas heller. Um das Auge ein schmaler, blauer Streifen, durch den sich diese Art sicher von anderen unterscheiden läßt. Auch beim Weibchen ist ein Ring um das Auge zu erkennen, der durch eine andere Grünfärbung markiert wird. Schnabel hornfarbig-grau, der Oberschnabel hat an der Basis eine dunkle Zone. Augeniris braun, Beine braungrau. Verhältnismäßig selten importiert, doch schon mehrere Male mit Erfolg nachgezogen. Brutbedingung wie bei den vorigen Arten. Ausgeflogene Jungvögel werden noch lange vom Männchen gefüttert.

Graurücken-Sperlingspapagei, Blaunacken-Sperlingspapagei, Lessons Sperlingspapagei (*Forpus coelestis*). Vorkommen: Nordwestliches Peru und westliches Ecuador. Länge 12,5 cm. Grundfärbung grün mit grauem Nacken und grüngrauem Rücken. Vom Auge aus führt ein angedeutetes blaues Band bogenförmig um die Wange, die Wange selbst ist etwas heller grün. Bürzel und Flügelkanten blau. Schwanz grün, Schnabel hellgrau, Augeniris braun, Beine fleischfarben. Beim Weibchen fehlt die Blaufärbung an den Flügeln und am Bürzel. Der Graurücken-Sperlingspapagei ist besonders während der letzten Jahre häufig eingeführt worden und hat sich stellenweise gut vermehrt. Mancherorts hat man bereits Nachkommen in 2. und 3. Generation aufgezogen. Eizahl 4 – 6, Brutdauer 19 – 20 Tage, Nestlingszeit 30 Tage.

Sclaters Sperlingspapagei (*Forpus sclateri*). Vorkommen: Stromgebiet des Amazonas. Länge 12,5 cm. Diese Art gleicht dem Blaubürzeligen Sperlingspapagei, zeichnet sich aber durch ein mehr olivgrünes Rückengefieder aus.

Gelbmasken-Sperlingspapagei (*Forpus xanthops*). Vorkommen: In einem begrenzten Gebiet im Nordwesten Perus. Länge 14,5 cm. Unterscheidet sich von den übrigen Sperlingspapageien nicht nur durch seine Größe, sondern ist auch abweichend gefärbt. Bei dieser Art sind Stirn, Scheitel und Wangen gelb. Die Weibchen haben blaue Bürzelfedern, die matter gefärbt sind als die der Männchen.

Schmalschnabelsittiche *(Brotogeris)*

Die Schmalschnabelsittiche sind eine aus 7 Arten bestehende Gattung kleinerer Sittiche, die sich durch einen verhältnismäßig schmalen Schnabel auszeichnen. Kaum einer anderen Sittichgruppe stehen aber die Papageienfreunde mit so gemischten Gefühlen gegenüber wie gerade den Schmalschnabelsittichen. Einerseits sind sie nicht sonderlich bunt gefärbt, sondern sehen eher unscheinbar aus, sie haben auch alles andere als eine angenehme Stimme, sondern können durchdringend schreien. Andererseits werden kaum andere Papageien so zahm wie gerade die Schmalschnabelsittiche. Einzeln gehaltene Vögel werden grenzenlos zutraulich, kriechen ihrem Pfleger in die Hosentasche, untersuchen seine Ohren, Nase, Haare usw. und folgen ihm auf Schritt und Tritt. Ihr Verhalten gegenüber anderen Vögeln kann bei Volierenhaltung von Art zu Art recht unterschiedlich sein. Tuisittiche und Kanarienflügelsittiche kann man in der Regel mit kleineren Vögeln zusammen halten. Tirikasittiche meist nicht. Im Einzelfall muß man das jedoch ausprobieren, allgemein werden andere Vögel leichter akzeptiert als andere Sittiche. Importvögel sollte man immer in warmen Räumen überwintern, aber auch gut eingewöhnte Vögel bzw. Volierennachzuchten müssen jederzeit ein erwärmtes Schutzhaus bzw. einen Raum mit Wärmestrahler aufsuchen können. Gefüttert werden Schmalschnabelsittiche mit Hirse, Kanariensamen, Hafer und Sonnenblumenkernen. Außer dem Körnerfutter sollten sie viel Obst, Beeren und Grünfutter erhalten. Frische Baumzweige, besonders von Obstbäumen oder Salweiden, dürfen nicht fehlen. Importvögel müssen vorsichtig an Körnerfutter gewöhnt werden. Einmal richtig eingewöhnt, gehören sie dann zu den anspruchsloseren Papageien.
Schon seit langer Zeit werden Schmalschnabelsittiche in Europa nachgezüchtet. Die ersten Nachzuchten gelangen bereits in den 70er Jahren des vorigen Jahrhunderts (*Brotogeris tirica* und *Brotogeris jugularis*). Ihre Zucht kann man aber auch heute noch nicht als einfach bezeichnen. Bei allen Zuchtversuchen mit Schmalschnabelsittichen muß man beachten, daß diese so zahmen und oft sogar aufdringlichen Vögel beim Brutgeschäft äußerst vorsichtig und heimlich sind. Der Vogelfreund darf sich auch nicht wun-

dern, wenn sie alle Nistkästen verschmähen und ein Loch in eine Zwischenwand oder Zwischendecke nagen und dort brüten. Jede Störung während des Brutgeschäftes ist zu vermeiden, und Nistkästen sollte man möglichst hoch anbringen. Die Schmalschnabelsittiche leben in Mittel- und Südamerika. Als Importvögel werden einige Arten ziemlich regelmäßig angeboten.

Tirikasittich (*Brotogeris tirica*). Vorkommen: Östliches Brasilien. Grundfärbung grün, auf dem Rücken olivgrün und unterseits heller. Schwingen, Deckfedern und Schwungfedern blau. Schwanz grün, oberseits bläulich schimmernd. Schnabel hellbraun, Augeniris dunkelbraun, Beine rosa. Länge 23 cm. Fliegen schnell und ausdauernd. In seiner Heimat häufig Kulturfolger. Männchen und Weibchen sind gleich gefärbt und gleich groß. Einzeln gehaltene Tirikasittiche werden schnell zahm, stören aber leicht durch ihr Geschrei. Die Zucht ist schon häufiger gelungen. Eizahl 4, Brutzeit 22 Tage, Nestlingszeit 50 – 55 Tage. Während der 20er und 30er Jahre dieses Jahrhunderts wurden Tirikasittiche häufiger gehalten, und es gelang auch, von dieser Art eine blaue Mutation herauszuzüchten, die aber wieder verschwunden ist. Heute wird der Tirikasittich nur selten importiert.

Tovisittich, Goldkinnsittich (*Brotogeris jugularis*). Zwei Unterarten sind bekannt, doch ist allem Anschein nach bisher nur die Nominatofrm regelmäßiger eingeführt worden. Vorkommen: Südliches Mittelamerika, nördliches Kolumbien und nördliches Venezuela. Länge 18 cm. Grundfärbung grün, oberseits dunkler und an den Körperseiten etwas gelblich. Unter dem Schnabel ein orangeroter Fleck. Obere Flügeldeckfedern braun, Schwungfedern blau. Unterflügeldecken gelb. Schwanz dunkelgrün. Schnabel hell-hornfarben, Augeniris dunkelbraun, Beine gelbrosa. Die Zucht von Tovisittichen ist schon häufiger gelungen, doch ist das Zusammenstellen von Zuchtpaaren schwierig, da es keine deutlichen Unterschiede zwischen Männchen und Weibchen gibt. Eizahl in der Regel 4, Brutzeit 21 Tage, Nestlingszeit 50 Tage. Zwischen Tovisittichen und Weißflügelsittichen sind Kreuzungen bekanntgeworden. Tovisittiche sind sehr gesellige Vögel, die sich bei Volierenhaltung meist auch mit anderen Arten vertragen.

Bild 106. Tovisittich (*Brotogeris jugularis*). Aufnahme W. de Grahl

Feuerflügelsittich, Orangeflügelsittich (*Brotogeris pyrrhopterus*). Vorkommen: Westliches Ecuador und westliches Peru. Länge 20 cm. Stirn und Wangen grau. Scheitel grünblau, Oberseite grün. Unterseite hellgrün. Schwingenoberseite grün, Hand- und Armschwingenfedern blau mit grünen Außenfahnen. Unterseits sind die unteren Deckfedern von leuchtend orangeroter Farbe. Schnabel hell-hornfarben, Augeniris dunkelbraun, Beine fleischfarben. Einzeln gehalten ist der Feuerflügelsittich ein anhängliches und liebenswürdiges kleines Kerlchen. Seine Stimme kann jedoch sehr irritieren, wenn sie auch nicht ganz so laut ist, wie die seiner nächsten Verwandten. Besonders während der letzten Jahre ist diese Art häufiger im Handel angeboten worden, und auch ihre Nachzucht ist bereits gelungen. Die Zahl der Eier soll in der Regel 4 betragen, als Brutdauer werden 28 Tage?? angegeben. Männchen und Weibchen sind gleich gefärbt, daher ist die Zusammenstellung von Zuchtpaaren schwierig.

Tuisittich (*Brotogeris sanctithomae*). Der Artname wird auch oft *st. thoma* oder *st. thomae* geschrieben. Vorkommen: Stromgebiet des Amazonas bis in das westliche Ecuador und Peru. Länge 17 cm. 2 Unterarten, doch gehören fast alle als Tuisittiche gehandelten Vögel der Unterart *B. s. takatsukasae* an. Im Gegensatz zur Nominatform lassen sich bei dieser Unterart die Geschlechter unterscheiden. Das Männchen hat hinter dem Auge einen gelben Strich, der beim Weibchen fehlt. Sonst Stirn gelb, Kopf und Rükken grün, Schwingen dunkler olivgrün. Schnabel hellgrau-hornfarben, Augeniris grau, Beine graubraun. Leider wird diese Art selten eingeführt, denn der Tuisittich ist ein reizendes Vögelchen, das sehr schnell zahm wird. Seine Stimme ist wesentlich angenehmer als die seiner Verwandten, und er läßt sie auch nicht so häufig hören wie diese. Gegenüber anderen Vögeln und auch gegenüber Artgenossen ist er verträglich. Importierte Tuisittiche sind aber empfindlich und müssen vorsichtig eingewöhnt werden. Lange Zeit galt die Nachzucht von Tuisittichen als unmöglich, doch sind während der letzten Jahre mehrere Nachzuchterfolge bekannt geworden. Eizahl 4 – 5, Brutdauer 21 Tage, Nestlingszeit 45 Tage.

Von der Art *Brotogeris versicolorus* werden die folgenden beiden Unterarten häufig als Stubenvögel gehalten. Beide Unterarten sind sich äußerst ähnlich und lassen sich aber sicher an der Farbe der Armschwingenfedern und der inneren Handschwingenfedern unterscheiden. In der Natur brüten diese Vögel auch in Hohlräumen, die sie selber in Termitenstöcke graben.

Kanarienflügelsittich (*Brotogeris versicolorus chiriri*). Vorkommen: Südlicher Teil Brasiliens von der Atlantikküste bis zum Mato Grosso. Länge 23 cm. Grundfarbe grün, unterseits etwas heller. Große Flügeldecken und Schwungfedern gelb. Schwanz oberseits grün, unterseits blaugrün. Schnabel gelblichweiß, Augeniris braun, Beine

Bild 107. Tuisittich (*Brotogeris sanctithomae*). Aufnahme W. de Grahl

fleischfarben. Trotz ihrer lauten und störenden Stimme sind diese Sittiche beliebt, da sie ungewöhnlich zahm und anhänglich werden. Manche Vögel lernen auch, Signale zu pfeifen und einzelne Worte nachzusprechen. Die Zucht des Kanarienflügelsittichs gelang erstmalig 1930 in den USA, seitdem ist er häufiger nachgezüchtet worden. Die Zucht ist jedoch nicht einfach. Nistkästen sollten möglichst hoch und störungsfrei aufgehängt werden. Als Einlage erhalten sie eine Schicht Torf, Moos oder anderes feuchtigkeitsbewahrendes Material. Eizahl 5 – 6, Brutdauer 23 Tage, Nestlingszeit 50 Tage. Männchen und Weibchen sind gleich gefärbt.

Weißflügelsittich (*Brotogeris versicolorus versicolorus*). Vorkommen: Guayana, das Stromgebiet des Amazonas bis Peru und Ecuador. Das Verbreitungsgebiet dieser Unterart schließt sich nördlich an das der vorigen Art an. Länge 22 cm. Der vorigen Art recht ähnlich, doch sind Scheitel, Wangen und Kehle blaß graugrün. Äußerste Handschwingenfedern schwarz, die daran anschließenden Federn blau, die inneren Handschwingenfedern und die inneren Schwungfedern weiß. Große Flügeldecken gelb. In Ansprüchen und Benehmen gleicht der Weißflügelsittich weitgehend dem Kanarienflügelsittich. Auch bei dieser Art gibt es keine farblichen Unterschiede zwischen Männchen und Weibchen. Nachzuchten sind bisher noch nicht bekanntgeworden, doch dürfte sich auch diese Art in Volieren vermehren lassen.
Weitere Arten der Gattung *Brotogeris* werden zuweilen in wenigen Exemplaren eingeführt, haben aber bisher noch keine größere Verbreitung als Stubenvögel gefunden. Das gilt z. B. für den Kobalt- oder Blauflügelsittich (*Brotogeris cyanoptera*) aus dem oberen Amazonasgebiet und den Goldflügelsittich (*Brotogeris chrysopterus*) aus Venezuela, Guayana und dem unteren Amazonasgebiet. Auch diese Arten werden als Einzelvogel gehalten schnell zahm. Ihre Haltungsbedingungen unterscheiden sich nicht von denen anderer *Brotogeris*-Arten.

Stumpfschwanzpapageien

Von den bisher behandelten südamerikanischen Arten hatten, wenn man von den Sperlingspapageien absieht, alle Arten mehr oder weniger lange Schwänze mit verlängerten mittleren Schwanzfedern. Die hier folgenden Gattungen haben „stumpfe Schwänze“, d. h. Schwänze mit gleichlangen Federn. Die äußersten Federn können jedoch gerundet sein.

Weißbauchpapageien *(Pionites)*

Diese Gattung besteht nur aus 2 Arten. Es sind drollige und verspielte Vögel mit sehr großem Geselligkeitsbedürfnis. Weißbauchpapageien sollte man immer paarweise halten. Leider ist gerade bei diesen Vögeln eine sichere Unterscheidung der Geschlechter außergewöhnlich schwer. Weder farblich noch in Gestalt und Größe gibt es Unterschiede zwischen Männchen und Weibchen.

Schwarzkappenpapagei (*Pionites melanocephala*). Vorkommen: Von Guayana und dem nördlichen Brasilien bis nach Ecuador und Peru. Länge 23 cm. Stirn und Scheitel schwarz. Zügel und Augenumrandung blaugrün bis braun. Oberseite grün, zum Nacken hin ins Gelbliche übergehend. Kehle, Schenkel und Steißgefieder gelb. Brust und Bauch weiß. Flügeldecken und Schwanzoberseite irisierend dunkelgrün, Schwanzunterseite braun. Schnabel schwarz, Augeniris rötlich, Beine braungrau. Fast alle eingeführten Vögel gehören der Nominatform an. Die Unterart *P. m. pallida* aus dem östlichen Peru und Ecuador unterscheidet sich von der Nominatform durch eine mehr orangegelbe Färbung der Kehle. Das bei der Nominatform etwas elfenbeinfarbene Weiß der unteren Brust und des Bauches ist bei *P. m. pallida* reinweiß. Unter den importierten Vögeln kommen jedoch immer wieder einzelne Exemplare vor, die im Aussehen zwischen beiden Unterarten stehen. Es gibt also eindeutige Übergangsformen, die darauf hindeuten, daß die Übergänge zwischen den beiden Unterarten fließend sind.
Neben Körnerfutter aus Sonnenblumenkernen, Hafer und ungeschältem Reis sollte man diesen Vögeln vorgequollenen oder halbreifen Mais, Obst und Grünfutter geben. Am Anfang sind Neuimporte meist recht scheu und schreien erschreckt fürchterlich. Eingewöhnt sind es possierliche und verspielte Gesellen, die beim Spiel durchaus nicht nur in höheren Regionen bleiben, sondern sich auch auf dem Boden herum-

Bild 108. Schwarzkappenpapagei (*Pionites melanocephala*). Aufnahme H. Reinhard

wälzen. Sie schätzen es, geduscht zu werden; manche Vögel baden auch gerne. Beim näheren Umgang sollte man jedoch beachten, daß alle Weißbauchpapageien hart und bestimmt zubeißen, wenn sie sich bedroht fühlen. Zuchtversuche werden durch die schwierige Geschlechtsunterscheidung erschwert. Neuerdings kann man jedoch das Geschlecht bei Weißbauchpapageien mit Hilfe der Röntgenuntersuchung bestimmen. Ihre Zucht in Gefangenschaft gelang erstmalig in den USA, doch sind auch in Europa während der letzten Jahre mehrere erfolgreiche Nachzuchten bekannt geworden. Nistkästen sollten eine Grundfläche von ca. 25×25 cm aufweisen und eine Einlage halbvermulmten Holzes enthalten. Eizahl 3, Brutdauer 27 Tage, Nestlingszeit 10 – 11 Wochen. Das Weibchen brütet, wird aber am Tage kurzfristig vom Männchen beim Brutgeschäft abgelöst.

Rostkappenpapagei, Weißbauchpapagei (*Pionites leucogaster*). Vorkommen: Nördliches Brasilien zwischen dem Amazonas und dem Mato Grosso, nördliches Bolivien. Das Verbreitungsgebiet dieser Art liegt im wesentlichen südlich von dem der vorigen Art. Länge 23 cm. Stirn, Scheitel und Nacken braungelb, Kehle und Wangen gelb. Rücken und Schwingen, Schwanzoberseite und Schenkel grün. Brust und Bauch reinweiß. Schnabel hell-hornfarben, Augeniris braun, Beine grau. In ihrem Benehmen stimmt diese Art weitgehend mit der vorigen überein. Sie wird jedoch weitaus seltener importiert, ist daher nur gelegentlich im Handel zu finden und erheblich teurer. Von *P. leucogaster* gibt es 3 Unterarten, von denen sich *P. leucogaster xanthomeria* durch gelbe Schenkel gut von den anderen unterscheiden läßt. Nachzuchten sind bisher noch nicht bekannt geworden, doch wurde die Art erfolgreich mit *P. melanocephala* gekreuzt (POLTIMORE 1936). Es besteht die begründete Hoffnung, daß moderne Geschlechtsbestimmungsmethoden dazu führen, daß die Zusammenstellung von Zuchtpaaren erleichtert wird und damit auch diese seltene Art in Gefangenschaft vermehrt werden kann.

Zierpapageien *(Pionopsitta)*

Die Angehörigen dieser Gattung zeichnen sich durch einen gedrungenen Körperbau, einen kurzen, abgerundeten Schwanz und spitze Schwingen aus. Typisch ist bei ihnen ein schmaler, nackter Augenring. Bei einer Art, dem Scharlachkopfpapagei, sind Männchen und Weibchen unterschiedlich gefärbt. Bisher wurden Vertreter dieser Gattung nur selten importiert. Während der Eingewöhnungsperiode haben sich diese Vögel als äußerst empfindlich gegenüber Infektionen aller Art erwiesen. Die folgende Art wurde häufiger eingeführt und ist während der letzten Jahre in Deutschland, in Italien und England vermehrt worden.

Scharlachkopfpapagei (*Pionopsitta pileata*) +. Vorkommen: Südliches Brasilien, östliches Paraguay und nordöstliches Argentinien. Länge 22 cm. Grundfärbung grün, oberseits dunkler. Äußere Schwingendeckfedern mit blauen Außenfahnen, Schwungfedern mit violettblauen Außenfahnen und Spitzen. Untere Schwingendeckfedern blaugrün. Schwanzfedern grün mit blauen Spitzen. Beim Männchen sind Stirn, Scheitel und eine Zone um das Auge rot. Hinter und unterhalb des Auges geht das Rot in einen bräunlichen Ohrenfleck über. Beim Weibchen sind Stirn und Scheitel etwas bläulich angehaucht, und es hat wie das Männchen einen braunen Ohrenfleck. Der nackte Augenring ist bei beiden Geschlechtern grauweiß, die Augeniris dunkelbraun, der Schnabel hellgrau. Beine grau.

Rotsteißpapageien *(Pionus)*

Diese Papageiengattung aus Mittel- und Südamerika umfaßt 8 Arten. Sie sind von Costa Rica und Panama im Norden bis zum südlichen Argentinien im Süden verbreitet. Sie kommen sowohl östlich als auch westlich der Anden vor. Das Steißgefieder ist bei allen Arten rot und bei vielen ist auch die Unterseite der Schwanzfedern rot (Name!). Farbunterschiede bei Neuimporten sind nicht, wie mitunter angenommen wird, Geschlechtsunterschiede, sondern Unterschiede im Federkleid junger und älterer Vögel. Mitunter werden einzelne Rotsteißpapageien unerkannt als Einzelvögel zwischen größeren Mengen von Amazonenpapageien nach Europa gebracht. Selbst wenn man sie als Rotsteißpapageien ansprechen kann, ist ihre Artbestimmung, besonders wenn es sich um Jungvögel handelt, schwierig. In der ersten Zeit nach der Ankunft sind alle Rotsteißpapageien recht empfindlich. Besonders für Pilzerkrankungen (Aspergillose) sind sie empfänglich. Neuimportierte Rotsteißpapageien sollten daher anfangs streng isoliert gehalten werden.

Schwarzohrpapagei (*Pionus menstruus*). Vorkommen: Von Costa Rica bis zum nördlichen Bolivien und zentralen Brasilien. Auch auf der Insel Trinidad. Länge 28 cm. Männchen und Weibchen gleich gefärbt. Kopf und Hals blau, Ohrenflecken schwarzbraun. Am Übergang zwischen Kopf und Kehle mit einigen roten Federn. Steißgefieder und Unterseite der Schwanzfedern rot. Schwanzfedern mit blaugrünen oder blauen Flecken. Spitzen der Schwanzfedern oberseits blau, unterseits grün. Gefieder sonst grün. Ober- und Unterschnabel an der inneren Basis rötlich, nach außen hin schwarz. Nackter Augenring grau, Augeniris dunkelbraun, Beine hellgrau. Der Schwarzohrpapagei wird von den Arten der

Bild 109. Schwarzohrpapagei (*Pionus menstruus*). Aufnahme W. de Grahl

Gattung *Pionus* am häufigsten importiert. Ältere Exemplare gewöhnen sich nur schwer ein und sind für eine Einzelhaltung kaum geeignet. Erschreckt schreien sie sehr laut und durchdringend. Kann man jedoch einen jüngeren Vogel bekommen, so können Schwarzohrpapageien recht zahm werden und meist auch etwas Sprechen lernen. Gefüttert werden sie mit einem Körnergemisch aus Sonnenblumenkernen, Hafer und Hirse. Außerdem sollte man ihnen möglichst halbreifen Mais (Maiskolben) geben oder, wenn dieser nicht zu beschaffen ist, aufgequollene Maiskörner. Obst und Grünfutter sollten nicht fehlen, und Baumzweige zum Abknabbern werden geschätzt.

Der Schwarzohrpapagei ist schon einige Male in Gefangenschaft nachgezüchtet worden. Die Unterscheidung der Geschlechter ist schwierig, doch ist der Kopf des Weibchens etwas kleiner und mehr gerundet. Zahl der Eier 4, Brutdauer 28 Tage, Nestlingszeit 60 Tage. Jungvögel sind wesentlich matter gefärbt und besitzen keine blauen Kopffedern.

Veilchenpapagei (*Pionus fuscus*). Vorkommen: Guayana, Venezuela, und im nördlichen Amazonasgebiet das Stromgebiet des Rio Negro. Länge 26 cm. Kopf bläulich-braun mit dunkelroter Stirnbinde. Rücken und Flügeldecken dunkelbraun mit helleren Säumen. Unterseite der Schwingen lilablau. Unterseite rötlichviolett. Steißgefieder und Schwanzfedern unterseits rot, Schwanzfedern mit blauen Spitzen. Schnabel dunkelgrau, zur Basismitte hin heller. Nackter Augenring weißgrau, Augeniris braun, Beine grau. Jungvögel sind heller gefärbt und haben grünliche Schwingendeckfedern. Genau wie bei der vorigen Art gewöhnen sich ältere Vögel nur schlecht ein, bleiben scheu und können erschreckt fürchterlich schreien. Jungvögel dagegen werden schnell zahm, sind äußerst liebenswürdig und schreien kaum. Meist lernen sie auch ein wenig sprechen. Neben dem Schwarzohrpapagei ist der Veilchenpapagei noch die am häufigsten eingeführte *Pionus*-Art.

Pflaumenkopfpapagei (*Pionus tumultuosus*). Vorkommen: Gebirgsgegenden Perus und Boliviens am Westabhang der Anden in Höhen zwischen 2000 und 2800 m. Länge 29 cm. Grundfärbung grün, unterseits matter. Kopf rotbraun bis rötlich, Federn an der Kehle und an den Kopfseiten mit weißer Basis. Obere Brust leicht lila getönt. Steißgefieder und Schwanzfedern unterseits rot, Schwanzfedern oberseits grün, die äußeren Federn mit weißen bzw. bläulich weißen Spitzen. Schnabel olivgelb, Augeniris braun, Beine graugrün. Je nach Herkunft kann diese Art recht variabel sein. Nur selten importiert, doch während der letzten Jahre einige Male eingeführt. Über Brutgewohnheiten dieser Art liegen nur mangelhafte Informationen vor.

Glatzkopfpapagei (*Pionus senilis*). Vorkommen: Vom südöstlichen Mexiko bis nach Panama. Stirn, Scheitel und Kehle weiß. Nacken und Kopfseiten dunkelblau, nackter Augenring gelb. Rücken und Schwanzoberseite dunkelgrün. Schwingen grün, doch sind die kleinen und mittleren Flügeldecken braun und die äußeren Schwungfedern blau. Brust olivbraun, zum Bauch hin in Olivgrün übergehend. Steißgefieder und Schwanzfedern unterseits rot, Schwanzfedern mit blauen Spitzen. Schnabel graugrün, an der inneren Basis hellgrau. Augeniris dunkel orangefarben, Beine rosa. Eine der schönsten *Pionus*-Arten, die jedoch nur ganz selten importiert wird.

Weitere Arten der Gattung *Pionus* können als Einzelvögel im Handel auftauchen, weshalb hier einige typische Merkmale genannt werden, um eine Artbestimmung zu erleichtern.

Korallenschnabelpapagei (*Pionus sordidus*). Vorkommen: Nördliches Venezuela und westliches Kolumbien, Ecuador, Peru und nördliches Bolivien. Unterscheidet sich von den übrigen *Pionus*-Arten durch einen roten Schnabel. Diese Art kann recht unterschiedlich gefärbt sein, da insgesamt 6 Unterarten beschrieben sind, und ihre Verbreitung sich auf fünf geographisch getrennte Gebiete verteilt. Alle Unterarten sind jedoch mehr oder weniger dunkel olivgrün gefärbt, auch die Schwanzfedern sind unterseits grün, und lediglich das Steißgefieder ist rot. Länge 28 cm.

Bild 110. Pflaumenkopfpapagei (*Pionus tumultuosus*). Aufnahme Th. Brosset

Maximilianspapagei (*Pionus maximiliani*). Vorkommen: Südöstliches Brasilien und nördliches Argentinien. Recht dunkler, braungrüner Papagei. Typisch ist bei dieser Art der nackte Augenring, der über und unter dem Auge zwei weiße Zonen und vor und hinter dem Auge zwei dunklere Zonen aufweist. Die gegeneinanderstehenden Schnabelhälften sind hellgrau und gehen nach oben bzw. nach unten in Schwarz über. Steißgefieder rot. Länge 29 cm.

Weißkopfpapagei (*Pionus seniloides*). Vorkommen: Kolumbien und Ecuador. Typischer Gebirgsvogel, der an den Hängen der Anden in Höhen zwischen 1200 und 2000 m vorkommt. Bei dieser Art sind Stirn und Scheitel hellgrau, Kopfseiten, Hals und Nacken braungrau und weiß gesprenkelt. Schwingen und Rücken dunkelgrün, Brust und Bauch braungrün, Steißgefieder rot, nackter Augenring weiß. Länge 30 cm.

Glanzflügelpapagei (*Pionus chalcopterus*). Vorkommen: Kolumbien, Ecuador und Peru. Gleicht der vorigen Art. Ein Bewohner gebirgigen Geländes. Grundfärbung violett. Federn am Kopf und im Nacken bronzefarben mit helleren Spitzen. Kehle weiß, obere Brustfedern mit rosafarbenen Säumen. Nackter Augenring gelblich. Länge 29 cm.

Amazonenpapageien *(Amazona)*

Mit 26 Arten sind die Amazonenpapageien nicht nur eine der artenreichsten Gattungen der Papageienvögel, für viele Laien sind sie auch oft die „Papageien“ schlechthin. Nicht nur die Artenzahl der Amazonenpapageien ist groß, viele Arten werden außerdem auch in etliche Unterarten aufgeteilt. Manchmal können die Unterarten recht verschieden aussehen, genauso oft gibt es aber fließende Übergänge. Bei den Amazonenpapageien des Festlandes kommen derartige fließende Übergänge nicht nur zwischen Unterarten, sondern selbst zwischen Arten vor. Kein Wunder also, daß die exakte Art- und Unterartbestimmung besonders bei jüngeren Importvögeln in einzelnen Fällen schwierig sein kann. Hierbei kommt als erschwerendes Moment noch hinzu, daß zwischen manchen Arten auch in der Natur Kreuzungen vorkommen können.

Die Arten des karibischen Raumes lassen sich dagegen sehr genau gegeneinander abgrenzen. Auf den Inseln und Inselchen im Karibischen Meer leben insgesamt 9 Arten, jede Art mit recht „arttypischem“ Aussehen. Leider sind mehrere dieser Inselarten ernstlich von der Ausrottung bedroht. Von einer einzigen Ausnahme abgesehen, sind Amazonenpapageien grün gefärbt. Als Hausgenossen des Menschen kennt man sie schon seit Jahrhunderten. Die Kubaamazone wird als Stubenvogel schon im 16. Jahrhundert erwähnt, und etwa seit 1820 werden Amazonen in ständig steigender Zahl eingeführt. Trotzdem blieben Nachzuchten in Europa recht selten. Auch heute noch gelingen in Zoologischen Gärten z.B. häufiger Nachzuchten von Kakadus, Graupapageien oder Aras als von Amazonen. Viele Arten sind zwar, besonders während der letzten Jahrzehnte, in Europa bzw. Nordamerika vermehrt worden, doch gibt es noch immer eine Menge ungeklärter Einzelheiten.
Als Einzelvögel gehalten, werden Amazonen meist schnell zahm, doch bleiben viele immer etwas unberechenbar. Die Beziehungen eines einzeln gehaltenen Amazonenpapageien zu den Personen seiner unmittelbaren Umgebung können recht verschieden sein: Bestimmten Personen tritt ein solcher Vogel offen und zutraulich entgegen, während er anderen gegenüber recht reserviert ist. Es kann auch vorkommen, daß er eine bestimmte Person kategorisch ablehnt oder ihr sogar agressiv begegnet. Ausgesprochene „Einpersonenvögel“ sind nicht selten. Auch paarweise oder in größerer Zahl zusammengehalten, legen Amazonen ihre anfängliche Scheu bald ab, wenn sie auch nicht so zahm werden wie einzelngehaltene Vögel. Hält man eine Amazone im Käfig, so sollte man sie täglich herauslassen. Amazonen sind lebhaft, aber nicht sonderlich beweglich, und eine Haltung auf dem Kletterbaum oder Klettergestell ist der Käfighaltung oft vorzuziehen. Gefüttert werden Amazonen mit Sonnenblumenkernen, Kürbiskernen, Erdnüssen, Hafer, Mais. Mais gibt man am besten halbreif (Maiskolben) oder vorgequollen. Außer Körnerfutter sollten sie täglich Obst erhalten. Grünfutter und frische Zweige von Pappeln, Weiden und Obstbäumen liefern nicht nur Futterstoffe, sondern sind auch ein Mittel der Beschäftigungstherapie und gut für die Schnabelabnützung.

Bei den meisten Amazonenpapageien gibt es keinerlei farbliche Unterschiede zwischen Männchen und Weibchen. Die Geschlechtsunterscheidung ist daher oft schwierig. Beim Weibchen ist jedoch der Kopf meist etwas mehr grundet, und der Schnabel ist etwas schmaler. Die Bestimmung des Geschlechts bei einem Einzelvogel ist ohne Vergleichsmöglichkeit jedoch fast unmöglich. Im Anschluß an die Artbeschreibungen werden die wichtigsten Merkmale der am häufigsten gehaltenen Amazonenpapageien nocheinmal in einer Tabelle zusammengefaßt.

Weißstirnamazone (*Amazona albifrons*). Vorkommen: Mittelamerika vom westlichen Mexiko bis Costa Rica. Länge 26 cm. Stirn weiß, Scheitel blaugrün, Zügel und Augenumgebung rot, Augenring weiß. Die vier äußeren Federn an beiden Seiten des Schwanzes sind an der Basis rot. Gefieder sonst grün, Deckfedern mit schwarzen Säumen. Schnabel hellgelb mit weißer Wachshaut. Augeniris gelbweiß, Beine hellgrau. Die Weißstirnamazone ist eine der wenigen Arten, bei denen sich die Geschlechter farblich unterscheiden. Das Männchen hat rote Federn an der Kleinschwinge (Nebenfittich), und die vorderen Deckfedern der Handschwinge sind ebenfalls rot. Beim Weibchen fehlt diese Rotfärbung. Außer der Nominatform kommen 2 weitere Unterarten vor, von denen *A. albifrons nana* kleiner ist als die Nominatform. Sonst sind die Unterschiede geringfügig. Weißstirnamazonen werden nicht mehr so häufig eingeführt wie in früheren Jahren, doch sind sie ab und zu im Handel zu finden. Ihre Sprachbegabung ist im allgemeinen gut, und einmal richtig eingewöhnt, schreien sie nur selten. Bereits mehrfach in Europa nachgezüchtet. Eizahl 2 – 4, Brutdauer 28 – 30 Tage, Nestlingszeit 60 – 65 Tage.

Gelbzügelamazone (*Amazona xantholora*). Vorkommen: Halbinsel Yucatan in Mexiko. Länge 26 cm. Ähnelt stark der vorigen Art, hat aber ein gelbes Stirnband, das sich beiderseits zwischen Schnabelbasis und Auge verbreitert. Die Augeniris ist bei dieser Art rötlicher als bei der vorigen. Nur ganz selten werden einzelne Exemplare importiert.

Tucumanaamazone (*Amazona tucumana*). Vorkommen: Südost-Bolivien und Nord-Argentinien. Länge 31 cm. Stirn rot, Federn der Kleinschwinge rot. Steißgefieder und Schwanzfedern gelbgrün. Gefieder sonst dunkelgrün, Deckfedern an Kopf, Hals, Brust und Bauch mit schwarzen Säumen. Schnabel gelbgrau mit hellgrauer Wachshaut. Augenring weiß, Augeniris gelborange, Beine hellgrau. Genau wie die vorige Art wird auch diese nur selten eingeführt. Nachzuchten in Gefangenschaft sind nicht bekannt.

Rotbrillenamazone (*Amazona pretrei*) +. Vorkommen: Südöstliches Brasilien und Nordost-Argentinien. Länge 32 cm. Steht der vorigen Art nahe, unterscheidet sich von dieser aber durch eine etwas hellere Grundfärbung. Außerdem erstreckt sich bei *A. pretrei* die Rotfärbung auf Stirn, Scheitel und Augenumgebung. Außer den Federn der Kleinschwinge sind auch der Flügelbug und die vorderen Schwingendeckfedern rot, so daß die ganze Schwinge rot umrandet ist. Die unteren Federn an den Schenkeln sind ebenfalls rot. Sehr selten und aufgrund des Washingtoner Artenschutzabkommens geschützt.

Grünwangenamazone (*Amazona viridigenalis*). Vorkommen: Nordwest-Mexiko. Länge 33 cm. Stirn, Scheitel und Zügel rot. Oberhalb des Auges bis zum Nacken erstreckt sich ein blauviolettes Band, das nach hinten breiter wird. Wangen intensiv grasgrün. Übriges Gefieder dunkelgrün, Deckfedern an Brust und Bauch mit schwarzen Säumen. Schwingen grün, Deckfedern der Handschwingen blau und rot. Schwanzfedern heller grün. Schnabel gelblich mit weißer Wachshaut. Augenring weiß, Augeniris gelb, Beine grüngrau. Auch Grünwangenamazonen gehören zu den seltener importierten Arten, doch werden sie ab und zu im Handel angeboten.

Finsch-Amazone (*Amazona finschi*). Vorkommen: Das Verbreitungsgebiet dieser Art schließt sich westlich an das der Grünwangenamazone an und umfaßt große Teile des westlichen Mexikos. 2 Unterarten; die Unterart *A. finschi woodi* ist dunkler gefärbt. Länge 33 cm. Stirn rot. Scheitel, Nacken und Halsseiten violett. Wangen hellgrün. Sonst grün gefärbt. Unterseits heller. Deckfedern auf dem Rücken, auf der Brust und am Bauch mit schwarzen Säumen. Die vorderen

Armschwingendeckfedern sind im oberen Teil rot, im unteren Teil schwarzblau. Schnabel hellgrau mit hellgrauer Wachshaut. Augenring hellgrau, Augeniris rotbraun, Beine grüngrau. Diese Amazone ist bereits in Gefangenschaft vermehrt worden, wird aber nur selten im Handel angeboten.

Gelbwangenamazone (*Amazona autumnalis*). Vorkommen: Diese Art lebt in großen Teilen Mittelamerikas von Mexiko bis Panama und im nördlichen Südamerika bis in das westliche Ecuador und das Stromgebiet des Rio Negro in Brasilien. Die Art wird in 4 Unterarten aufgeteilt, von denen außer der Gelbwangenamazone *A. a. autumnalis* noch die Salvins-Amazone *A. a. salvini* vereinzelt im Handel angeboten wird. Die Unterarten *A. a. lilacina* aus Ecuador und *A. a. diadema* aus Brasilien sind bisher nur vereinzelt eingeführt worden.
Länge 34 cm. Stirn und Zügel rot, Scheitel und Nacken blaulila. Nackenfedern mit schwarzen Säumen. Oberer Teil der Wangen gelb. Roter Flügelspiegel, gebildet durch vordere Handschwingenfedern. Gefieder sonst grün, unterseits etwas heller. Oberschnabel weißgrau, an der Spitze und an der unteren Kante dunkler, Unterschnabel grau-hornfarben. Augenring weiß, Augeniris dunkelbraun, Beine hellgrau. Die Salvins-Amazone unterscheidet sich von der Nominatform durch ihre grünen Wangen. Gelbwangenamazonen sind schon in Gefangenschaft vermehrt worden. 3 – 4 Eier sollen gelegt werden, die Brutdauer wird mit 26 Tagen und die Nestlingszeit mit 70 Tagen angegeben. Als Einzelvögel sind Gelbwangenamazonen anfangs oft recht ungestüm und können erschreckt fürchterlich schreien. Sie gewöhnen sich doch meistens bald ein und werden dann bedeutend ruhiger und schreien kaum noch. Ihre Sprachbegabung scheint nicht sonderlich groß zu sein.

Rotschwanzamazone (*Amazona brasiliensis*). Vorkommen: Südöstliches Brasilien. Länge 37 cm. Prächtige und große Art, die aber nur äußerst selten eingeführt worden ist. Stirn und Scheitel rot, Ohrenfleck blau, Halsseiten und Kehle blaulila. Rücken und Schwingen dunkelgrün, Schwingendeckfedern mit gelben Säumen, Schwungfedern mit blauen Spitzen. Schwanzfedern an der Basis blau, in der Mitte rot mit gelben Spitzen, mittlere Schwanzfeder grün mit gelber Spitze. Augenring weiß, Augeniris braun, Schnabel hellgrau, Beine grau.

Rotkronenamazone, Goldmaskenamazone (*Amazona dufresniana*). Vorkommen: Mit 2 Unterarten in zwei geographisch getrennten Verbreitungsgebieten. Die Nominatform lebt in Venezuela und Guayana, die Unterart *A. dufresnia rhodocorytha* hat ihr Verbreitungsgebiet im Osten Brasiliens von Alagoas im Norden über den östlichen Teil des brasilianischen Hochlandes bis in die Umgebung von Rio de Janeiro. Diese Unterart ist selten und in ihrer Existenz bedroht. Sie ist durch das Washingtoner Artenschutzabkommen geschützt. Länge 34 cm. Grundfärbung dunkelgrün, unterseits matter. Bei *A. d. dufresniana* Stirn gelb, Scheitelfedern gelb mit grünem Rand. Zügel und Wangen bläulich. Auf den Schwingen mit gelbem Spiegel, gebildet durch die äußeren, unteren Handschwingenfedern. Spitzen der Schwungfedern schwarzblau, Flügelbug gelblich grün. Schnabel grau, Oberschnabel an der Basis rötlich, Augenring grünlich grau, Augeniris orangefarben, Beine grau.
Bei der Unterart *A. d. rodocorytha* (Blauwangenamazone) sind Stirn und Scheitel orangerot, die Färbung geht zum Nacken hin in ein Grüngrau über. Vorderer Wangenteil und Kehle gelblich rot, hinterer Wangenteil blaugrün. Flügelbug gelblich grün, auf den Schwingen außen ein kleines rotes Feld, gebildet vom oberen Teil der unteren Handschwingendeckfedern. Schwungfedern mit schwarzblauen Spitzen. Äußere Schwanzfedern oberseits im unteren Teil mit roten Flecken, mittlere Schwanzfedern grün. Augenring blau, Augeniris, Schnabel und Beine wie bei der Nominatform. Innerhalb des Verbrei-

Von links oben nach rechts unten:

Bild 111. Weißstirnamazone (*Amazona albifrons*), Männchen.

Bild 112. Grünwangenamazone (*Amazona viridigenalis*).

Bild 113. Finsch-Amazone (*Amazona finschi*).

Bild 114. Gelbwangenamazone (*Amazona autumnalis autumnalis*).

Bild 115. *Amazona autumnalis salvini.*

Bild 116. Blauwangenamazone (*Amazona dufresniana rhodocorytha*).
Aufnahmen Th. Brosset

tungsgebietes kommen jedoch bei dieser Unterart beträchtliche Farbunterschiede vor. Diese Amazonenpapageien gehören mit zu den bisher am wenigsten erforschten Arten. Sie werden nur selten importiert und sind selbst an Zoologischen Gärten Raritäten.

Blaubartamazone (*Amazona festiva*). Vorkommen: Bewohnt mit 2 Unterarten zwei getrennte Verbreitungsgebiete. Die Nominatform lebt im oberen Amazonasgebiet, westlich von Manaos bis zum östlichen Peru und dem östlichen Ecuador. Die Unterart *A. festiva bodini* lebt im Stromgebiet des Orinoco (Venezuela) und in Guayana. Länge 34 cm. Grundfärbung grün. Über die Stirn bis zu den Augen erstreckt sich ein rotes bis braunrotes Band. Ein schmaler Streifen über und hinter dem Auge und die Kehle sind blau. Hinterrücken und Bürzel leuchtend rot. Spitzen der Schwungfedern blauschwarz, Augenring blaugrau, Augeniris orangefarben. Schnabel grau mit blaugrauer Wachshaut, Beine grau.
Die Unterart *A. f. bodini* ist unterseits mehr gelbgrün gefärbt. Das Rot des Zügelbandes erstreckt sich bei ihr auch auf die Stirn, und die Scheitelfedern sind rötlich getönt. Es werden fast nur Vögel der Nominatform eingeführt.
Blaubartamazonen stehen mit vollem Recht in dem Ruf, sehr schnell zahm zu werden, und sie sind, da sie auch im Wesen liebenswürdig sind, ideale Hausgenossen. Ihr Sprachvermögen ist jedoch nur wenig ausgeprägt, und mehr als ein paar Worte lernen sie kaum. Im Nachahmen anderer Geräusche sind sie meist tüchtiger als im Nachahmen menschlicher Laute. Bisher, soweit bekannt, noch nicht nachgezüchtet.

Gelbbauchamazone (*Amazona xanthops*). Vorkommen: Zentrales südliches Brasilien, Länge 27 cm. Kleine und sehr schöne Art, die aber kaum im Handel angeboten wird. Kopf und Hals gelb. Federn im Nacken und auf der oberen Brust mit schwarzen Säumen. Brustseiten rötlich, Brustmitte und Bauch gelb. Schenkel und Steißgefieder hellgrün. Rücken und Schwingen dunkler grün. Schwanzfedern oberseits grün, unterseits gelb mit roter Basis. Augenring weiß, Augeniris gelb, Schnabel gelbgrau mit weißer Wachshaut. Beine dunkelgrau. Jungvögel sind matter gefärbt und grüner. Die Rotfärbung bildet sich erst im 2. oder 3. Lebensjahr vollständig aus.

Gelbschulteramazone, Kleine Gelbkopfamazone (*Amazona barbadensis*). Vorkommen: Im venezulanischen Küstengebiet, auf einigen vorgelagerten Inseln sowie auf Curaçao. 2 wenig differenzierte Unterarten. Länge 33 cm. Stirn weiß, Scheitel, Augenumgebung und oberer Wangenteil gelb, unterer Wangenteil blaugrau. Flügel, Bug und Schenkel gelb. Deckfedern der Handschwingen bläulich bis schwarz mit einem roten Feld in der Mitte. Schwanzfedern mit bläulicher Außenfahne. Augenring grauweiß, Augeniris gelb. Schnabel hellgrau-hornfarben mit grauer Wachshaut. Beine grau. Die Art ist äußerst variabel, und es kommen Übergangsformen zu *Amazona amazonica* und *Amazona ochrocephala* vor.

Bild 117. Gelbschulteramazone (*Amazona barbadensis*). Aufnahme Th. Brosset

Äußerst selten importiert. Soll sehr sprachbegabt sein.

Blaustirnamazone, Rotbugamazone (*Amazona aestiva*). Vorkommen: Nordöstliches Brasilien bis nach Paraguay und dem nördlichen Argentinien. 2 Unterarten, von denen die Unterart *A. aestiva xanthopteryx* im südlichen Teil des Verbreitungsgebietes vorkommt. Eine der schönsten und am häufigsten gehaltenen Arten. Länge 37 cm. Stirn intensiv blau. Scheitel, Augenumgebung, Wangen und Vorderhals gelb. Nacken- und Rückengefieder grün mit schwarzen Federsäumen. Brust und Bauch grün, nach hinten heller werdend. Schwingen grün, Flügelbug rot, im Bereich der Handschwingendeckfedern ein rotes Feld. Schwungfedern mit blauschwarzen Spitzen. Schwanzfedern grün, unterseits an der Basis rot. Augenring weiß, Augeniris dunkelbraun. Schnabel dunkelgrau mit schwarzgrauer Wachshaut. Beine grau. Bei der Unterart *A. a. xanthopteryx* sind die roten Abzeichen an den Schwingen mit Gelb gemischt; sie können bei einzelnen Vögeln auch rein gelb sein. Auf diese Unterschiede sei hier hingewiesen, da mitunter angegeben wird, die Männchen hätten mit Gelb gemischte rote Abzeichen an den Schwingen. Diese Farbunterschiede sind also keine Geschlechtsmerkmale, sondern Unterschiede zwischen zwei Unterarten.
Blaustirnamazonen sind, wenn man sie als Jungvögel erhält, äußerst nette und verspielte Hausgenossen; ihr Sprachvermögen ist jedoch nicht so groß wie oft angenommen wird. Doch gibt es unter Blaustirnamazonen unzweifelhaft auch gute Sprecher. Ihre Nachzucht ist schon öfter gelungen, und sie sind auch mit der Großen Gelbkopfamazone erfolgreich gekreuzt worden. Eizahl 2 – 4, Brutdauer 29 Tage, Nestlingszeit 60 – 70 Tage.

Die Art *Amazona ochrocephala* bewohnt große Gebiete in Mittelamerika und im nördlichen Südamerika, lebt aber in mehreren deutlich getrennten Gebieten. Insgesamt sind 9 gut gegeneinander abgrenzbare Unterarten beschrieben worden. Bei einigen dieser Unterarten ist die Variationsbreite der Färbung beträchtlich. Neben Vögeln von mehr hellgrüner Färbung kommen auch solche vor, die mehr olivgrün gefärbt sind. Mehrere Vertreter dieser Unterarten gehören zu den am häufigsten gehaltenen Amazonenpapageien überhaupt.

Bild 118. Blaustirnamazone (*Amazona aestiva*). Aufnahme H. Jesse

Surinamamazone, Gelbscheitelamazone (*Amazona ochrocephala ochrocephala*). Vorkommen: Von Guayana bis zum Stromgebiet des Rio Tapajoż im nördlichen Brasilien; auch auf Trinidad. Länge 37 cm. Grundfarbe grün, oberseits dunkler mit schwarzen Federsäumen auf Nakken und Rücken. Stirn und vorderer Teil des Scheitels gelb, Wangen gelbgrün, über dem Auge ein breiter, grüner Streifen. Flügelbug scharlachrot, Handschwingen mit rotem Spiegel. Schwingen mit gelber vorderer Kante, (diese gelbe Kante kann bei manchen Vögeln fehlen). Schwanzfedern grün und an der Basis rot, äußere Schwanzfedern mit bläulichen Außenfahnen. Augenring grau, Augeniris orangefarben. Schnabel schwarzgrau mit einem weißroten Fleck beiderseits an der Basis des Oberschnabels, Schnabelwachshaut schwarz. Beine blaugrau.
Die Surinamamazone wird leicht zahm und ist recht sprachbegabt. Schon mehrfach nachgezüchtet. Eizahl 2 – 4, Brutdauer 29 Tage, Nestlingszeit 65 Tage.

Panamaamazone, Gelbstirnamazone (*Amazona ochrocephala panamensis*). Vorkommen: Nördliches Kolumbien und Panama. Länge 33 cm. Ähnelt der Surinamamazone, doch fehlen im Rückengefieder die schwarzen Federsäume. Bei der Panamaamazone haben die Nackenfedern blaugrüne Säume. Stirn und Scheitel mit gelbem, dreieckigem Fleck. Schnabel einfarbig horngelb. Augenring hellgrau, Augeniris braunrot. Beine hornfarben, fast weiß und mit weißen Krallen. Als Einzelvogel einer der zahmsten und gelehrigsten Amazonenpapageien. In den USA bereits nachgezüchtet.

Gelbnackenamazone (*Amazona ochrocephala auropalliata*). Vorkommen: Mittelamerika vom südwestlichen Mexiko bis nach Costa Rica. Länge 39 cm. Grundfärbung grün, Kopfgefieder unbestimmt blaugrün, im Nacken ein gelber Fleck. Kleiner, roter Fleck unterhalb der Armschwingendeckfedern, sonst vollständig grün. Schnabel grau mit schwarzgrauer Wachshaut. Augenring grau, Augeniris orange, Beine hellgrau. Die Gelbnackenamazone soll der beste Sprecher unter den Amazonenpapageien sein. Schon häufiger nachgezüchtet. Eizahl, Brutdauer usw. wie bei der Surinamamazone.

Große Gelbkopfamazone (*Amazona ochrocephala oratrix*). Vorkommen: Mexiko und Honduras. Länge 41 cm. Kopf und Hals gelb, Gefieder sonst grün, Bauch mit blaugrauem Schimmer. Schwanzfedern grün, an der Basis rot mit gelben Spitzen. Flügelbug und Flügelspiegel rot. Einzelne, verstreute, gelbe Federn im Gefieder sind nicht selten. Augenring weiß, Augeniris rot und zur Kehle hin gelb. Schnabel hellgelb mit gelber Wachshaut. Beine hellbraun. Große und recht lebhafte Art, daher als Hausgenosse nicht ganz so gut geeignet wie ihre kleineren Verwandten. Bereits nachgezüchtet. Sehr ähnlich der Großen Gelbkopfamazone ist *Amazona ochrocephala tresmariae,* eine Unterart, die noch etwas größer wird als die Große Gelbkopfamazone und auf Tres Marias Island und der gegenüberliegenden Küste im Westen Mexikos vorkommt. Vereinzelt sind Vögel dieser Unterart als Große Gelbkopfamazonen in den Handel gelangt.

Orangeflügelamazone (*Amazona mercenaria*). Vorkommen: Einziger Amazonenpapagei, der ein typischer Gebirgsbewohner ist. Diese Art lebt an den Hängen der östlichen und zentralen Kordilleren in Venezuela und Kolumbien und in den östlichen und zentralen Anden in Ecuador, Peru und Bolivien. Hauptsächlich ist sie in Höhen zwischen 800 und 2500 m anzutreffen, doch sind auch Vorkommen bis in 3500 m Höhe bekannt. Länge 34 cm. Mit Ausnahme des gelben Flügelbugs und einiger roter Flecken auf den Schwanzfedern fast vollständig grün gefärbt. Augenring weiß, Augeniris rot. Schnabelwachshaut dunkelgrau, Schnabel blaugrau, Oberschnabel mit hellerer Zone an der Basis. Beine grau. Bisher ist diese Art nur in Einzelexemplaren in Zoologischen Gärten gezeigt worden. Sie hat für die Vogelliebhaberei keine Bedeutung und wird hier nur der Vollständigkeit halber erwähnt.

Venezuelaamazone (*Amazona amazonica*). Vorkommen: Die Nominatform bewohnt Kolumbien, Venezuela, Guayana und große Teile Brasiliens, im Süden bis in die Umgebung von Rio de Janeiro und im Westen bis nach Peru. Die Unterart *A. a. tobagensis* lebt auf den Inseln Trinidad und Tobago. Länge 31 cm. Stirn und Wangen gelb. Vom Auge bis zur Schnabelwurzel erstreckt sich ein hellviolettes Band. Bei manchen Exemplaren kann dieses Band auch über die Stirn direkt oberhalb der Schnabelwachshaut verlaufen und das Gelb der Stirn auf den Scheitel verschoben sein. Flügelbug gelbgrün, Flügelspiegel orangerot. Innenfahnen der Schwanzfedern orangerot. Augenring grau bis graublau, Augeniris hell-orange. Schnabelwachshaut grau, Schnabel hellgrau mit dunklerer Spitze. Beine graubraun.
Die Venezuelaamazone ist innerhalb ihres großen Verbreitungsgebietes äußerst variabel. Es kommen fließende Übergänge zu *A. aestiva* und *A. o. ochrocephala* vor. Venezuelaamazonen werden oft eingeführt und eignen sich auch gut zur Einzelhaltung. Sie werden meist recht zahm und

Von links oben nach rechts unten:

Bild 119. Surinamamazone (*Amazona ochrocephala ochrocephala*).
Aufnahme H. Reinhard
Bild 120. Panamaamazone oder Gelbstirnamazone (*Amazona ochrocephala panamensis*). Aufnahme Hemerka/de Grahl
Bild 121. Gelbnackenamazone (*Amazona ochrocephala auropalliata*). Aufnahme W. de Grahl
Bild 122. Große Gelbkopfamazone (*Amazona ochrocephala oratrix*). Aufnahme W. de Grahl

Bild 123 (links). Venezuelaamazone (*Amazona amazonica*). Aufnahme H. Bielfeld

Bild 124 (rechts). Mülleramazone (*Amazona farinosa*). Aufnahme Th. Brosset

sprechen leidlich. Bereits in Gefangenschaft vermehrt.

Mülleramazone (*Amazona farinosa*). Vorkommen: Südliches Mexiko über Mittelamerika bis nach Brasilien. Südlichste Ausbreitung Mato Grosso. 5 Unterarten. Die Unterarten sind jedoch wenig verschieden, und die Art ist ganz allgemein äußerst variabel. Länge 38 cm. Grundfärbung dunkelgrün, unterseits heller. Scheitel gelblich rot. Nacken und obere Halsseite blau schimmernd mit schwarzen Federsäumen. Die Oberseite wirkt weiß eingepudert (daher der Name Mülleramazone). Flügelbug und Flügelspiegel rot. Schwanzfedern grünlich, die Enden der Schwanzfedern sind hellgrün und bilden ein Band am Schwanzende. Die Scheitelfärbung kann bei jüngeren Exemplaren fehlen und bei manchen Unterarten anders aussehen. Augenring grau, Augeniris rot. Schnabelwachshaut schwarzgrau, Schnabel grau. Beine grau. Bei der Unterart *A. farinosa inornata* aus Panama und Venezuela fehlt die Scheitelfärbung vollständig.
Mülleramazonen werden zwar nicht in größerer Zahl aber doch ziemlich regelmäßig eingeführt. Es sind robuste und verhältnismäßig lebhafte Vögel, die sich auch gut für die Einzelhaltung eignen.

Taubenhalsamazone, Weinrote Amazone (*Amazona vinacea*)+. Vorkommen: Südöstliches Brasilien, östliches Paraguay und nordöstliches Argentinien. Länge 30 cm. Grundfärbung grün, Stirn rot, Scheitel grün, Wangen grün, Nackengefieder bläulich, Rücken grün, alle Federn mit schwarzen Säumen. Kehle, Brust und obere Bauchhälfte bläulich-weinrot, Federsäume dunkler. Flügelbug hellrot, die drei ersten Handschwingendeckfedern bilden einen kleinen, purpurroten Flügelspiegel. Augenring hellgrau bis

Bild 125. Taubenhalsamazone (*Amazona vinacea*). Aufnahme Hemerka/de Grahl

weiß, Augeniris braunrot, Schnabel rot mit heller Spitze. Jungvögel sind matter gefärbt, und es fehlt ihnen das Weinrot. Im Ausfärbungsstadium geht die Rotfärbung von der Brustmitte aus und weitet sich nach oben und unten aus. Der Schnabel der Jungvögel ist zunächst hell, verfärbt sich danach in Braunrot und schließlich in Hochrot um. Die mitunter beschriebenen Farbunterschiede, die oft als geschlechtsbedingt betrachtet werden, sind wahrscheinlich weitgehend altersbedingt. Die Männchen sind jedoch bei direktem Vergleich ein wenig intensiver gefärbt, und die Rotfärbung erstreckt sich bei ihnen weiter nach unten auf den Bauch. Diese Farbunterschiede sind jedoch äußerst vorsichtig zu werten, besonders dann, wenn das exakte Alter der Vögel nicht bekannt ist.
Die ersten Taubenhalsamazonen wurden etwa um 1880 nach Deutschland eingeführt. Seitdem sind sie sporadisch in kleinerer Zahl laufend eingeführt worden. Auch nachdem die Art durch die Bestimmungen des Washingtoner Artenschutzabkommens geschützt wurde, sind Importvögel im Handel angeboten worden. Offenbar werden in manchen südamerikanischen Ländern die Schutzbestimmungen bisher noch nicht voll eingehalten. Als Stubenvögel sind Taubenhalsamazonen äußerst liebenswürdig. Sie gewöhnen sich zwar nicht ganz so schnell ein wie die meisten ihrer Verwandten, werden aber sehr zahm, wenn sie sich erst einmal richtig an ihre Umgebung gewöhnt haben. Sie haben eine große Begabung, alle möglichen Geräusche lautrichtig nachzuahmen und gehören zu den besten Sprechern.

Die bisher behandelten Amazonenpapageien leben alle auf dem amerikanischen Festland, wenn auch von einzelnen Arten Populationen auf Inseln wie z. B. Trinidad, Tobago und einigen anderen Inseln vorkommen. Im karibischen Raum leben weitere Amazonenarten, deren Verbreitung oft auf eine bestimmte Insel beschränkt ist. Arten, die nur auf einem begrenzten Raum vorkommen, sind eher in ihrer Existenz gefährdet als Arten in großen Verbreitungsgebieten. Inselarten laufen also eher Gefahr, ausgerottet zu werden, und diese Gefahr ist um so größer, je kleiner die Insel ist, auf der die betreffende Art vorkommt. Der überwiegende Teil der während der letzten 150 Jahre ausgerotteten bzw. ausgestorbenen Vogelarten waren solche endemischen Inselarten. Die Amazonen des karibischen Raumes machen hier keine Ausnahme. Verschwunden sind die Arten, die einmal auf Guadeloupe und Martinique lebten. Bis heute existierende Arten auf den Nachbarinseln St. Vincent, St. Lucia und Dominica sind aufs äußerste bedroht und vielleicht nicht mehr zu retten. Es wäre jedoch verkehrt, in erster Linie die Vogelliebhaber Europas und Nordamerikas dafür verantwortlich zu machen. Der Fang lebender Vögel hat auf diesen Inseln keinen nennenswerten Umfang gehabt und auf den Bestand der Papageien weitaus weniger eingewirkt, als der Umstand, daß die verhältnismäßig großen Inselpapageien von der einheimischen Bevölkerung als legale Jagdbeute betrachtet wurden und z. T. auch heute noch werden. Ob die Schutzbestimmungen des Washingtoner Artenschutzabkommens die Situation verbessern können, wird weitgehend davon abhängen, ob die Jagd auf diese Vögel unterbunden werden kann.
Etwas anders ist die Situation der ebenfalls gefährdeten Kubaamazonen und Puerto-Rico-Amazonen. Noch in den ersten Jahren nach dem 2. Weltkrieg wurden diese Arten in größerer Zahl nach Europa und Nordamerika ausgeführt, und gleichzeitig begrenzten Waldrodungen die Existenzgrundlagen dieser Arten mehr und mehr. Die Kubaamazone ist seit etwa 20 Jahren aufs schärfste geschützt, und nur ganz wenige Exemplare wurden während der letzten beiden Jahrzehnte an gut renommierte Zoologische Gärten abgegeben. Seit dem Inkrafttreten des Washingtoner Artenschutzabkommens wird auch die Ausfuhr von Papageien aus Puerto Rico genau überwacht. Auf Jamaica, Haiti und Puerto Rico kommen noch drei weitere Amazonenarten vor, die keinen besonderen Schutzbestimmungen unterliegen (*A. collaria, A. ventralis* und *A. agilis*). Alle anderen karibischen Arten dürfen nicht gehandelt werden. An Zoologischen Gärten mit guten Papageienbeständen oder in ausgesprochenen Vogelparks, wie z. B. Walsrode in Deutschland oder Wassenaar in Holland, kann man diese Arten finden.

Amazona collaria. Vorkommen: Jamaica. Länge 28 cm. Grundfärbung dunkelgrün, unterseits heller. Stirn mit schmalem, weißem Band. Scheitel und Augenumgebung blau, Scheitelfedern

Bild 126. Blaukronenamazone (*Amazona ventralis*). Aufnahme W. de Grahl

mit schwarzen Säumen. Kehle, Vorderhals und Halsseiten rot. Äußere Handschwingendeckfedern und Schwungfedern blau. Schwanzfedern grün mit gelben Spitzen, äußere Schwanzfedern mit roten Außenfahnen. Augenring weiß, Augeniris schwarzbraun. Schnabel hellgelb, Beine gelbrötlich.

Blaukronenamazone (*Amazona ventralis*). Vorkommen: Haiti (Hispaniola) und Puerto Rico. Länge 28 cm. Der deutsche Name ist etwas irreführend. Stirn und eine Zone zwischen Schnabel und Auge weiß. Schräg hinter dem Auge ein dunkelbrauner Ohrenfleck. Federn auf dem Scheitel matt bläulich mit schwarzen Säumen. Hals- und Nackenfedern grün mit schwarzen Säumen. Untere Bauchhälfte braunrot. Handschwingendeckfedern und Schwungfedern blau. Schwanzfedern oberseits grün, unterseits an der Basis rot, Spitzen gelb. Augenring weiß, Augeniris dunkelbraun, Schnabel gelblich-hornfarben, Beine rötlich-grau.
Blaukronenamazonen sind bereits mit Erfolg in Gefangenschaft vermehrt worden. Eizahl 3, Brutdauer ca. 24 Tage, Nestlingszeit 60–65 Tage. Das Weibchen brütete alleine und wurde in regelmäßigen Abständen vom Männchen gefüttert (nach Gates 1971).

Jamaicaamazone, Schwarzschnabelamazone (*Amazona agilis*). Vorkommen: Jamaica. Länge 25 cm. Grundfärbung dunkelgrün, mit Ausnahme des schwarzgrünen Nackengefieders der blauen äußeren Handschwingendeckfedern und der schwarzblauen Schwungfedern samt einem kleinen, roten Flügelspiegel und rötlichen Außenfahnen an den Schwanzfedern. Augenring dunkelgrau, Augeniris dunkelbraun, Schnabel grau. Spitze des Oberschnabels dunkler, Schnabelwachshaut dunkelgrau. Beine grüngrau.

Puerto-Rico-Amazone (*Amazona vittata*) + Vorkommen: Puerto Rico. Länge 29 cm. Grundfärbung dunkelgrün. Stirn rot. Federn auf Kopf, Nacken und Hals mit schwarzen Säumen. Färbung unterseits heller, mehr gelblich grün. Äußere Handschwingendeckfedern blau, Schwungfedern dunkelblau. Schwanzfedern grün mit gelblichen Spitzen. Augenring weiß, Augeniris braun. Schnabel gelblich-hornfarben, Schnabelwachshaut hellgrau. Beine gelbbraun.

Saint-Lucia-Amazone (*Amazona versicolor*) +. Vorkommen: Auf der Insel St. Lucia in der Inselkette der Kleinen Antillen. Länge 43 cm. Stirn und Scheitel blau, Wangen heller blau, Nackengefieder olivgrün. Brust und Bauch braunrot und grünlich gesprenkelt. Dieses Farbmuster wird durch grüne Federn mit mehr oder weniger breiten, braunroten Federsäumen gebildet. Nacken und Rückengefieder mit schwarzen Federsäumen. Schwingen grün mit kleinem, rotem Spiegel. Steißgefieder hellgrün, Schwanz oberseits dunkelgrün, unterseits heller. Augenring hellgrau, Augeniris orangefarben. Schnabel grau, Schnabelwachshaut schwarzgrau, Beine grau.

Bild 127. Blaukopfamazone (*Amazona arausiaca*). Aufnahme Th. Brosset. Aufgenommen im Vogelpark Walsrode.

Blaukopfamazone (*Amazona arausiaca*) +. Vorkommen: Die Insel Dominica in den Kleinen Antillen. Länge 40 cm. Stirn, Scheitel, Wangen und Vorderhals hellblau, Kehle mit weinrotem Fleck. Der gelbrote Flügelspiegel wird durch die äußeren Handschwingendeckfedern gebildet. Schwungfedern schwarzblau. Äußere Schwanzfedern mit gelbgrünen Spitzen. Übriges Gefieder grasgrün. Augenring grau, Augeniris orangefarben. Schnabel hellgrau-hornfarben, Schnabelwachshaut dunkelgrau. Beine grau.

Kuba-Amazone (*Amazona leucocephala*) +. Vorkommen: Außer auf Kuba auch auf den Bahamas und einigen kleinen Inseln vor der kubanischen Küste. Länge 32 cm. Stirn, Scheitel und Augenumgebung weiß. Ohrenfleck schwarzbraun. Vorderwangen und Kehle rot. Voll ausgefärbte Vögel tragen auf der Bauchseite ein weinrotes Feld. Alle Deckfedern mit Ausnahme der roten Kehlfedern mit schwarzen Säumen. Vordere Schwingendeckfedern blau. Schwanzfedern oberseits grün, unterseits gelbgrün mit roter Basis. Augenring weiß, Augeniris dunkelbraun. Schnabel weißhornfarben, Schnabelwachshaut weiß. Beine rotbraun bis rosa.
Man hat mehrere Unterarten beschrieben, die aber wenig differenziert sind. Eine Ausnahme in dieser Hinsicht ist *A. leucocephala caymanensis*, die sich deutlich von der Nominatform unterscheidet. Kuba-Amazonen waren wahrscheinlich die ersten Amazonen, die als Stubenvögel gehalten wurden. Einzelvögel werden sehr zahm und anhänglich. Ihre Nachzucht in Gefangenschaft gelang erstmalig 1922 in Japan. Seitdem ist diese Art sowohl in England als auch an Zoologischen Gärten in Osteuropa schon öfter nachgezüchtet worden. Eizahl 3 – 4, Brutdauer 30 Tage, Nestlingszeit 65 – 70 Tage.

Königsamazone (*Amazona guildingii*) +. Vorkommen: Die Instel St. Vincent in den Kleinen Antillen. Länge 40 cm. Die Königsamazone ist die einzige nicht grün gefärbte Amazone. In ihrem Gefieder kommen zwischen rotbraun und goldfarben alle Nuancen vor. Stirn und Scheitel sind weißgelb. Wangen dunkler gelb und zum Halse hin in blaue und rötliche Töne übergehend. Das

Bild 128. Kuba-Amazone (*Amazona leucocephala*). Aufnahme A. Grambow

Tabelle 4. Typische Kennzeichen einiger Amazonenpapageien

	Stirn	Scheitel	Wangen	Zügel	Kehle	Flügelbug	Flügelspiegel	Besondere Merkmale
Weißstirnamazone (*Amazona albifrons*)	weiß	blaugrün	oben rot	rot	grün	grün	an der vorderen Kante rot	Zügel und Oberwange bilden rote Augenumgebung
Gelbwangenamazone (*Amazona autumnalis*)	rot	blau-lila	gelb	rot	grün	gelbgrün	an der vorderen Kante rot	Nacken blau-lila, Nackenfedern mit schwarzem Saum
Blaubartamazone (*Amazona festiva*)	rot-braun	grün	grün	rot-braun	blau	grün	fehlt	Unterer Rücken intensiv rot
Blaustirnamazone (*Amazona aestiva*)	blau	gelb	gelb	gelb	gelb	rot	rot	Nackengefieder mit schwarzen Federsäumen
Surinamamazone (*Amazona o. ochrocephala*)	gelb	vorne gelb	grün	grün	grün	rot	rot	Oberschnabel an der Basis weiß-rötlich
Panamaamazone (*Amazona o. panamensis*)	Zeichnungen wie bei der Surinamamazone. Nackenfedern mit blauen Säumen, Schnabel einfarbig horngelb, Beine weißgrau mit weißen Krallen.							
Gelbnackenamazone (*Amazona o. auropalliata*)	grün	grün	grün	grün	grün	einige Federn rot	rot	im Nacken großer, gelber Fleck
Große Gelbkopfamazone (*Amazona o. oratrix*)	gelb	gelb	gelb	gelb	gelb	rot	rot	Kopf, Nacken und Hals rein gelb, Schnabel gelb
Venezuelaamazone (*Amazona amazonica*)	gelb	blau-grün	gelb	grün	grün	gelbgrün	rot	Schwanzfedern unterseits mit roten Zonen
Mülleramazone (*Amazona farinosa*)	gelb-rot	grün	grün	grün	grün	rot	rot	Oberseite wirkt wie eingepudert

Taubenhalsamazone (*Amazona vinacea*)	rot	grün	grün	rot	blau-rötlich	hellrot	dunkelrot	Erwachsene Vögel mit blaurotem Brust- und Bauchgefieder
Blaukronenamazone (*Amazona ventralis*)	weiß	matt-blau	grün	weiß	mit wenigen roten Federn	gelbgrün	fehlt	Braunroter Ohrenfleck und braunroter Fleck auf dem Unterbauch
Puerto-Rico-Amazone (*Amazona vittata*)	rot	grün	grün	rot	grün	grün	fehlt	Federn am Hals und Nacken mit schwarzen Säumen
Kuba-Amazone (*Amazona leucocephala*)	weiß	weiß	vorne rot, hinten braun	weiß	rot	grün	fehlt	Erwachsene Vögel mit weinrotem Feld auf der Bauchmitte, schwarzbrauner Ohrenfleck

Gefieder des Rückens und die oberen Schwingendeckfedern sind rötlich, gelblich und grünlich, die äußersten Spitzen der Schwingendeckfedern rötlich. Schwungfedern blau bis blaugrün. Unterseits mehr grünlich-rotbraun, Schenkel rotbraun. Schwanzfedern blau mit gelben Spitzen. Als Jungvögel sind jedoch auch die Königsamazonen grün gefärbt. Augenring hellgrau, Augeniris orangefarben. Schnabel gelbgrau-hornfarben, Schnabelwachshaut grau. Beine hellgrau.

Bild 129. Königsamazone (*Amazona guildingii*). Aufnahme Th. Brosset

An mehreren Zoologischen Gärten befinden sich Bestände dieser seltenen Art, in Deutschland z. B. am Vogelpark Walsrode, so daß die berechtigte Hoffnung besteht, diese Amazone in größerer Zahl vermehren zu können. Am Zoologischen Garten in Houston (USA) ist 1972 erstmals die Nachzucht dieser Art gelungen.

Kaiseramazone (*Amazona imperialis*) +. Vorkommen: Gleich dem der bereits erwähnten Blaukopfamazone die Insel Dominica in den Kleinen Antillen. Größte Amazone, Länge 45 cm. Unter Papageienfreunden hat der Name Kaiseramazone einen fast mystischen Klang. Nur wenige haben schon einmal lebende Kaiseramazonen gesehen. Diese Art wird nur an ganz

wenigen Zoologischen Gärten gehalten, und in Deutschland dürfte der Vogelpark Walsrode der einzige Park sein, in dem diese Art zu sehen ist. Es ist äußerst zweifelhaft, ob die wildlebenden Restbestände noch zu retten sind.
Stirn und Wangen rötlich-blaugrau. Scheitel, Augenumgebung und Nacken bläulich schimmernd. Brust- und Bauchgefieder bläulich-rot mit dunkleren Federsäumen. Rücken und Schwingen dunkelgrün, am Flügelbug grün, an der Basis blau. Augenring blaugrau, Augeniris rot-orange. Schnabel grau-hornfarben, Schnabelwachshaut grau, Beine grau.

Fächerpapageien *(Deroptyus)*

Aus einer Art bestehende Gattung, die den Amazonenpapageien nahesteht. Ihre systematische Stellung ist jedoch umstritten, und sie nimmt in mancher Hinsicht eine Sonderstellung ein. Typisch für Fächerpapageien sind die verlängerten Nackenfedern, die aufgerichtet werden können und so einem Fächer gleichen.

Bild 130. Fächerpapagei (*Deroptyus accipitrinus*). Aufnahme W. de Grahl

Fächerpapagei (*Deroptyus accipitrinus*). Vorkommen: Stromgebiet des Amazonas bis zum östlichen Peru, Venezuela, Guayana und das südöstliche Kolumbien. 2 Unterarten, die sich durch etwas unterschiedliche Nuancen des Kopfgefieders unterscheiden. Länge 35 cm. Stirn und Scheitel gelblichweiß. Kopf und Halsseiten braun mit hellen Flecken. Nackengefieder aufrichtbar, Farbe der Nackenfedern braunrot bis rot mit blauen Federsäumen. Oberseite, Schwingen und Steißgefieder dunkelgrün. Schwungfedern schwarz. Schwanzfedern dunkelgrün mit blauen Spitzen. Rote Flecken an der Unterseite der Schwanzfedern sollen ein Geschlechtsmerkmal sein und beim Weibchen fehlen(?) Gefüttert werden Fächerpapageien wie Amazonen, doch sollte man ihnen viel Früchte reichen, die sie sehr schätzen. Der Fächerpapagei ist ein ruhiger Vogel, der meist sehr schnell zahm wird. Erschreckt kann er aber doch sehr laut schreien. Fächerpapageien sind schon mehrere Male in Europa nachgezüchtet worden. Eizahl 2 – 4, Brutdauer 28 Tage, Nestlingszeit 60 Tage.

Purpurbäuche *(Triclaria)*

Eine nur aus einer Art bestehende Gattung, bei der die Geschlechter unterschiedlich gefärbt sind.

Purpurbauchpapagei (*Triclaria malachitacea*). Vorkommen: Südöstliches Brasilien. Länge 28 cm. Grundfärbung grün. Scheitel und Nacken leicht bläulich angehaucht. Auf der unteren Brust und dem Bauch hat das Männchen einen violettblauen Fleck. Steißgefieder grün, Schwanzfedern unterseits bläulich. Schwungfedern violettblau. Augenring weiß, Augeniris dunkelbraun, Beine grau, Schnabel hellgrau-hornfarben.
Früher kamen mitunter Einzelexemplare dieser Art mit Amazonenimporten aus Brasilien. Heute wird dieser Papagei kaum im Handel angeboten und ist eine Rarität. In England hat diese Art schon gebrütet, doch gelang die Aufzucht der Jungvögel nicht.

Literatur

Bücher

ASCHENBORN, C.: Die Papageien. Minden 1967

BARRETT, C.: Parrots of Australia. Melbourne 1949

BATES, H. und R. L. BUSENBARK: Parrots and related Birds. Jersey City 1969

BERNDT, R. und W. MEISE: Naturgeschichte der Vögel. 3 Bde. Stuttgart 1966

BOETTICHER, H. VON: Papageien. Wittenberg-Lutherstadt 1959

DATHE, H.: Handbuch des Vogelliebhabers. Bd. 1. Berlin 1974

DOST, H.: Sittiche und andere Papageien. Leipzig, Jena, Berlin 1968

EBERT, U.: Vogelkrankheiten. Hannover 1978 (mit umfangreichem veterinär-medizinischem Literaturnachweis)

ENEHJELM, C. AF: Käfige und Volieren. Stuttgart 1976

ENEHJELM, C. AF: Papageien. Stuttgart 1979

ENEHJELM, C. AF: Sittiche. Stuttgart 1979

FISCHER, R.: Papageien und Sittiche. Eine kurzgefaßte Sachkunde für Händler und Züchter. Hannover 1975

FORSHAW, J. M.: Australian Parrots. Melbourne 1969

FORSHAW, J. M.: Parrots of the World. Melbourne 1973
(In diesem Buch sind alle bekannten Papageienarten beschrieben und abgebildet; auch ausgestorbene bzw. ausgerottete Arten sind erfaßt, soweit sie wissenschaftlich beschrieben wurden)

GERBERT, H. und M. GERBERT: Australische Sittiche in der Voliere. Berlin 1968

GRAHL, W. DE: Papageien in Haus und Garten. Stuttgart 1977

GRAHL, W. DE: Der Graupapagei. Hamburg 1976

GRAHL, W. DE: Papageien unserer Erde. 2. Bde. Hamburg 1973/1974

GRAHL, W. DE: Atlas Papageien. Braunschweig 1979

GRAHL, W. DE: Atlas Sittiche. Braunschweig 1974 (Neuauflage in Vorbereitung)

GROEN, H. D.: Australische Sittiche. Groningen 1963

GRZIMEK, B.: Grzimeks Tierleben. Bd. 8: Vögel. München 1969

HAMPE, H.: Die Unzertrennlichen. Pfungstadt 1960

HOPKINSON, E.: Records of Birds Bred in Captivity. London 1926

IMMELMANN, K.: Die australischen Plattschweifsittiche. Wittenberg-Lutherstadt 1966

LÉGENDRE, M.: La perruche ondulée et les inséparables. Paris 1954

LENDON, A. H.: Australian Parrots in Fildland Aviary. Sydney 1973

LOW, R.: The Parrots of South America. London 1972

LOW, R.: Lories and Lorikeets. London 1977

LOW, R.: Parrots, Their Care and Breeding. London 1979

NEUNZIG, K.: Fremdländische Stubenvögel. Nachdruck Amsterdam 1965 (Magdeburg 1921)

PRESTWICH, A.: Records of Parrots bred in Captivity. London 1952

REICHENOW, A.: Vogelbilder aus fernen Zonen – Papageien. Pfungstadt 1955

RUTGERS, A.: Handbuch für Zucht und Haltung fremdländischer Vögel. Melsungen 1978

SMITH, G. A.: Encyclopedia of Cockatiels. Jersey City 1978

SMITH, G. A.: Lovebirds and Related Parrots. London 1979

STEINBACHER, G.: Knaurs Vogelbuch. München, Zürich 1957

Periodika

International Zoo Yearbook. Vol. 1–18 (Hrsg. Zool. Soc. of London). London 1961–1978 (Enthält Angaben über gelungene Nachzuchten aus den meisten Zoologischen Gärten.)

Zeitschriften

Avicultural Magazine. Hrsg. The Avicultural Society, London

Cage Birds. London

Die Gefiederte Welt. Pfungstadt

Die Voliere. Hannover

Geflügelbörse. München

Kleintierpraxis. Hannover (Vet. med. Zeitschrift, Offizielles Organ der World Small Animal Veterinary Association, Deutsche Gruppe)

Sachregister

Halbfett gesetzte Seitenzahlen verweisen auf Seiten, auf denen die Art auch abgebildet ist.

Kosmos-Vivarium

In dieser Reihe werden Einzelgebiete der Vivaristik dargestellt. Die handlichen Bücher bieten jedem eine Hilfe, der Tiere und Pflanzen in Aquarien oder Terrarien, Käfigen und Volieren erfolgreich halten und pflegen will. Die Bücher erscheinen als Paperbacks, illustriert mit vielen Farbfotos und erklärenden Zeichnungen. In dieser Reihe liegen jetzt über 40 Bände über Aquaristik/Terraristik, Vogelkunde und Kleintiere vor.

Bitte fordern Sie die Informationsschrift 970 330 beim Verlag an.

Kosmos-Verlag, Postfach 640, 7000 Stuttgart 1